学前儿童发展心理学

主　编　刘书吟

副主编　黎晓明　李　静

参　编　肖　玚　卓筱芸　许丽娟

张梅玲　李秋丽

合肥工業大學出版社

前　言

“学前儿童发展心理学”是学前教育专业开设的一门专业必修课程。该课程主要阐述学前儿童心理发展的基本规律和年龄特征，揭示学前儿童心理发展的内部矛盾及其在各个发展阶段的不同表现。通过学习，可为学前教育专业学生学习其他学科奠定坚实的心理学基础，同时还为学生将来解决学前教育工作中的实际问题提供帮助。

本书旨在为广大教师、学前教育专业学生及关心儿童早期成长的专业人士提供全面而深入的儿童心理解读，帮助他们更好地认识和支持儿童在这一重要阶段的成长与发展。

本书的编写团队汇聚了学前教育领域的专业师资力量，其中包括拥有深厚学术背景的学前教育专业教师，以及南昌市湾里管理局第一幼儿园实践经验丰富的一线教师。在撰写本书的过程中，编写团队力求内容科学严谨、贴近实际，通过生动的案例、实用的教育策略和贴近幼儿生活的场景设计，帮助读者更好地理解学前教育的特点，掌握有效的教育方法与技巧。

本书共十一章，包括学前儿童发展心理学概述，学前儿童心理发展的主要理论，学前儿童的身心发展，学前儿童感知、注意、记忆、想象和思维、言语等认知过程的发展，以及学前儿童情绪情感及社会性和个性的发展。

本书通俗易懂，将理论与实践相结合，线上与线下相结合。总的来说，本书具有以下特点：

1. 注重实践性。本书的主要内容可分为三个层次：“是什么”“为什么”“怎么做”。在阐述学前儿童心理发展规律、特点及影响因素和原因机制的基础上，补充了促进儿童各方面心理发展的相关策略，使学生能够在教育实践中运用这些策略，解决儿童的实际教育问题，促进儿童发展。

2. 融入课程思政案例。根据儿童心理发展规律及幼儿园教师专业标准，在每章添加了“儿童心理探索”板块。在此板块中，我们介绍了心理学实验、心理现象、心理热门话题、国内儿童心理教育的思想观念等，并将思政案例融入其中。

3. 具有丰富的线上学习资源。本课程创建了丰富的线上学习资源，学生可以通过扫码或访问网页，快速获取线上学习资源，实现全过程学习。

在未来的发展中，儿童心理学领域将继续面临诸多挑战和机遇。我们期待与广大读者一道，共同关注儿童心理发展的最新动态，积极探索新的研究方法和途径，为推动我国儿童心理学事业的发展贡献力量。同时，我们也希望本书能够成为连接理论与实践的桥梁，为培养更多优秀的学前教育人才提供有益的参考和借鉴。

在本书的编写过程中参考了国内外专家、学者的观点和资料，并引用了幼儿园一线教师的案例和经验。在此，我们向相关作者表示衷心感谢！

最后，我们要感谢所有为本书编写和出版付出辛勤努力的作者、编辑和工作人员。正是因为有了你们的支持与合作，这本教材才能得以顺利面世。由于时间和编者水平的限制，本书中难免存在疏漏或不妥之处，敬请广大读者批评指正，以便改进。

编　者

2024 年 10 月

目 录

第一章 学前儿童发展心理学概述 …… (001)

第一节 学前儿童发展心理学的研究内容和研究意义 …… (001)
第二节 儿童心理学的发展简史 …… (009)
第三节 儿童心理发展的影响因素 …… (014)
第四节 学前儿童发展心理学的研究方法 …… (017)
儿童心理探索：泡菜效应——为孩子提供一个良好的环境 …… (020)

第二章 学前儿童心理发展的主要理论 …… (026)

第一节 行为主义学派的儿童心理发展理论 …… (026)
第二节 精神分析学派的儿童心理发展理论 …… (029)
第三节 皮亚杰的儿童心理发展理论 …… (034)
第四节 维果茨基的儿童心理发展理论 …… (039)
儿童心理探索：陈鹤琴的儿童发展观 …… (041)

第三章 学前儿童身心的发展 …… (046)

第一节 学前儿童生理的发展 …… (046)
第二节 学前儿童运动机能的发展 …… (052)
第三节 学前儿童心理的发展 …… (055)
儿童心理探索：玩具多的孩子不会感到无聊？ …… (063)

第四章 学前儿童感知觉的发展 …… (066)

第一节 学前儿童感觉的发展 …… (066)
第二节 学前儿童知觉的发展 …… (072)
第三节 学前儿童感知的训练 …… (079)
儿童心理探索：晕轮效应——全面客观评价儿童 …… (084)

第五章　学前儿童注意的发展 …… (089)
第一节　学前儿童注意的发展 …… (089)
第二节　学前儿童注意分散的原因和防止措施 …… (096)
儿童心理探索：学前儿童对注意的认识实验 …… (099)

第六章　学前儿童记忆的发展 …… (103)
第一节　学前儿童记忆的发展 …… (103)
第二节　学前儿童记忆的培养 …… (109)
儿童心理探索：讲演红色故事，重温红色记忆 …… (110)

第七章　学前儿童想象和思维的发展 …… (114)
第一节　学前儿童想象的发展 …… (114)
第二节　学前儿童思维的发展 …… (121)
第三节　学前儿童想象和思维的培养 …… (130)
儿童心理探索：定势效应——跳出思维定势 …… (135)

第八章　学前儿童言语的发展 …… (140)
第一节　学前儿童言语的发展 …… (141)
第二节　学前儿童言语能力的培养 …… (152)
儿童心理探索：南风效应——与人善言，暖于布帛 …… (157)

第九章　学前儿童情绪情感的发展 …… (163)
第一节　学前儿童情绪情感的发展 …… (163)
第二节　学前儿童情绪情感的培养 …… (172)
儿童心理探索：野马效应——做情绪的主人 …… (176)

第十章　学前儿童社会性的发展 …… (182)
第一节　学前儿童的人际交往 …… (182)
第二节　学前儿童的社会性行为 …… (192)
第三节　学前儿童性别角色的发展 …… (198)
儿童心理探索：破窗效应——勿以恶小而为之 …… (200)

第十一章　学前儿童个性的发展 …………………………………………………… (206)

第一节　学前儿童气质的发展 …………………………………………………… (206)
第二节　学前儿童性格的形成 …………………………………………………… (209)
第三节　学前儿童能力的发展 …………………………………………………… (212)
第四节　学前儿童自我意识的发展 ……………………………………………… (215)
儿童心理探索：尊重儿童的“一百种语言” ……………………………………… (220)

参考文献 ………………………………………………………………………… (224)

配套线上课程资源目录

课程链接：https：//mooc1. chaoxing. com/course/214264469. html

课程班级邀请码：62818415（学习通 App 首页右上角输入）

第一章 学前儿童发展心理学概述

本章要点

1. 掌握学前儿童发展心理学的研究内容；
2. 明确学习学前儿童发展心理学的意义；
3. 熟悉儿童心理学的发展历程；
4. 了解学前儿童心理发展的影响因素；
5. 领悟儿童心理的研究原则，并了解研究儿童心理的基本方法。

导学案例

天天刚出生时，爸爸把手指伸进他的拳头里，天天紧紧抓住爸爸的手指，这让天天爸爸高兴坏了。后来，天天爸爸见人就说："这孩子从小就和我亲。"

6 个月大的明明脾气越来越大了，以前谁抱都乐呵呵的，现在只要不是妈妈，就开始哭闹。这到底是怎么回事呢？

跳跳 2 岁了，特别喜欢爬上爬下，还喜欢到处翻东西，经常把家里弄得乱七八糟。明明很多事情做不了，但偏要自己干，这让妈妈很是头疼。

4 岁的辰辰经常会和自己的小伙伴说"我们不是好朋友了"，但过一会儿又和那位小伙伴手拉手，高高兴兴地玩耍。这是为什么呢？

在与儿童相处时，我们会遇到很多类似的情境。有时候你可能会觉得很神奇，有时又可能会觉得很困惑。学前儿童发展心理学可以回答很多你想知道的问题。

第一节 学前儿童发展心理学的研究内容和研究意义

一、学前儿童发展心理学相关概念界定

（一）儿童和学前儿童

从心理发展的角度来看，儿童指从出生到成熟（17、18 岁）阶段的个体。这是广义上的儿童。狭义的儿童是指 6、7 岁到 11、12 岁的儿童。小学儿童则属于狭义的

儿童。

学前儿童的含义有广义和狭义之分。广义的学前儿童指从出生到上小学之前（0～6 岁）的儿童。狭义的学前儿童指从进入幼儿园开始到上小学之前（3～6 岁）的儿童。一般情况下，我们将正式进入小学之前的儿童统称为学前儿童。因此，学前儿童发展心理学中的学前儿童指的是广义的学前儿童，即 0～6 岁的儿童。

整个学前期可以划分为几个不同的年龄阶段，但这些阶段的具体年龄界限仍存在一些争议。例如，对于婴儿期，有 0～1 岁和 0～3 岁的不同说法。本书中学前期各个阶段的年龄划分如图 1－1 所示。

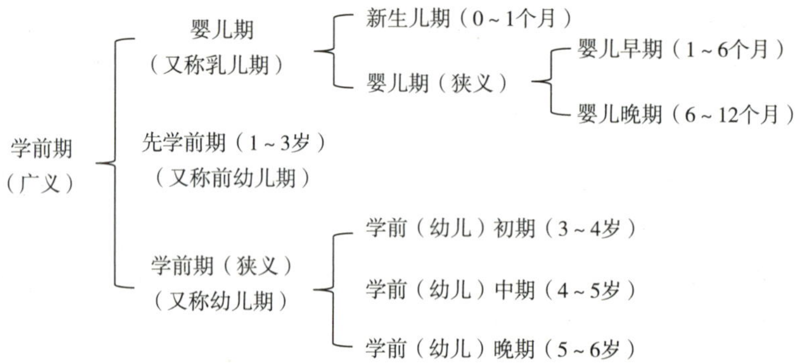

图 1－1 学前期各个阶段年龄划分

（二）发展和发展心理学

发展是获得新结构或引起心理结构发生改变的过程。个体身心的发展是一个由量变到质变的连续且稳定的变化过程。

发展心理学是心理学的一个分支，研究个体从受精卵开始到出生、成熟直至衰老的生命全程中心理发生、发展的特点和规律。

综上所述，学前儿童发展心理学是研究个体从出生到入学前儿童心理发生、发展特点和规律的科学。

二、学前儿童发展心理学的研究内容

（一）研究学前儿童的心理

1. 学前儿童的心理和成人心理一样，都是脑的机能

许多科学研究表明，脑是心理的器官，心理是脑的机能。也就是说，心理活动必须依赖于人脑，产生心理活动必须借助于人脑的系统结构和机能才能实现。

人的感觉、知觉、记忆、思维、想象、情绪情感、意志、性格等心理现象，都是大脑活动的结果。“盖奇事件”就是一个典型的案例。25 岁的盖奇在美国一个铁路工地工作时发生意外，被铁棍穿透头颅，在严重的脑损伤后奇迹般地存活了 13 年。盖奇的幸存是一个奇迹，他仍然可以说话、走路，似乎严重的脑损伤对他没有什么影响。但盖奇出院后不久，人们发现他的脾气与从前大不相同。他原本是一个非常有能力、有效率的领班，思维

机敏、灵活，对人和气、彬彬有礼。但这次事故以后，他变得粗俗无礼，对事情缺乏耐心，既顽固、任性，又反复无常、优柔寡断。他似乎总是无法计划和安排自己将要做的事情。正如他的朋友们所说，“他不再是盖奇了”。盖奇在经历脑损伤后，脾气、性格、为人处世等方面发生了巨大的转变。其实，这是因为盖奇大脑皮层的额叶受损，使他的情绪变得喜怒无常。

有人曾做过一个实验：将他们的孩子（九个半月）与一只初生的黑猩猩（出生七个半月）一起养育，并给予相同的训练。起初，幼小的黑猩猩表现得很好，甚至在学习某些东西上比这个孩子进步得还快。然而，到了某个阶段，当这个孩子开始学习说话时，幼小的黑猩猩就跟不上了。无论如何训练，黑猩猩都无法学会发音和掌握语言。这一实验证明，没有人类儿童的脑，即使有再充分的环境和教育条件，也不可能形成儿童的心理。

医学上有一个案例：一个婴儿出生后一直昏睡不醒，没有任何心理活动的表现。当时找不出原因，直到他去世后进行尸体解剖时才发现，原来他的身体各部分都健全，唯独缺少了脑，是一个无脑儿。这就解开了婴儿昏睡之谜。该案例有力地证明了脑是产生心理的器官，没有脑就没有心理活动。脑的某部分先天缺损或后天受损，与这部分相应的心理活动就不能正常进行。例如，如果大脑的视神经中枢受损，会导致视力问题；如果大脑的语言中枢受损，会导致失语症等。

2. 学前儿童的心理和成人心理一样，都是客观现实的反映

心理是脑的机能，但如果没有客观现实作用于人脑，人脑也不会产生心理活动。从哲学上讲，客观现实是心理的源泉和内容。对于人类而言，客观现实包括自然环境和社会环境。

心理，从其产生的方式来看，是脑的反射活动。如果没有客观刺激，就不可能引起大脑皮层的神经活动及相应的心理活动。无论是简单的心理现象还是复杂的心理现象，其内容都可以在客观世界的事物中找到它的源泉。例如，最简单的心理现象——感知觉的产生，离不开客观现实。复杂的心理现象，如思维和想象，同样依赖于客观现实。没有客观的具体事物和具体经验作为基础，各种概念也难以形成。

儿童的心理也是如此，只有当他们去过游乐园时，才会在记忆中留下关于游乐园的印象；见过老虎，脑海中才会形成老虎的形象。

3. 学前儿童的心理和成人心理一样，都具有能动性

人的心理反映形式并不像照镜子或拍照片那样简单、消极、机械地反映客观现实，而是具有能动性的。这种能动性表现在不同的人对同一事物可能有不同的反应；同一个人对同一事物也可能因时间、场合的不同而有不同的反应。例如，对于下雨这件事，有的人一下雨就很开心；而有的人觉得下雨让人感到湿漉漉的不舒服，所以一碰到下雨就不高兴。再比如，我们买衣服时，在店里试穿时非常喜欢，但回家后却觉得没有那么好看了。这些都是心理能动性的体现。学前儿童的心理和成人的心理一样，并不是对周围环境和教育的机械反映，他们必然具有自己的积极性、主动性和选择性。

总之，学前儿童的心理和成人的心理一样，都是人脑对客观现实的能动反映。

（二）研究学前儿童心理的发展

学前儿童的心理与成人的心理在本质上具有相同的实质，但也存在许多不同之处。这些差别主要体现在心理的发展方面。人的心理在不断变化，但并非所有的变化都可以称之为发展。成人心理机能的变化有时是暂时性的，例如因过度疲劳、熬夜等引起的记忆力衰退、注意力不集中等。此外，老年人的心理机能可能向衰退方向变化。例如，老年人由于工作记忆容量的减小，解决问题的能力会有所下降，还可能出现老年性智力减退，表现为记忆障碍、思维固执、注意力难以集中等，严重的情况则是阿尔茨海默病。这些变化往往是消极的。相比之下，学前儿童心理的发展从总体上看是进步的、提高的，无论在心理过程还是个性方面，都是向更高级的方向发展变化。学前儿童心理的发展会呈现以下趋势和特点。

1. 学前儿童心理发展的趋势

学前儿童心理发展的趋势表现为四个方面：从简单到复杂、从具体到抽象、从被动到主动、从凌乱到成体系。

（1）从简单到复杂

学前儿童的心理活动从刚出生时简单的反射活动发展到越来越复杂。这种发展趋势表现在两个方面。第一，从不完整到完整。新生儿并不完全具备人类特有的全部心理活动，随着年龄的增长，大约在1.5岁时开始出现想象活动，2岁左右才开始真正掌握语言，并逐渐丰富和生动，到大班阶段初步形成稳定的心理特征，个性初具雏形。第二，从笼统到分化。学前儿童最初的各种心理活动是混沌、笼统的。例如，最初幼儿的情绪只有愉快和不愉快之分，随后逐渐分化出高兴、痛苦、惊奇、愤怒、厌恶、嫉妒、畏惧、喜爱、内疚、同情等多样化的情绪和情感，情绪由笼统到分化。

（2）从具体到抽象

学前儿童的心理活动从最初的具体逐渐向概括化和抽象化发展。例如，儿童的思维发展遵循从具体到抽象的趋势：从最初的动作思维发展到具体形象思维，再到抽象逻辑思维的萌芽。学前儿童的情绪发展也遵循这一过程。具体表现为，情绪变化最初与物质需求是否得到满足有关，例如，得到一个想要的玩具会感到高兴。随着发展，情绪变化逐渐与抽象需求是否得到满足相关，例如，大班幼儿可能因为没有得到老师的关注而感到委屈。

（3）从被动到主动

学前儿童的心理活动最初是被动的，主动性是随着成长逐步发展的。这一发展趋势体现在两个方面：一是从无意向有意发展。无意的心理活动，也称为不随意的心理活动，指的是学前儿童早期的心理活动通常是无目的的，容易受到外界因素的影响和支配。随着成长，他们逐渐开始意识到活动的目的，开始出现自主性活动。例如，学前儿童最初的想象以无意想象为主，当他们看到其他人在玩什么游戏时，也会想要参与其中，容易受到周围环境的影响，因此会出现一会儿玩这个，一会儿又玩那个的现象；而大班儿童在玩游戏时，能够自主确定游戏的主题，制定游戏规则，并遵循这些规则进行游戏，活动具有了有意性。二是从主要受生理制约向自主调节发展。学前儿童的心理活动在很大程度上受到生理因素的制约，年龄越小，制约性就越强。例如，小班儿童的情绪控制能力较差，这与他们的生理尚未发育成熟有直接关系。随着生理的成熟，生理对心理活动的限制逐渐减少，心理活动的主动性也逐渐增强。例如，大班儿童能够在一定时间和场合控制住自己的激动或不愉快的情绪，在幼儿园里不表现出来，等到离园回家见到亲人时才倾诉。

（4）从凌乱到成体系

儿童的心理活动最初是零散杂乱的，缺乏有机联系。儿童一会儿哭，一会儿笑，一会儿说东，一会儿说西，都是心理活动尚未形成体系的表现。正因为尚未成体系，心理活动非常容易变化。发展方向是心理活动逐渐组织起来，具有系统性，形成整体，呈现出稳定的倾向，最终形成每个人特有的个性。

2. 学前儿童心理发展的特点

（1）发展具有方向性和顺序性

学前儿童的心理在正常情况下总是按照从简单到复杂、从具体到抽象、从被动到主动、从凌乱到成体系的趋势发展的。整体而言，心理发展是按照从低级到高级的方向、遵循固定的先后顺序进行的，既不会逾越，也不会逆向发展。例如，儿童在学习语言时，要先掌握口头语言，然后才能进行书面语言的学习。学前儿童的心理在发展过程中也存在差异性，但这仅仅是发展早晚的问题，而发展的方向和顺序是不会改变的。

（2）发展具有连续性和阶段性

学前儿童的心理发展是一个连续而不间断的过程，同时也是一个不断积累量变的过程。当量变积累到一定程度时，会发生质变，重大的质变则意味着心理发展进入了新的阶段，从而形成心理发展的阶段性。图 1－2 所示分别展示了发展的连续性和阶段性。

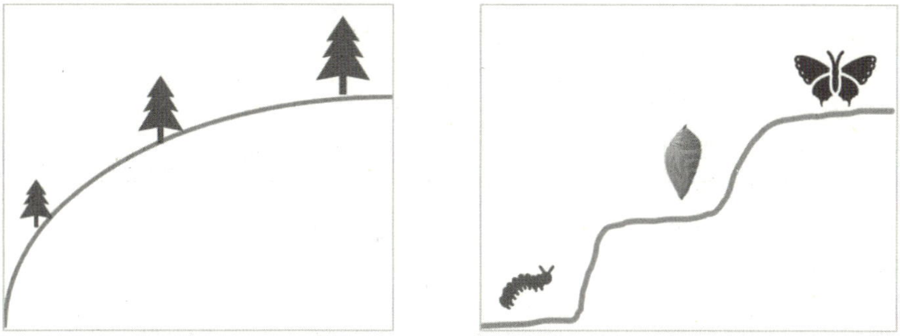

（a）发展的连续性　　（b）发展的阶段性

图 1－2　发展的连续性和阶段性

发展虽有阶段性，但阶段与阶段之间并不是截然分开的。后一阶段的发展建立在前一阶段的基础上，而前一阶段的发展为后一阶段的发展奠定了必要的基础。前一阶段中总包含有后一阶段某些特征的萌芽，而后一阶段又总带有前一阶段某些特征的痕迹。例如，虽然整个幼儿阶段儿童的思维表现出明显的具体形象性，但小班儿童的思维仍带有直觉行动性，这是上一个阶段先学前期儿童思维的典型特征，而大班儿童则开始出现抽象逻辑思维的萌芽。因此，心理发展既有阶段性，又有连续性，是阶段性与连续性的统一。

案例分析

3 岁的君君和 5 岁的明明、东东一起玩游戏。君君完全不懂游戏规则，在游戏时乱跑乱撞。大家喊他，他就像没听见一样。最后，明明和东东生气了，不愿再带君君一起玩游戏。

问题：明明和东东为什么不愿意带君君一起玩游戏呢？

（3）发展具有不平衡性

学前儿童的心理发展并不是匀速进行的，而是有快有慢，表现出一种不平衡性。这种不平衡性主要是针对个体而言的。具体表现在心理的各个组成部分的发展速度不完全相同。心理的各个组成部分在发展的起止时间、发展速度以及达到成熟的时期等方面都是不同的。例如，感知觉在个体出生时就已经出现，并迅速发展，单纯的感知能力在十几岁时就达到成熟水平。而思维的产生则需要经过相当长的孕育过程，约在 2 岁左右才真正出现，而抽象逻辑思维在 5 到 6 岁左右才开始萌芽，并在青年期才得以充分发展。发展的不平衡性还表现在个体整个心理面貌变化的速度并不相同，年龄越小，发展速度越快。最明显的是人的发展存在两次生长的加速期。第一次是从出生到先学前期，第二次是青春期，如图 1－3 所示。

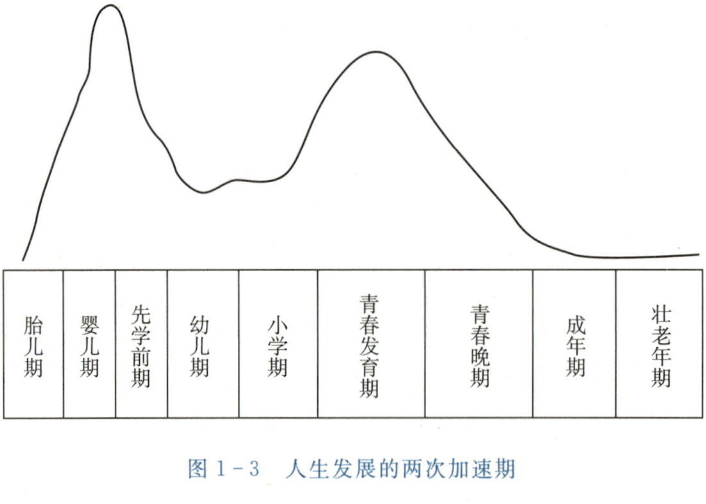

图 1－3　人生发展的两次加速期

心理的不同组成成分在不同时期的发展速度可能存在差异，关键期就是这种现象的典型表现。关键期也称为敏感期或临界期。这一概念源于奥地利动物行为学家康拉德·洛伦兹（Konrad Lorenz）发现的印刻现象。洛伦兹在研究小鸭和小鹅等动物的习性时发现，当它们破壳而出时，第一眼看到的对象就会被当作母亲，并紧紧跟随，而对真正的同类“母亲”却没有任何依恋。这种将出生后第一眼看到的对象当作母亲，并对其产生偏好和追随反应的现象称为印刻现象。洛伦兹认为印刻现象只发生在极短暂的特定时期，并将这一时期称为“关键期”，即某一反应或行为形成和习得的“最佳时机”或“最佳年龄”。例如，小鸡和小鸭的母亲印刻的关键期发生在出生后的10～16个小时；而小狗的母亲印刻的关键期发生在出生后的3～7周。大多数心理学家认为有四个领域的研究可以证实关键期的存在，除了鸟类的印刻，还有恒河猴的社会性发展、人类语言的习得及哺乳动物的双眼视觉。

人们将“关键期”的概念引入儿童心理学，即儿童各种心理机能的发展也存在一个最佳时机或最佳年龄。如果在这个最佳年龄期间为儿童提供适当的条件，就能有效地促进这方面心理的发展。

知识拓展

几个关键期

亲子依恋关键期：0～2岁。

口语发展的关键期是2～3岁。学习外语最好不要超过12岁，否则就很难掌握纯正的发音。书写能力发展的关键期是3.5～5.5岁。

想象力发展的关键期：3～6岁。

说到发展的不平衡性，不得不提到另外两个概念：转折期和危机期。学前儿童的心理在特定时期会急剧发展，促使心理矛盾激化，这一时期就是两个阶段之间的转折期，也称为过渡期。在心理发展的转折期，很容易产生强烈的情绪体验，使学前儿童和成人的关系突然紧张，从而形成心理危机。危机期指的是在发展的某些特定年龄阶段，儿童心理常常发生紊乱，表现出各种否定和抗拒的行为。例如，3岁儿童常常用“不！不要！”等词语来回应成人的任何要求。转折期的儿童容易产生心理危机，但这并不意味着转折期就是危机期。例如，3岁儿童在认知水平提高后，知识有所增加，迫切需要表达，而他们的口语能力又很有限，往往不能流利地表达自己的思想，由此产生愿望与能力之间的较大差距，情绪上强烈不安，于是出现“口吃”现象。这时，如果成人也产生急躁情绪，或对儿童过多指责、要求过高或表示不满，都会加剧儿童心理的矛盾，加重“口吃”现象。但如果成人能够对儿童进行正确的引导，或借用手势辅助语言表达，让孩子可以在与成人的对话中学会慢慢说话，问题就能得到解决。因此，只要教育得当，“危机期”也就不会成为危机，或者说可以避免出现危机期。

（4）发展具有个体差异

同一年龄阶段的个体在身体和心理方面都存在着发展的共同趋势和规律。然而，由于遗传素质、环境和教育条件的不同，心理发展的速度和各个方面的发展情况因人而异。这导致了同一年龄阶段的不同儿童在心理发展上的差异。他们的发展速度、优势领域和最终达到的发展水平可能各不相同。例如，在认知方面，有的儿童两岁时就能背诗，而有的刚开始学说话；有的记忆力强，而有的观察力突出。在个性方面，有的活泼好动，而有的则安静沉稳。

知识拓展

白痴学者

白痴学者（idiot savant），又称单一学者、专家综合征、缺陷的天才、孤独症、才艺并发症以及“雨人”等，指的是轻度或中度精神发育不全（IQ 低于 70），但同时在某些方面具有超群认知功能的人。其主要临床特点是在智力普遍低下的背景下，表现出个别突出的、远远超过一般水平的孤立才能。然而，不同的白痴学者并不完全相同，他们的特殊才能可以表现在日期推算、数字计算、音乐、绘画、背诵、查阅字典、下象棋等方面，甚至是在某一专业知识领域。

（三）研究学前儿童心理发展的规律和特征

从整体而言，学前儿童发展心理学旨在研究学前阶段儿童心理发展的规律和特征。

1. 研究学前儿童各种心理活动的发生和发展趋势

学前阶段是人的一生中心理发展的最早阶段，各种心理活动都是在这个阶段开始发生的。人类的心理活动，如认知、情绪情感、意志及个性心理等，大多在这个早期阶段发生并发展起来。因此，学前儿童各种心理活动的发生和发展趋势是学前儿童发展心理学的重要研究内容。

2. 研究学前儿童心理发展的年龄特征

发展心理学家将心理发展的各个阶段所表现出来的质的特征，称为心理发展的年龄特征。学前儿童心理发展的年龄特征是指各年龄阶段儿童所表现出的、与其他年龄阶段不同的、一般的、典型的和本质的心理特征。例如，幼儿期可以分为三个年龄阶段：3～4 岁、4～5 岁、5～6 岁。每一个年龄阶段都有其独特的心理特征。就思维发展水平而言，3～4 岁的小班儿童的思维具有直觉行动性，4～5 岁的中班儿童则以典型的形象思维为主，而 5～6 岁的大班儿童则开始出现抽象逻辑思维的萌芽。

3. 研究学前儿童心理发展的个别差异

学前儿童的心理发展具有个体差异性，但这种差异也是有规律可循的。我们通过发现不同儿童心理发展的差异表现，探寻其原因和机制，从而探索促进每个儿童个性化发展的有效途径。

4. 研究影响儿童心理发展的各种因素及其作用规律

影响学前儿童心理发展的因素复杂多样，主要分为两大类：遗传和环境。长期以来，关于遗传和环境在儿童心理发展中的作用，一直存在争论。研究者普遍认为，这两者对心理发展的作用是相互制约、相互依存、相互转化、相互渗透的。对于这一问题，我们不仅需要探究影响儿童心理发展的各种因素是什么，还应当探讨它们是如何起作用的。

综上所述，学前儿童发展心理学的任务是阐明学前儿童心理发展的基本表现，包括发展趋势、年龄特征和个别差异；揭示心理发展的原因、影响因素和机制。这些方面是相互联系的。对于学前儿童的心理发展，我们不仅要了解其表象，更要理解其背后的原因，才能更好地创造各种条件，促进学前儿童的心理发展。

三、学前儿童发展心理学的研究意义

学前儿童发展心理学是心理学的一个重要分支，其研究成果有助于推动心理学学科的发展和完善。其研究意义在于深入了解儿童心理发展的特点和规律，为儿童教育、抚养和心理健康提供科学依据。具体来说，学前儿童发展心理学的研究意义如下：

第一，支持早期教育。儿童出生后，其身心发展受到早期教育的影响。在 0～3 岁这一阶段的早期教育中，家长和保育工作者必须掌握儿童这一时期身心各方面的发展特点，针对这些特点进行保育和教育工作，为学前儿童的成长打下良好的基础。

第二，促进学前儿童的身心健康。学前儿童发展心理学通过揭示学前儿童心理发展的过程和特点，了解其心理发展规律，为抚养和教育儿童提供科学指导，帮助家长和教师更好地关注儿童的身心健康，及时发现和解决心理发展中的问题，促进儿童的健康成长。

第三，提高学前教育质量。学前儿童发展心理学的研究，不仅可以帮助学前教育工作者掌握学前儿童心理发展规律的基本知识，还可以为他们提供科学、有效的教育方法和策略，帮助他们更好地开展教育工作，从而提高教育质量。

第四，形成科学的儿童观、发展观和教育观。学前儿童发展心理学通过研究儿童心理发展的特点和规律，为科学的儿童观、发展观和教育观的形成提供依据。同时，学前儿童发展心理学的知识能够帮助教育者更好地理解儿童的行为和活动，从而有效地指导教育实践。

总之，无论是家长还是学前教育工作者，只有充分了解儿童，才能走进儿童的世界，为他们的发展提供有效的指导。

第二节　儿童心理学的发展简史

心理学有着漫长的过去，但仅有短暂的历史。儿童心理学也不例外。

一、科学儿童心理学的产生

科学儿童心理学的产生，除了与近代社会和自然科学的发展密切相关外，还有两股力量直接推动了这一学科的形成，分别是自然主义教育运动和进化论。

（一）自然主义教育运动

从 18 世纪后期到 19 世纪中期，随着社会观念的发展变化，越来越多的人认识到尊重儿童、发展儿童天性的重要性，并越来越重视利用儿童心理的特点与规律来教育儿童。捷克教育家夸美纽斯（J. A. Comenius，1592－1670）从人的本性出发，将儿童从出生到成熟分为四个年龄阶段，并编写了第一本以儿童年龄特征为基础，系统讲述科学知识的书《世界图解》。此外，夸美纽斯还提出了一系列符合儿童特点并能促进儿童心理发展的教育

与教学原则。英国哲学家洛克（J. Locke，1632—1704）提出了“白板说”，认为人的心灵在出生时如同一块白板，一切知识和观念都是通过后天的经验获得的，因此，儿童心理发展的原因在于后天，在于教育。在他看来，儿童心理发展的差异 9/10 是由教育决定的。他强调要培养儿童的兴趣，发展儿童的独立能力，并认为良好习惯的培养应从很小的年龄就开始。法国思想家卢梭（J. Rousseau，1712—1778）写了一本哲理小说《爱弥尔》。该书讲述了儿童爱弥尔从出生到成年的教育过程，充分体现了卢梭的儿童观。卢梭提出，儿童虽然不是成人，但也不是成人的宠物和玩物。儿童首先是一个“人”，是有自己意识和情感的人。成人要尊重儿童，对儿童的教育要遵循“自然的法则”，应按照他们的本性，考虑他们的年龄特征。

自然主义教育运动的盛行，对了解儿童心理提出了更高、更迫切的要求，为科学儿童心理学的诞生奠定了思想基础。

（二）进化论

达尔文不仅从种系进化的角度研究了人类心理的发生与发展，也从个体变化的角度研究了个体心理的发生与发展。他认为，通过观察和研究儿童可以了解人类心理的发展，并揭示动物心理向人类心理演变的过程，儿童因此成为研究进化的最佳自然实验对象。

达尔文根据长期观察并记录自己孩子心理发展的过程而写就的《一个婴儿的传略》，是儿童心理学领域早期的个案研究成果之一。虽然达尔文研究儿童的目的并非要研究儿童心理，而是为了证明他的进化论观点，但其研究仍旧对推动儿童心理发展的传记法（或日记法）研究有重要影响。

二、科学儿童心理学的诞生

德国生理学家和心理学家普莱尔（W. T. Preyer，1842—1897）被公认为科学儿童心理学的奠基者。他于 1882 年出版的《儿童心理》一书，被视为第一部科学的儿童心理学著作，标志着科学儿童心理学的诞生。普莱尔在这本书中系统地研究了 0～3 岁儿童的心理发展，包括儿童感知的发展、儿童意志（主要关注动作）的发展、儿童理智（主要关注言语）的发展，并阐述了遗传、环境、教育在儿童心理发展中的作用，为后续研究奠定了坚实的基础。

三、西方儿童心理学的发展

继普莱尔之后，欧洲和美国出现了一批心理学家，他们开始用观察和实验的方法来研究儿童心理发展。其中包括美国的霍尔（G. S. Hall，1844—1924）、格赛尔（A. L. Gesell，1880—1961），法国的比奈（A. Binet，1857—1911）和德国的施太伦（W. Stern，1871—1938）等。

美国心理学家霍尔在 20 世纪初首次使用问卷法对儿童青少年的行为、态度、兴趣等进行了广泛而系统的调查研究，在西方社会掀起了“儿童研究运动”，对儿童心理学的学科发展起到了极大的推动作用。霍尔因此被称为“美国儿童心理学之父”。美国儿科医生格赛尔编制了婴幼儿发展量表，提出了婴幼儿发育常模和成熟优势理论。法国心理学家比奈首创智力量表用于个体差异鉴别。比奈关于智力测验的研究，对儿童心理发展的数量化研究具有重要作用。施太伦深受普莱尔的影响，他与夫人一起，对他们的孩子进行了长期而系统的观察，直至孩子 6 岁，最终形成了《六岁以前早期儿童心理学》。

20 世纪初期到中期，随着心理学整体的发展，儿童心理学的研究和著作在数量和质量上都有了显著提高。各种心理学流派如精神分析、行为主义、格式塔学派等开始形成，并对儿童心理学的研究产生了影响。奥地利心理学家弗洛伊德以精神分析闻名，他的理论也对儿童心理学产生了重要影响。弗洛伊德提出了心理性欲发展阶段理论，该理论解释了儿童在不同年龄阶段的心理发展和冲突。只有当这些冲突顺利解决时，儿童才能成熟。他认为儿童的心理发展受到早期经验的影响，儿童早期是个性发展的关键时期，因此强调亲子关系的重要性。行为主义的创始人华生（J. B. Watson，1878—1958）是一位坚定的“环境决定论者”。他主张心理学的研究应聚焦于客观、可观察的行为，而非主观的意识或观念。他坚信儿童心理的发展主要是行为模式的变化和适应环境的结果。为验证这一观点，华生将实验方法引入儿童心理学领域，并进行了著名的儿童情绪条件反射实验。

20 世纪中期以后，儿童心理学的发展呈现出理论观点的演变和具体研究方法的变化。各学派相互消长、融合与创新，研究成果纷呈。皮亚杰和布鲁纳分别提出了独具特色的实验方法和理论概括，为儿童心理学的深入研究提供了新的视角和方法。一些儿童心理学家试图将认知理论与信息加工理论相结合，以更全面地解释儿童心理发展的过程。新行为主义者斯金纳和新精神分析学派的代表人物埃里克森等也提出了新的儿童心理观和研究成果，进一步丰富了儿童心理学的理论体系。

四、中国近现代儿童心理学的发展

陈鹤琴是中国近代儿童心理学的重要人物。他是最早进行儿童心理研究的学者之一，通过日记记录法对自己的儿子进行了长达 808 天的观察，写成了《儿童心理之研究》一书，该书于 1925 年出版。《儿童心理之研究》是我国具有划时代意义的著作，也是我国第一本儿童心理学专著，首次以自己的资料为支撑，探讨了中国儿童心理发展的特点，为中国儿童心理学的发展奠定了坚实的基础。

资料阅读

中国现代幼儿教育的奠基人——陈鹤琴

陈鹤琴（1892—1982），浙江上虞人，是中国著名的儿童教育家、儿童心理学家，也是中国现代幼儿教育的奠基人。他的一生，是对儿童教育事业不懈追求与无私奉献的写照。

一、教育经历与学术背景

教育经历：1914 年，陈鹤琴在清华学校毕业后，赴美留学，先后在约翰斯·霍普金斯大学和哥伦比亚大学深造，师从教育巨匠杜威、克伯屈等。1918 年，他获得哥伦比亚大学师范学院教育硕士学位，并继续攻读博士学位。然而，当时国内的南京高等师范学校急需师资，陈鹤琴选择回国任教。融入中国幼教事业后，他无暇再赴美国，因而这位留美博士一生未能获得博士学位。

学术积淀：他的学术背景为他日后在中国儿童教育领域的研究与实践奠定了坚实的基础。

二、引领中国幼教事业在荒原上起步

陈鹤琴在美国求学时，师从杜威等人，但真正改变并影响他人生的是一位名叫布克·华盛顿的黑人。布克原本是一个小黑奴，直到 19 岁才有机会读书。后来，他为了让更多的黑人孩子接受教育，历尽艰辛创办了黑人学校。求学期间，陈鹤琴特意前往美国南部参观了这所学校——塔斯基吉学院。布克的坚韧精神深深打动了这位来自贫弱民族的学生。陈鹤琴立志通过教育来改变个人，进而改变一个民族。

20 世纪初期，中国的大多数幼稚园都是由外国教会创办的，教学内容和方法均为外国模式。即使是中国人创办的幼稚园，其形式、内容和方法也多是照搬外国。在陈鹤琴开展幼儿教育之前，中国幼儿教育的突出问题是严重的外国化倾向，游戏和活动单调，民族特点无法凸显，儿童的个性得不到尊重。陈鹤琴形容当时的幼稚园如同“幼稚监狱”。这是陈鹤琴对违背儿童心理发展的教育现状发出的痛心疾首的呐喊。

1923 年秋，陈鹤琴在自己家中创办了中国第一所实验幼稚园——南京鼓楼幼稚园。虽然当时幼稚园只有 12 名小朋友，但这所幼稚园与众不同，它不受旧时幼教制度的束缚和世俗的干扰。陈鹤琴要求大人和孩子在一起时，必须与孩子平等交流，建议蹲下来与孩子交谈。他主张走出园门，认为玩具是孩子们的天使，游戏是孩子们最重要的工作。

南京鼓楼幼稚园是中国现代幼儿教育的里程碑式机构，它在推动中国幼儿教育走向科学化、民族化和本土化方面发挥了重要作用。

1920 年起，陈鹤琴对儿子进行了 808 天的观察记录，这成为中国儿童心理学和儿童教育学的第一块基石。1925 年，他的专著《儿童心理之研究》出版。在研究幼儿心理的同时，陈鹤琴还研究了中国的家庭教育。同年，《家庭教育》问世。他指出，父母对小孩健全人格的形成有不可推卸的责任。做父母的不可常用命令式的语气去指挥小孩子；小孩子晚上睡觉之前，应当有适当的娱乐。

三、坚守幼教阵地，铸魂民族复兴

日军侵华战争爆发后，在中华民族生死存亡的关键时刻，陈鹤琴不仅救助难童，还援助抗日爱国人士，因此被列入日伪特务的暗杀名单。他流亡到江西，年近五十的陈鹤琴在江西的一片山岭上创办了中国第一所国立幼稚师范学校。在山岗上，两棵高大的松树间挂着陈鹤琴亲笔书写的两行字：“大自然，大社会都是活教材”“做人，做中国人，做现代中国人”。这与“做中学，做中教，做中求进步”共同构成了陈鹤琴“活教育”的核心理念。陈鹤琴希望培养的国民师资是中国人的模范，是社会的表率。

抗战结束后，陈鹤琴重返上海，将江西幼师的专科部迁至上海，并创办了上海市立幼稚师范学校，建立了当时的幼稚师范教育体系。

1935 年，陈鹤琴曾说：“愿全国儿童从今日起，不论贫富，不论智愚，一律享受相当教育，达到身心两方面最充分的可能发展。”这句话成了陈鹤琴的墓志铭。这是期盼民族复兴的仁人志士的共同理想。为了这个理想，他奋斗了一生。受到陈鹤琴“活教育”思想的影响，一代又一代的教育工作者在中国大地上播撒儿童教育的科学种子。

中华人民共和国成立前，在儿童心理学研究工作中贡献最大的，除了陈鹤琴，还有黄翼。1930 年，黄翼从耶鲁大学获得博士学位后，就在浙江大学教授儿童心理学等心理学课程。他开展了儿童语言发展、绘画心理及性格评定等方面的研究，重复了皮亚杰的一些实验，并提出了自己的看法，并著有《儿童心理学》一书。

总的来说，在 20 世纪上半叶，我国主要学习和传播西方的儿童心理学，同时也进行了本土化的研究。

中华人民共和国成立初期及 20 世纪 50 年代，我国的心理学主要强调学习苏联，当时的儿童心理学教材多译自苏联的教本，巴甫洛夫的高级神经活动学说在儿童心理学中影响较大。20 世纪 60 年代是中国儿童心理学发展的第一个繁荣时期。1962 年，朱智贤教授首次用唯物辩证法观点阐述儿童心理发展的特点和规律，出版了《儿童心理学》。这是密切联系我国儿童教育实际编写教科书的初步尝试，也是新中国成立以来我国心理学家自己编写的第一批教科书之一。这本书自 20 世纪 60 年代出版后，一直是我国儿童心理学的主要教材，为我国儿童心理学人才的培养奠定了重要基础。

1966—1976 年的十年间，儿童心理学的研究处于停滞状态。1976 年以后，我国的儿童心理学研究进入了顺利发展的时期。从事儿童心理学研究的机构和人员达到了空前的规模，全国各主要重点大学和师范院校陆续成立了心理学系，儿童心理学是心理学系的主干课程之一。同时，涌现了一批儿童心理学的教科书，1979 年朱智贤修订并重新出版了《儿童心理学》，他还培养了我国第一位心理学博士林崇德。1985 年，朱智贤在北京师范大学创立了我国专门发表发展心理学与儿童心理学成果的杂志《心理发展与教育》。至今，《心理发展与教育》仍是我国最重要的心理学刊物之一。随着时代的发展，朱智贤教授意识到我国儿童心理学教科书中的理论和实验数据很多都源自欧美。那么，中国孩子的心理发展特点是什么呢？为了回答这个问题，他申请了全国教育科学“六五”“七五”规划立项重点课题，先后组织了全国二百多位儿童心理学专家进行了长达十年的研究。朱智贤出版的《中国儿童青少年心理发展与教育》全面总结和收集了中国儿童青少年发展的第一手资料，成为国内外瞩目的研究成果。中国的儿童心理学不仅走自己的道路，也开始走向国际化。2009 年，林崇德教授、李其维教授和董奇教授翻译出版了《儿童心理学手册》，该书是调动全国心理学工作者完成的集大成之作。

目前，中国儿童心理学发展迅速，各高校中研究儿童心理学的学者也越来越多。儿童心理学的研究直接服务于基础教育，成为教育的重要支撑学科。

第三节 儿童心理发展的影响因素

学前儿童的心理发展是一个复杂的过程，受到多种因素的影响。这些因素包括生物遗传、家庭环境、社会文化、教育机构以及儿童自身的主动性等。总体而言，这些因素可以分为客观因素和主观因素。这些因素相互交织，共同塑造儿童的心理世界。

一、客观因素

（一）生物性因素

1. 生物遗传

遗传是指亲代的某些生物特征通过基因传递给子代的现象。所谓“种瓜得瓜、种豆得豆”，“龙生龙、凤生凤”，正是说明无论是动物还是植物都具有遗传特性。遗传的生物特征主要指那些与生俱来的生理解剖特点，如机体的构造、形态、感官和神经系统的特征等。

遗传为儿童的心理发展提供了最基本的物质前提。例如，由于遗传缺陷导致脑发育不全的儿童，其智力障碍往往难以克服。唐氏综合征患者因染色体或基因异常而导致的智力低下也是难以克服的。猩猩在优越的人类生活条件和精心训练下，其智力发展的极限也只能达到幼儿的水平。

同时，遗传奠定了儿童心理发展个别差异的初始基础。有的儿童性子急，有的儿童慢吞吞，有的儿童能自制，有的儿童坐不住。这些儿童后来表现出来的差异最初都源自先天的神经活动类型。

2. 生理成熟

生理成熟也称为生理发展，指的是身体生长发育的程度或水平。生理成熟主要依赖于种系遗传的成长程序，具有一定的规律性。从生理成熟的速度来看，个体在出生后的头几年发展速度较快，之后会逐渐减慢；到青春期时，会再次进入快速生长阶段，随后发展速度又逐渐减缓，直至趋于稳定。由此可见，儿童的生理发展具有明显的规律性。

学前儿童生长发育的规律具有方向性和顺序性的特点。例如，学前儿童身体发育的顺序遵循首尾律和近远律，即从头到脚，从中间到边缘的发育顺序。学前儿童的动作发展也遵循这个顺序：先会抬头，然后是翻身，再是坐、爬、站，最后才能走、跑、跳；先发展手臂、腿部这些粗大动作，后发展手指的灵活动作。学前儿童体内各大系统的成熟同样遵循一定的顺序和发展规律。身体各大系统中，神经系统成熟最早，其次是骨骼肌肉系统，最后是生殖系统。例如，5 岁时，儿童脑重已达成人的 80％，骨骼肌肉系统的重量约为成人的 30％，生殖系统则仅为成人的 10％。

美国心理学家格赛尔通过同卵双生子爬楼梯实验，说明了生理成熟对学习技能的前提作用。一对同卵双生女婴都没有爬过楼梯。格赛尔先让女婴 1 在出生第 48 周开始每天进行 10 分钟的爬楼梯训练；6 周后，女婴 1 爬 5 级楼梯只需 26 秒。而在第 53 周时，没有经过任何训练的女婴 2 爬同样的楼梯还需要 45 秒。此时，格赛尔才对女婴 2 进行连续两周的爬楼梯训练，两个女婴每天的练习时间相同。两周后，女婴 2 赶上了女婴 1 的水平。通过这个实验，我们可以得出结论：如果没有成熟的条件，学习本身并不能推动发展。成人可以决定儿童训练的开始时间，但成熟将决定训练何时才能完成。

可见，生理成熟是影响学前儿童心理发展的重要因素，它使学前儿童的心理活动出现或发展处于一种准备状态。当儿童的某种生理结构或机能达到一定的成熟程度后，再施加相应的影响，可能会达到事半功倍的效果。因此，生理成熟在一定程度上对学前儿童心理的发展起着制约作用。

（二）社会性因素

生物因素为心理发展提供了自然基础和物质前提，使心理发展成为可能。然而，要将这种可能性变为现实，还需受到儿童所处环境的影响。儿童所处的环境包括自然环境和社会环境。

1. 自然环境

自然环境为儿童提供了生存所需的物质条件，如空气、阳光、水等。同时，自然环境对儿童的心理发展也有一定的影响。例如，生活在南方的幼儿与生活在北方的幼儿相比，他们的抗寒能力、生活习惯、兴趣爱好等方面可能存在差异。然而，对于儿童的发展而言，自然环境和社会环境的影响是不可分割的。

2. 社会环境

相较于自然环境，社会环境对儿童的发展具有更深远的影响。社会环境指的是儿童的社会生活条件，包括社会的生产发展水平、社会制度、儿童所处的家庭状况以及周围的社会氛围等。教育是儿童社会环境中最重要的部分。

社会环境能够将遗传所提供的心理发展的可能性变为现实。如果儿童不生活在社会环境中，即使遗传赋予了儿童心理发展的潜力，这种潜力也不会实现。印度发现的狼孩就是一个典型的例子。狼孩卡玛拉从小离开人类社会，在狼群中生活了 8 年，深深打上了狼性的烙印。被发现时他已有 7 岁，但智力仅相当于 6 个月大的婴儿。即使后来回到人类社会并接受教育训练，17 岁时他的智力也仅达到 3 岁儿童的水平。类似的狼孩、猪孩，虽然他们具有人类的遗传素质，但由于脱离了人类社会，心理活动无法正常发展。

生活环境影响生物遗传的变化和生理成熟的进程。美国加州大学洛杉矶分校的神经学家在一项研究中发现：经常被母亲忽视或虐待的 3 岁儿童与正常的 3 岁儿童相比，其大脑体积更小，所含的斑点与暗区也较多。而对于经常受到母亲关爱的小孩来说，他们的大脑发育更为全面。另一项研究也支持这一结果。一个 9 岁男孩和 10 岁半的女孩，男孩从出生到 32 个月，生活在一个孤儿院，遭遇的是忽视和冷淡；女孩生活在一个普通的家庭，受到家人的悉心呵护。在他们受到同一外在刺激后，脑成像显示男孩的大脑神经细胞大多处于低活动水平，而该女孩的大脑神经细胞大多处于高激活状态。从他们的脑成像比较中可以看到早期生活经验或环境对大脑发育的不同影响。

在各种社会环境中，对儿童来说，家庭环境是最重要的因素。家庭环境通常指家庭的物质生活条件、家长的职业和文化水平、家庭人口和社会关系以及儿童在家庭中的地位等。这些因素大多是家长难以改变或控制的，相对来说较为稳定，变化较为缓慢。

家庭环境中对儿童心理发展起最大作用的是家庭教育，包括家长的教育观念、教育内容、教育态度和教育方法。家庭教育是家长应该自觉掌控的；此外，家庭教育还将影响家庭环境对儿童心理的作用。例如，相同的丰富物质条件，可以使儿童形成积极进取、勤俭节约的良好个性品质，也可能导致他们形成过分追求生活享受或不求上进的不良个性品质，这主要取决于家长如何利用家庭中的各种条件进行教育。

家庭教育不仅在家庭生活中发挥作用，对孩子未来的集体生活和学习也有重要影响。因为家庭是儿童的第一所学校，父母是儿童的第一任老师。

因此，社会环境是制约儿童心理发展水平和方向的最重要的客观因素。尤其是家庭环境与教育的差异，是儿童心理个体差异形成的重要条件。

二、主观因素

主观因素指儿童心理内部的因素，包括幼儿的全部心理活动，如需要、动机、能力、兴趣和性格等。儿童从出生开始就不是被动地接受环境的影响。如果环境和教育不能满足儿童的需要和兴趣，不符合儿童的个性特征，就很难产生效果。虽然环境和教育在各种客观因素中起决定性作用，但它们只能通过儿童心理发展的内部因素来实现。而儿童心理的内部因素之间经常会产生矛盾。

儿童的内部矛盾可以概括为两个方面——新的需要和旧的心理水平或状态。当儿童的旧水平不能满足新的需要时，就要求儿童提高水平；当水平提高后，满足了需要，这种需要又被否定。新需要和旧水平的斗争就是矛盾运动。儿童心理正是在这样不断的内部矛盾运动中发展起来的。比如，1 岁左右的儿童在与成人接触中产生了说话的需要，但此时他们还未掌握语言技能。说话需要与语言能力之间存在矛盾，这种矛盾促使他们开始学习说话；当他们学会了一些单词时，便发展到了新水平，此时又产生了要讲清楚自己意思的新需要，会说单词又成了旧水平，于是又出现新的矛盾。如此不断的“产生—解决—再产生”的矛盾运动，使儿童的语言能力得到发展。

影响儿童心理发展的主观因素和客观因素虽然有所不同，但它们是相互作用、相互影响的。我们需要充分肯定客观因素对儿童心理发展的影响，同时也不能忽视儿童心理发展的主观因素对客观因素的反作用。总之，儿童的心理发展是客观因素和主观因素相互作用的结果。

第四节　学前儿童发展心理学的研究方法

一、学前儿童发展心理学的研究原则

（一）客观性原则

客观性原则指在研究学前儿童心理时，要尊重客观事实，实事求是。任何结论都必须基于收集到的真实材料和数据，不能产生猜测、武断和片面的观点。

（二）发展性原则

发展性原则强调应将儿童的心理活动视为一个动态变化和发展的过程。在研究学前儿童心理时，我们不仅要关注已经形成的心理特征，还应重视那些刚刚萌芽的新特征及其发展趋势。

（三）教育性原则

教育性原则指在研究学前儿童心理时，研究的选题、使用的方法和程序不能对学前儿童的身心发展产生不利影响。例如，行为主义学派的华生所进行的小阿尔伯特实验，就严重损害了小阿尔伯特的身心健康，违背了教育性原则。

二、学前儿童发展心理学的研究方法

（一）观察法

观察法是科学心理学研究的一种最基本的方法。它指的是研究者在自然状态下，借助感官和辅助仪器，有目的、有计划地观察学前儿童在日常生活、学习、游戏和劳动中的表现，并根据观察结果分析儿童心理发展规律和特征的方法。

其中，日记法或传记法是一种长期而全面的观察方法。前文提到的陈鹤琴先生就采用了这种长期的观察方法，利用日记法记录了自己儿子的成长过程。

观察法分为自然观察法和实验观察法。

自然观察法指在不加任何控制的自然情境中，对学前儿童的行为表现进行观察和记录。例如，在幼儿园中观察幼儿的同伴交往行为。

实验观察法是指通过实验控制设置某种情境，观察被试在特定情境中的行为表现。例如，美国心理学家安斯沃斯等人通过陌生情境法观察婴儿在人为设置的陌生情境中的不同表现，从而区分婴儿的不同依恋类型。这项研究就是运用实验观察法完成的。

进行观察研究主要包括以下几个步骤：①明确观察目的。②确定观察内容和对象。例如，如果你要研究幼儿的攻击性行为，观察对象自然是幼儿，但还需考虑在哪个班级进行观察，以及具体要观察的攻击性行为指的是什么。③选择观察策略。常用的观察策略有参与观察、取样观察等。④设计观察记录表。⑤实施观察。⑥整理和分析观察资料。

在使用观察法时，要注意以下几点：一是尽量让儿童处于自然状态，不要让他们意识到自己正在被观察，否则他们的行为可能会被隐藏。二是观察记录要求详细、准确、客观，不要带有研究者的个人情感。三是不仅要记录学前儿童的行为本身，还要记录行为的前因后果和发生的环境条件，这样可以帮助我们更好地分析儿童行为的原因。四是学前儿童的心理活动具有不稳定性，因此要进行反复观察，避免偶然行为的影响。

（二）实验法

实验法是一种研究方法，其根据研究目的，改变或控制学前儿童的活动条件，以引起他们某种心理活动的恒定变化，从而揭示特定条件与心理活动之间的关系。

实验法包括自然实验法和实验室实验法。

自然实验法指在儿童的日常生活、游戏、学习和劳动等正常活动中，创设或改变某种条件，以研究并引发儿童心理的变化。例如，研究教师期待效应的实验就是采用自然实验法。观察法和自然实验法是研究学前儿童心理的主要方法。

实验室实验法是指在配备特殊设备的实验室内，利用专门的仪器设备进行心理研究的方法。心理学家班杜拉的“波波玩偶实验”就采用了这种方法。

（三）测验法

测验法，即心理测验法，是指利用现成的量表和测验程序来了解儿童心理发展水平或状态的方法，如格赛尔成熟量表和韦克斯勒学前儿童智力量表。中国学者陆志韦于1924年修订并发表了中国比纳——西蒙智力量表。1936年，他与吴天敏合作进行了第二次修订。1982年，吴天敏对该量表进行了第三次修订，称为中国比纳测验。

测验法主要用于了解儿童心理发展的个别差异。在使用测验法时，我们要注意以下几点：一是学前儿童心理测验一般采用个别测验，不宜进行团体测验。二是测验人员必须接受过专业训练。三是在测验过程中，测验人员要善于获得儿童的合作，以使其表现出真实的心理水平。四是由于学前儿童的心理活动具有很大的不稳定性，因此不能仅凭一次测验结果就对儿童的心理发展水平作出最终评定。

（四）调查法

调查法可采用问卷调查法和访谈法两种方式。

问卷调查法是一种通过书面形式，利用严格设计的问题或项目向研究对象收集资料和数据的方法。

问卷调查法分为以下几个步骤：①明确调查主题。②确定调查对象。由于学前儿童的理解能力有限，问卷的答题者通常是学前儿童的家长或老师。③编制调查问卷。一份完整的问卷应包括以下内容，问卷标题、问卷指导语、个人资料相关问题（如性别、年龄、教育、职业等）。为了避免署名影响调查结果的真实性，多数问卷采用匿名填写的方式。问卷的主要问题通常由判断题、选择题、简答题等组成。④发放和回收问卷，并对回收的问卷进行数据统计分析。⑤撰写调查报告。

访谈法是一种通过与研究对象进行交流来收集资料的方法，即通过与学前儿童、幼儿园教师、家长的交谈，了解学前儿童的心理活动及其影响因素。

与幼儿谈话时，应注意以下几个问题：

第一，明确谈话的目的，提前编制访谈提纲。

第二，选择适当的时间。如果孩子急于到户外玩耍，那么此时就不是合适的谈话时机。

第三，谈话还应该在安静的地方进行，避免儿童受到其他因素的干扰。

第四，在与儿童交谈的过程中，不应评价谈话内容；在整理谈话记录时，也不应加入调查者个人的主观评价。

（五）作品分析法

作品分析法是通过分析学前儿童的作品来了解其心理发展状况的一种方法。学前儿童的作品包括绘画、手工作品、口述日记、作业等。

慕慕（5 岁半）自述：我画的是兔子野餐，如图 1-4 所示。这只兔子邀请它的好朋友一起去野餐，但它的好朋友不愿意去，它有点烦恼。最后，它还是一个人去野餐了。

图 1-4 慕慕的兔子野餐

从画中和慕慕的描述可以看出，慕慕是一个性格豁达且独立的孩子，同时具备良好的情绪识别、理解和表达能力。在画作中，慕慕描绘了兔子的情绪：当兔子的好朋友不愿意一起去野餐时，它感到有些烦恼。这种情感表达显示出慕慕能够识别和理解情感，并能通过绘画来传达这些情感。作品中虽然表现出小兔子有些烦恼，但最终它还是一个人去了野餐。可见，慕慕豁达独立，能够面对困难或孤独，并愿意自己尝试和探索。

分析儿童的作品可以了解其心理活动，但学前儿童在创作过程中往往会使用语言和表情弥补作品所不能表达的思想，因此作品分析法最好与观察法、访谈法结合运用。

儿童心理探索：泡菜效应——为孩子提供一个良好的环境

“泡菜效应”指的是同样的蔬菜在不同的水中浸泡一段时间后，其味道会因环境的不同而产生显著差异。这一原理深刻地揭示了环境对人成长的重要性，尤其是在儿童时期，环境对孩子个性、素质和思维方式等方面的塑造作用更为显著。正如古语所言：“近朱者赤，近墨者黑。”良好的环境能够成为孩子成长的沃土，而不良的环境则可能成为其发展的绊脚石。人在幼年时期对环境的感知，特别是对精神环境的感知，更为敏感。因此，我们要注意为孩子创造良好的环境。那么，学前教育工作者应该为孩子创设什么样的环境呢？

（一）情感安全的环境

首先，幼儿园应该是一个充满爱的地方。幼儿园里的每个人都应发自内心地关爱周围的人，关爱一切生命；幼儿园的每个角落都应该充满关爱的气息。在营造爱的氛围的过程中，园长和教师应起主导作用。只有富有爱心的园长，才能打造出富有爱心的幼儿园；只有富有爱心的老师，才能营造出富有爱心的班级氛围。此外，幼儿园里还应营造一种相互尊重的心理氛围，且这种尊重应该是无条件的。教师对儿童的尊重不是形式上的“弯腰蹲下和孩子交流”，而是心灵上、人格上的平等。在有爱和相互尊重的环境中成长的儿童，他们的情感需求得到满足，这样的孩子会更有安全感，也能够学会理解和尊重他人，并且能够在良好的人际关系中自由地探索和学习。

案例 1

“温馨小屋”

幼儿园的一角设有一个“温馨小屋”，里面布置得温馨舒适，孩子们可以在这里阅读、休息或处理情绪问题。教师定期与孩子们在“小屋”中进行一对一的谈心，倾听他们的想法和感受，让孩子们感受到被理解、尊重和关心。

某天下午，小雨因为在游戏中与小伙伴发生了争执，独自坐在教室的一角。细心的李老师注意到了小雨情绪的变化，便温柔地邀请她到“温馨小屋”休息一会儿。进入小屋后，李老师用温暖而平和的语气说：“小雨，看起来你今天有点不开心，能告诉老师发生了什么事吗？”

小雨起初有些犹豫，但在李老师鼓励的目光中，她鼓起勇气讲述了与小伙伴之间发生的事。李老师认真倾听，没有打断，只是偶尔点头表示理解。当小雨说完后，李老师轻轻拍了拍她的背，说：“听起来你们只是有些小误会，这是很正常的。我们可以一起想想办法，怎么让彼此都感到开心呢？”

在李老师的引导下，小雨点开始思考解决问题的方法，并渐渐露出了笑容。她告诉李老师，她愿意主动去找小伙伴道歉，并解释自己的想法。李老师对此表示赞赏，并鼓励她勇敢去实践。

（二）丰富多元的学习环境

丰富多元的学习环境是激发儿童好奇心、促进其认知发展的关键。儿童的学习是在与周围环境的互动中进行的，这种互动不仅包括物理环境的刺激，还包括社会文化的熏陶。因此，一个多样化的学习环境应当包含丰富的学习材料、多样化的活动区域以及多种教学方法的灵活运用。

此外，多元智能理论强调了儿童在不同领域中智能发展的可能性。一个丰富多元的学习环境应当尊重儿童的个体差异，提供多样化的学习机会，以激发儿童在不同智能领域的潜能。

案例 2

“创意工坊”

幼儿园设立了一个“创意工坊”，里面摆满了各种材料、艺术工具和科学实验器材。孩子们可以根据自己的兴趣选择活动，例如用废旧物品制作玩具、进行简单的科学实验或绘画。

孩子们兴奋地在“创意工坊”里穿梭，寻找着自己的创作灵感。今天，小杰的目光被一堆废旧纸板和剪刀吸引，他打算制作一个特别的“机器人”。

小杰坐在工作台旁，开始认真构思他的机器人。他拿起一张纸板，用铅笔勾勒出机器人的轮廓，然后小心翼翼地用剪刀沿着线条裁剪。在这个过程中，张老师在旁边默默观察，只在小杰需要时提供一些关于材料和工具使用的建议。

随着时间的推移，小杰的机器人逐渐成形。他用废旧瓶盖做眼睛、吸管做手臂，还巧妙地用彩笔为机器人添上了生动的表情。作品完成后，小杰兴奋地展示自己的机器人，并向张老师和其他小朋友介绍它的功能和特点。

教师作为引导者和观察者，鼓励孩子们自由发挥想象力，探索未知领域。这种环境设置极大地丰富了孩子们的学习体验，促进了他们创新思维和动手能力的发展。

（三）积极互动的社会环境

积极互动的社会环境是儿童社会性发展的重要场所。儿童通过观察、模仿和互动来学习社会规范、价值观和人际交往技能。因此，一个积极互动的社会环境应当鼓励儿童之间的合作与分享，培养他们的同理心和解决问题的能力。

同时，社会互动也是儿童情感发展的重要途径。在互动中，儿童能够学会表达自己的情感、理解他人的情感，并逐渐形成健康的情感表达方式。这种情感能力的发展对于儿童未来的社会适应和人际关系的建立具有重要意义。儿童在与同伴和成人的互动中，学会合作、分享、解决冲突等社会技能。

案例3

“小小社区”

幼儿园模拟现实世界中的社区环境，设立了超市、医院、学校等区域，让孩子们扮演不同的社会角色进行游戏。在游戏中，孩子们需要协商角色分配、制定游戏规则，并解决游戏过程中出现的问题。这种活动不仅提高了孩子们的社交能力，还让他们学会了换位思考和尊重他人等社会规范。

今天，小明、小白被选为“超市工作人员”，小华、沫沫则成为“小顾客”。

游戏开始后，小明迅速进入角色，认真地整理货架、摆放商品，并制定了简单的购物规则。小华则拿着“钱”（游戏币）走进超市，开始挑选自己需要的商品。沫沫对一款玩具汽车产生了浓厚的兴趣，但发现价格超出了她的预算。

这时，小白注意到了沫沫的困扰，主动走过来询问情况。沫沫说明了自己的问题，小白想了想，提议说：“你可以看看我们超市的促销活动，或者我可以给你一个小折扣。”沫沫听后非常高兴。经过一番协商，两人最终达成了一项双方都满意的交易。

（四）鼓励探索与挑战的环境

鼓励探索与挑战的环境是激发儿童潜能和培养其坚韧品质的关键。根据美国教育心理学家布鲁纳的发现学习理论，儿童的学习过程应当是一个主动探索和发现新知的过程。因此，一个鼓励探索与挑战的环境应为儿童提供足够的自由度和探索空间，让他们能够根据自己的兴趣和好奇心发现问题并解决问题。适当的挑战能够激发孩子的潜能，培养他们面对困难的勇气和解决问题的能力。

案例4

“植物生长的秘密”

在幼儿园里，孩子们围在一个新建的“迷你农场”旁。这个农场里种植了各种小型植物，还设有简单的灌溉系统和观察记录本。李老师注意到，虽然孩子们对农场很感兴趣，但他们的探索大多停留在表面，比如浇水或观察植物的生长情况。

为了鼓励孩子们更深入地探索和挑战，李老师设计了“植物生长的秘密”这一主题活动。她首先向孩子们介绍了植物生长的基本条件，如阳光、水分、土壤和空气，并提问：“你们觉得这些因素是如何影响植物生长的？如果我们改变其中一些条件，植物会有什么反应呢？”接着，李老师将孩子们分成几个小组，每组负责一个变量（如增加或减少浇水量、改变光照时间、添加不同种类的肥料等），并让他们制订各自的实验计划。孩子们兴奋地讨论起来。有的小组决定每天多浇一点水，看看植物是否会长得更快；有的小组则计划把植物放在阴暗处几天，观察它们的变化。

在实验过程中，李老师鼓励孩子们每天观察并记录植物的生长情况，并引导他们思考实验现象背后的原因。当孩子们发现改变条件后植物确实出现了不同的反应时，他们既惊讶又兴奋，纷纷向李老师提出更多的问题和假设。

综上所述，学前教育工作者应重视儿童教育环境的塑造，致力于为孩子创造一个情感安全、丰富多元、积极互动且鼓励探索与挑战的环境。

本章小结

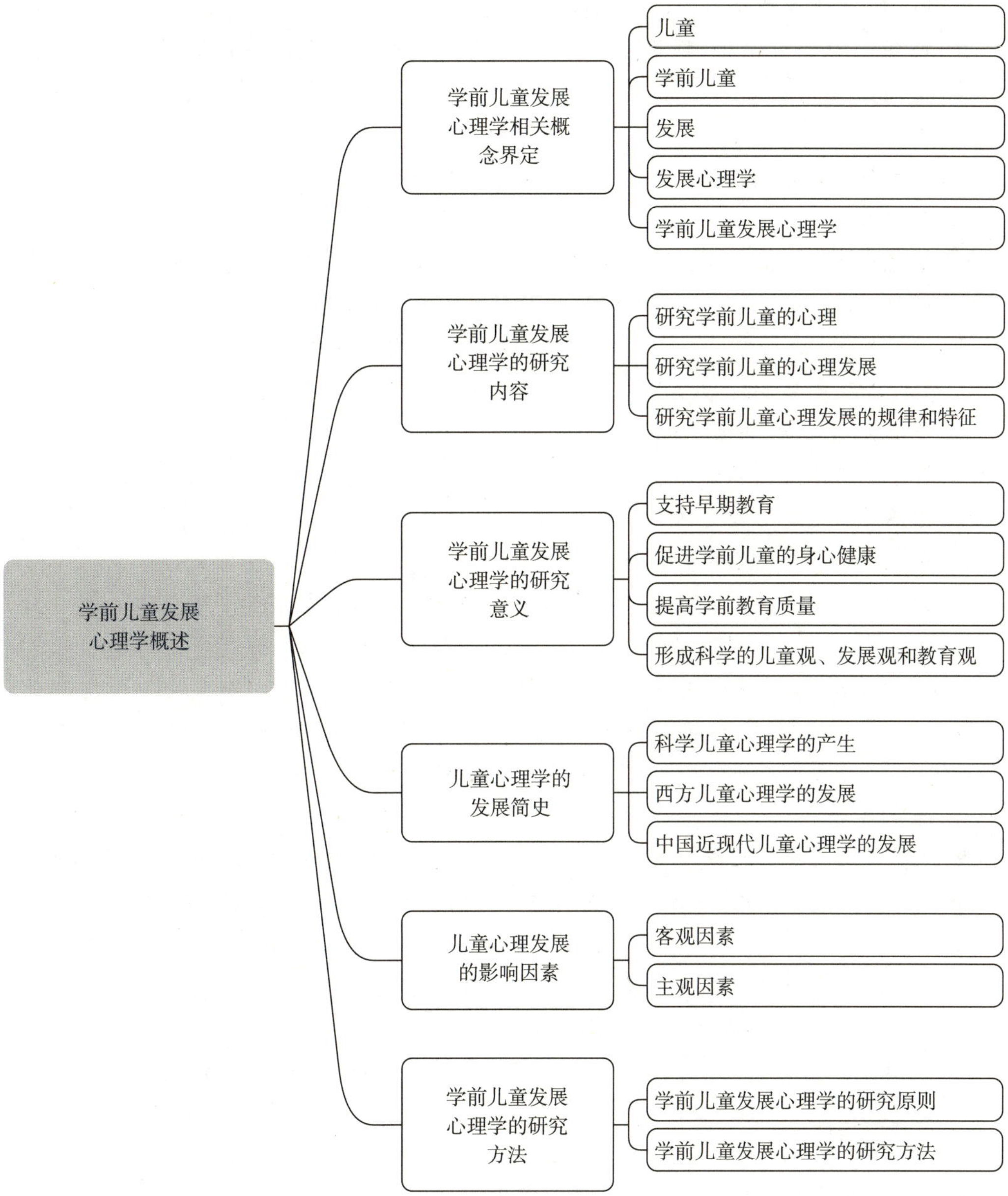

课后思考与练习

一、单选题

1. 学前儿童发展心理学是研究(　　)岁儿童的心理发展。

A. 0～6　　B. 0～3　　C. 3～6　　D. 0～11、12

2. 危机期反映心理发展的(　　)特点。

A. 顺序性　　B. 阶段性　　C. 不平衡性　　D. 个别差异性

3. 有的儿童好动，善于交往，有的儿童喜欢安静、独处。这体现了儿童发展的(　　)。

A. 连续性和阶段性　　B. 方向性和顺序性

C. 不均衡性　　D. 差异性

4. 我国第一次以自己的资料为支撑探讨中国儿童心理发展特点的著作是(　　)。

A. 《儿童心理》　　B. 《儿童心理学》

C. 《儿童心理之研究》　　D. 《一个婴儿的传略》

5. 儿童心理学诞生的标志是(　　)。

A. 普莱尔《儿童心理》出版

B. 霍尔首次使用问卷法开展儿童心理研究

C. 陈鹤琴《儿童心理之研究》出版

D. 朱智贤《儿童心理学》出版

6. 20 世纪初，(　　)将儿童心理学研究对象的年龄范围扩展到了青少年。

A. 普莱尔　　B. 霍尔　　C. 比奈　　D. 施太伦

7. (　　)奠定了儿童心理发展个别差异的最初基础。

A. 环境　　B. 生理成熟　　C. 教育　　D. 遗传

8. (　　)使遗传所提供的心理发展的可能性变为现实。

A. 社会环境　　B. 自然环境　　C. 内部矛盾　　D. 生理成熟

9. 学前教育专业的小李在做一项关于学前儿童心理发展的调查，写调查报告时发现调查结果与他设想的结果不一致，于是他篡改了调查数据。小李违背了心理研究的(　　)原则。

A. 客观性　　B. 发展性　　C. 教育性　　D. 主观性

10. (　　)是研究学前儿童心理最基本的方法。

A. 观察法　　B. 自然实验法　　C. 问卷调查法　　D. 作品分析法

二、简答题

1. 学前儿童发展心理学的研究内容有哪些?

2. 影响学前儿童心理发展的因素有哪些？

三、案例分析题

幼儿园中班的老师反映，有一个孩子从来不主动和小朋友交流。在班级活动时，当老师让他回答问题，他无法像其他小朋友那样迅速说出完整的句子，而是非常小声地一个字一个字地往外说。老师与家长交流后发现，这个孩子刚开始学说话时，父母非常高兴，每天都兴奋地逗孩子玩。然而，当孩子到了两三岁时，他们认为孩子已经会说话了，就不再愿意花时间和孩子交流，任其自由发展。结果一年后，这个孩子与同龄孩子之间出现了明显的发展差异。

思考：

（1）这个案例中的幼儿错过了哪个关键期？

（2）运用关键期理论分析该幼儿的发展特点。

（3）教师和家长应如何尽快弥补关键期缺失的问题？

四、技能训练题

请运用观察法，观察并记录一名学前儿童10分钟的行为表现。

第二章 学前儿童心理发展的主要理论

本章要点

1. 了解学前儿童心理发展的基本理论；
2. 能运用学前儿童心理发展的基本理论进行儿童教育；
3. 领悟和逐渐形成科学的儿童观、教育观。

导学案例

小乐是一个五岁的孩子，他活泼好动，充满好奇心，时常表现出一些挑战性的行为。他喜欢提问、尝试新事物，并且乐于通过动手来解决问题。例如，当他看到爸爸修理电动车时，会好奇地凑过去观察，并尝试自己拿工具模仿。即使刚开始不太熟练，但他会不断尝试和调整，直到找到正确的方法。

在幼儿园里，小乐是一个受欢迎的孩子。他乐于助人，善于与小朋友分享玩具和食物，也经常主动帮助老师做一些力所能及的事情。尽管小乐通常都很快乐，但有时也会因为一些小事情而感到沮丧或愤怒。然而，他逐渐学会了如何调节自己的情绪。例如，当他因为抢不到喜欢的玩具而感到生气时，他会先离开一会儿，等情绪平复后再回来。他开始能够意识到自己的情绪，并尝试通过一些方法来平复它们。

小乐经常观察身边的大人和小朋友，并尝试模仿他们的行为。例如，他看到爸爸用遥控器打开电视，就会尝试自己按遥控器；看到小朋友排队玩滑梯，就会主动加入队伍。小乐通过观察他人的行为来学习新的技能和规则。

以上案例介绍了一个活泼好动、充满好奇心、善于与同伴交往和自我调节的孩子。那么，不同的心理学流派或心理学家会如何解释小乐的发展？在教育实践中，他们的理论能够给我们哪些指导，以更好地促进学前儿童的全面发展呢？

第一节 行为主义学派的儿童心理发展理论

一、行为主义的理论观点

行为主义是美国现代心理学的主要流派之一，也是对西方心理学影响最大的流派之一。

（一）华生的行为主义观点

行为主义的创始人华生受到生理学家巴甫洛夫的动物学习研究的影响，认为一切行为都是“刺激（S）—反应（R）”的联结，通过刺激可以预测反应，而通过反应可以推测刺激。华生是典型的环境决定论者，认为后天环境和教育对行为具有压倒一切的影响，否认遗传在个体成长中的作用。

华生还研究了儿童情绪的发展。他指出，儿童具有三种非习得的情绪反应：恐惧、愤怒和爱。这些简单的原始情绪反应模式通过条件反射的发展，会演变成更为复杂的情绪反应。成人所有复杂的情绪表现，如“嫉妒”“羞耻”“仇恨”和“骄傲”等，都是从这三种简单的情绪反应发展而来的。

儿童所具有的三种非习得情绪使其以后在环境中发展为习得情绪的基础，而情绪发展的机制便是条件反射。小阿尔伯特实验是由华生进行的一个通过条件反射形成习得性恐惧的实验。一开始，11 个月大的婴儿阿尔伯特对小白鼠没有任何恐惧。他看到小白鼠时，会主动伸手去触碰。随后，小阿尔伯特与小白鼠共处了 3 天。华生再次把小白鼠放出来，当小阿尔伯特准备触摸小白鼠时，站在他背后的华生用铁锤重重地敲击钢条，钢条发出尖锐刺耳的响声。小阿尔伯特吓了一跳，猛地一惊，迅速把手缩了回来。此时的小阿尔伯特还不知道发生了什么，非常诧异，但并没有哭。第二次，华生又把小白鼠放在小阿尔伯特面前，小阿尔伯特再次伸手去触摸。就在他刚刚触碰到小白鼠时，华生再次敲击钢条。和上次一样，小阿尔伯特猛地惊跳起来，向前摔倒，彻底被吓哭了，并且哭得非常惨烈。经过多次重复后，小阿尔伯特只要一看见小白鼠，就会露出惊恐的表情，并大哭起来。更严重的是，小阿尔伯特的恐惧表现出现了泛化。后来，他对带毛的动物或玩偶也会表现出恐惧。出于道德原因，这个实验曾遭到学术界的严厉批评，但确实提供了恐惧条件反射形成的证据。

（二）斯金纳的行为主义观点

美国心理学家斯金纳是新行为主义的代表人物，也是操作性条件反射理论的奠基者。斯金纳将人的行为分为应答性行为和操作性行为。应答性行为是指在经典行为主义和条件反射中由刺激引起的反应行为。操作性行为则指有机体自发的行为。当一个操作性行为出现后，如果有强化物紧随其后（称为“强化依随”），如食物、玩具、表扬或鼓励，那么这一操作性行为发生的频率可能会提高。被强化的操作性行为在类似环境中再次发生的可能性也会大大增加。斯金纳使用斯金纳箱来研究操作性条件反射。他将饥饿的小白鼠放入一个具有特殊装置的箱子里，白鼠在箱内乱跑，偶尔碰到操作杆，便有食物掉下来。经过多次尝试后，小白鼠会主动触碰操作杆以获得食物。斯金纳认为，人类的大部分行为都是操作性的，行为通过强化得以习得；同样，行为也可能因惩罚，如批评或取消特权等而消退。

强化作用是塑造行为的基础。儿童的偶然行为一旦得到强化，该行为在未来出现的概率就会显著增加；如果不加以强化，该行为则可能逐渐消退。例如，对幼儿的无理取闹行为不予理睬，这种行为就会减少。

强化分为正强化和负强化两种类型。正强化是通过提供积极的刺激，来增加某一反应发生的概率。例如，在幼儿园中，老师表扬专注完成任务的孩子，并发放小红花或小贴纸作为奖励，以此鼓励孩子们继续保持这种良好的学习习惯。负强化则是通过消除厌恶的刺激，来增加某一反应发生的概率。例如，一个孩子特别讨厌吃药，妈妈对他说："如果你每天都早睡早起，好好吃饭，我就不给你吃药了。"通过减少厌恶的刺激来增加其行为出现的频率即为负强化。无论是正强化还是负强化，都是用来增加行为的。惩罚用于减少行为发生的概率，分为正惩罚和负惩罚。正惩罚是通过呈现厌恶的刺激来减少行为，即我们日常所理解的惩罚，如批评、处罚等。负惩罚则是通过撤销愉快的刺激来减少行为，例如，明明今天在课堂上走来走去，老师收回之前奖励给他的小红花。

（三）班杜拉的社会学习理论

班杜拉是美国新行为主义心理学家，也是社会学习理论的重要代表人物。他的理论强调观察学习和替代强化。

所谓观察学习，指的是人通过观察他人（即榜样）的行为及其结果而习得新行为的过程。榜样可以是现实生活中的人，也可以是电影、电视及小说中的人物等。班杜拉认为，个体可以仅通过观察他人的行为而习得新的反应，儿童也可以通过观察学习完成从动作到模仿再到语言的掌握、态度的习得以及人格的形成。然而，观察学习并不等同于模仿。模仿只是学习者对榜样行为的简单复制，而观察学习则是通过观察，从他人的行为及其结果中获取信息。我们会发现，儿童并不总是机械地模仿周围人的行为。当儿童看到他人的某些行为受到奖励而不是惩罚时，他们更有可能模仿该行为。可见，观察学习比模仿更复杂。

儿童是否模仿他人，除了取决于他人的行为是否得到奖励，还取决于儿童对自身能力的信念，即自我效能感。班杜拉认为，经验赋予孩子自我效能感。而自我效能感能够帮助儿童决定何时模仿他人。例如，一个孩子看到自己的同伴玩滑板获得了大家的称赞，如果这个孩子觉得自己很有运动天赋，他可能会开始模仿同伴，因为他认为模仿是有意义的；但如果他担心自己能力不足，他可能会选择站在一旁观察，而不是尝试模仿。

班杜拉将强化分为直接强化、替代性强化和自我强化。直接强化指对学习者的行为直接进行干预。例如，有的小朋友乐于助人，老师直接对他进行表扬，这就是直接强化。替代性强化指学习者通过观察他人行为所带来的奖励性结果而受到强化。例如，老师表扬某一同学上课认真、进步大，该同学的同桌暗自下决心努力学习，也想获得老师的表扬，这就是替代性强化。自我强化指当自身的行为达到自己设定的标准时，以自己能支配的报酬来增强和维持自己行为的过程。例如，完成拼图游戏的幼儿会为自己拍手叫好。儿童自我强化机制的形成依赖于他们自我评价的个人标准，儿童用自我肯定或自我否定的方法对自己的行为作出反应。自我评价标准并非凭空而来，而是基于儿童所接触到的范例。儿童会用自己的行为与这些范例作比较，以此确定个人标准。如果他们的行为达到或超越了这些范例所展现的榜样行为，成人往往会给予正面反馈，如喜悦、鼓励和嘉奖；相反，当儿童的行为未能达到这些标准时，成人可能会表现出失望。通过这种持续的互动和反馈，儿童逐渐形成了自我评价的标准，并获得了自我评价的能力。这些能力帮助他们调整自己的行为，塑造他们的观念、能力和人格。

二、行为主义理论对学前教育的启示

（一）为儿童发展创设良好的环境

环境刺激对行为的影响至关重要。在学前教育中，应重视儿童成长环境的营造。儿童的成长环境包括物理环境和心理环境。例如，在幼儿阶段，教师是幼儿园环境的主要创设者，应构建一个安全、温馨、充满趣味性和教育意义的物理环境。通过提供丰富多样的玩具、游戏设施和学习材料，满足儿童的好奇心和探索欲，同时确保他们的身心安全。在心理环境方面，应营造接纳、尊重、和谐的氛围，让儿童感受到温暖和关爱，从而建立自信、积极的学习态度。还应鼓励儿童展现良好的人际交往能力，如合作、分享和倾听，以促进他们的心理健康成长。

（二）注意运用强化控制原理

强化作用是塑造与修正儿童行为的基础。教育者应善于观察和识别儿童的行为表现，并适时地给予奖励或惩罚，从而强化他们的积极行为并减少不良行为。表扬、奖励是强化的基本手段。例如，当儿童主动帮助他人、分享玩具或展现出良好的行为习惯时，教师可以立即给予口头表扬、小奖品或贴纸等奖励，以此强化这些积极行为，让儿童明确知道他们的行为是受到欢迎和赞赏的。当儿童出现不当行为，如抢夺玩具、欺负同伴或扰乱课堂秩序时，教师可以通过采取如批评、暂时隔离、暂时剥夺游戏机会或收回奖励等方式，让儿童意识到自己的行为是错误的，并引导他们反思和改正。但是，教师需要谨慎运用批评等手段，因为运用不当反而会强化不好的行为倾向。另外，教师要了解每个儿童的兴趣爱好，根据幼儿的兴趣爱好来选择适当的奖励措施。

（三）为儿童树立良好的榜样

儿童通过观察他人的行为及其后果来学习，尤其是他们信任和尊敬的人，如父母、老师等。父母和教师的一言一行、一举一动都会对儿童产生影响，他们是儿童主要的模仿对象。因此，教育者应当注意自己的言行举止，时刻保持积极的榜样作用。无论是在课堂上还是在日常生活中，教育者都应展示出诚实、友善、尊重他人、勤奋努力等优秀品质，成为儿童学习的楷模。同时，教育者还可以选择一些具有正面影响力的故事、书籍或影片，为儿童呈现多元化的榜样形象，从而激发他们的学习热情和模仿欲望。

第二节 精神分析学派的儿童心理发展理论

一、弗洛伊德的精神分析理论及其对教育的启示

（一）弗洛伊德的精神分析理论

弗洛伊德是奥地利精神病医生和心理学家，也是精神分析学派的创始人。他基于临床经验，提出了人格的结构及发展理论。

1. 人格的结构理论

弗洛伊德将人格分为三个层次：本我、自我和超我。本我是人格中最原始的部分，受快乐原则支配。年龄越小，本我越强大。从出生起，儿童便迫切地要求立即满足身体的需求和欲望。当婴儿饿了或尿湿了时，他们会不顾一切地哭闹，这正是本我在起作用。自我则属于意识层面的内容。在出生后的第一年，婴儿逐渐意识到他们的需求和欲望并不总能被立即满足，此时，自我开始显现。自我处于本我与外部环境之间，遵循现实原则，抑制本我的不合理欲望，并协调本我与外部环境之间的冲突。超我是人格的最高层次，遵循至善至美原则，代表人格的社会成分。它包括两个部分：良心和自我理性。超我通常在学前开始形成，此时，孩子逐渐内化道德标准，而超我的发展在很大程度上依赖于父母的影响。例如，一个 3 岁的孩子在家里看到一盒糖果，非常想吃。这时，孩子的本我驱使他直接拿起糖果就吃，因为他感到饥饿，而且糖果看起来非常诱人。然而，他的自我开始发挥作用。他记得妈妈曾经说过，吃糖果之前要先征得妈妈的同意。于是，他停下来，考虑了一下，决定去问妈妈。在这个过程中，他的超我也在起作用。他意识到，如果直接吃糖果而不询问妈妈，这是不对的，因为他明白妈妈希望他成为一个有礼貌、守规矩的孩子。人格中的这三个部分分别代表三种不同的力量。只有当本我、自我和超我三者和睦相处，保持平衡，人格才能健康发展。

2. 儿童心理发展阶段论

弗洛伊德认为，人类本能中的性驱力是个体心理发展的基本动力。心理的发展即是心理性欲的发展。这里所指的“性”不仅包括两性关系，还包括身体的舒适和快感。儿童的吮吸和排泄等能够产生快感的行为都被包含在内。弗洛伊德认为，在性本能逐渐成熟的过程中，这些产生性快感的部位会从身体的一个部分转移到另一个部分，因此形成了相应的心理发展阶段：口唇期、肛门期、前生殖器期、潜伏期和青春期。

（1）口唇期（0～1 岁）

婴儿出生后，最重要的生理需求是获得食物以维持营养。婴儿原始欲力的满足，主要通过口腔部位的吮吸、咀嚼、吞咽等活动来实现。弗洛伊德曾说，如果幼儿能够表白的话，无须怀疑的，吮吸母亲乳头的行为，肯定是生活中最重要的事情。即使婴儿并不饥饿，他们也会将手指或其他能够抓到的东西塞入口中吸吮，从而获得快感。

弗洛伊德将口唇期细分为两个时期，分别是 0～6 个月和 6～12 个月。0～6 个月的儿童还没有现实存在的人和物的概念，儿童的世界仿佛是“无对象的”，只是渴望得到快乐和满足，而没有意识到其他人与自己是分离存在的。大约在 6 个月时，儿童开始分化人与物，尤其是开始认识到自己的母亲。母亲的到来能给他们带来愉悦和满足感，而母亲的离开则会引起他们的不安和焦虑。这一阶段的儿童开始意识到自己与他人是分离存在的，这种转变对他们的情感发展具有重要意义。

口腔活动如果受到限制，可能会留下后遗的不良影响，如在行为上表现为贪吃、暴饮暴食、酗酒、吸烟和咬指甲等。

（2）肛门期（1～3 岁）

1～3 岁儿童原始欲力的满足，主要通过大小便排泄时产生的刺激快感获得。

上厕所成为父母训练儿童的重要内容。在这一时期，弗洛伊德特别强调父母应注意对儿童大小便的训练，避免过早或过于严格，否则可能对儿童人格的形成产生不利影响。

（3）前生殖器期（3～6 岁）

幼儿时期，原始欲力的需求主要通过性器官的部位获得满足。在这一阶段，幼儿可能会表现出对触摸自己性器官的兴趣。此时，幼儿已经能够辨别男性和女性的性别，并可能对异性父母产生依恋，形成恋父或恋母情结。这种冲突引发的焦虑促使儿童从同性父母身上内化某些性别角色的特征以及道德准则。

（4）潜伏期（6～11 岁）

6 岁以后的儿童，兴趣开始扩大，从对自己身体和父母的情感，转向对周围事物的关注。因此，从原始的欲力来看，表现出一种潜伏状态。由于性欲的冲动和幻想逐渐被排除，儿童逐渐学会自我控制，从而能够将精力集中到学习、游戏和运动等社会允许的活动中。

此时，超我进一步发展，男孩和女孩开始各自以同性父母为榜样行事。这一时期，男女儿童之间在情感上较之前疏远，团体活动多呈现出男女分离的趋势。

（5）青春期（始于 11～13 岁）

男生大约从 13 岁，女生大约从 11 岁开始进入青春期。在此期间，个体的性器官逐渐成熟，生理和心理上显示出显著的两性差异。从这个阶段开始，个体容易产生性冲动，性需求逐渐转向与自己年龄相仿的异性，开始形成对两性生活的理想，并产生婚姻家庭的意识。个体在这一时期最重要的任务是逐渐摆脱父母的控制，因此容易产生对成人的抵触情绪和冲动。随着时间的推移，性心理的发展不断趋于成熟。

（二）弗洛伊德精神分析理论对学前教育的启示

1. 注重健全人格的培养

人格的三个层次需要协调发展，才能使人格健全。本我代表了儿童最原始、最本能的冲动和欲望，教育者需要为儿童提供一个充满爱与安全的环境，以满足他们的基本需求，如食物、温暖和关爱。自我则是个体在现实世界中适应和学习的能力，教育者需要培养儿童的自控能力和适应能力，教导他们如何管理自己的情绪，如何与他人和谐相处，以及如何在规则与自由之间找到平衡。超我则是个体内化的道德标准和价值观，教育者要引导儿童树立正确的道德观念，培养他们的社会责任感和同情心，使他们学会尊重他人、关爱社会，并努力追求更高的精神境界。学前教育不能仅仅重视知识和技能的传授，更需要注重健全人格的培养。在塑造儿童人格的过程中，不能只是简单地灌输知识，而应创造一个尊重、友爱和安全的环境，使儿童在体验成功和自信的过程中，成为积极主动的学习者。

2. 重视早期教育和良好的亲子关系

弗洛伊德非常重视早期经验对个体心理发展的重要影响。个体的心理健康和个性发展均受到幼年生活经验和教育的影响。其中，父母的教养态度与教养方式直接决定着孩子童年生活经验的质量。弗洛伊德的精神分析理论与研究使人们开始关注哺乳方式、断奶时间与方法、大小便习惯的训练、亲子关系的处理等问题，并注意到成人，尤其是父母，在儿童早期生活和人格形成与发展中的重要地位与作用。在良好的亲子关系中，儿童能够感受到被爱、被需要、被欣赏和被接受，这有助于儿童形成积极的人格特质和情绪状态。

3. 正确引导儿童超我的发展

学前儿童的超我在发展过程中很大程度上依赖于父母的影响。在这个漫长的童年时期，成长中的孩子依赖父母生活，形成了一种沉淀。这种沉淀构成了自我中的一个特殊机制，使父母的影响能够长期存在。父母通过言传身教，向儿童传递正确的价值观和行为规范。因此，父母需要为儿童树立良好的道德榜样，对于儿童出现的一些缺点和错误，要注意积极引导，不能一味地惩罚，更不能因此对孩子的道德品质下定论；要及时发现孩子的问题行为，并进行矫正，以规范孩子的行为。

二、埃里克森的社会发展理论及其教育启示

（一）埃里克森的社会发展理论

埃里克森是美国精神病学家，著名的发展心理学家和精神分析学家，也是新精神分析学派的代表人物。与弗洛伊德不同，埃里克森的人格发展理论不仅考虑生物学的影响，还将文化和社会因素纳入其中，形成了心理社会发展理论。

他将心理发展划分为八个阶段，并指出每个阶段的发展任务。他认为，每个阶段都有一个特定的矛盾，顺利解决这些矛盾是人格健康发展的前提。

1. 第一阶段：婴儿期（0～1.5 岁）

婴儿期是从出生到 1.5 岁。在这一阶段，婴儿的主要任务是满足生理需求，发展信任感，克服不信任感，并体验希望的实现。

婴儿在生理需求得到满足后，会感到安全，因此对周围环境产生一种基本的信任感。反之，如果生理需求未能得到满足，婴儿就会对周围环境产生不信任感或怀疑感。发展出信任感的孩子具备基本的安全感，能够依赖外部力量，未来有可能成为容易信赖和满足的人。相反，未能发展信任感的孩子在面对新环境时会感到焦虑不安，未来可能会成为不信任他人或贪得无厌的人。

埃里克森认为，在这一阶段，亲子关系对儿童信任感的发展具有极其重要的作用。儿童所形成的基本信任感通常源自与一个成熟、稳定和自信的成人的互动，尤其是与母亲的互动。母亲的情绪状态和气质常常通过她的肢体语言得以体现，例如她如何拥抱孩子、她的面部表情、身体姿态以及所使用的语言。当母亲表现出自信和慈爱时，她拥抱孩子的方式会显得轻松、坚定且舒适，声音平和宁静。相反，如果母亲内心充满不安且缺乏自信，她的身体可能会显得紧张，动作笨拙、不灵活且不舒服，拥抱孩子的方式也会显得不自在，声音尖锐，语调紧张，表情生硬，情绪消极。母亲的这些身体状态和情绪状态会被儿童通过各种感官所感知，并逐渐内化为他们自身的情感和行为模式。

2. 第二阶段：儿童早期（1.5～3 岁）

这个阶段的儿童主要是获得自主感而克服羞怯和疑虑，体验意志的实现。

儿童进入这一阶段后，他们的动作越来越灵活，并具备了必要的认知能力，与成人和同伴的交往经验和能力也逐渐发展起来。此时，儿童开始意识到要满足自己的需求，可以依靠自己的能力和活动，而不仅仅依赖他人的帮助。埃里克森认为，这时的儿童除了要养

成适宜的大小便习惯外，还不满足于停留在狭窄的空间中，而渴望探索新的世界。顺利完成此阶段发展任务的儿童会获得独立感，能够控制自己的身体并进行某些活动。而发展受阻的儿童则会感到对自我控制和外部事物的无力。这一阶段发展任务的解决，对于个人未来对社会组织和社会理想的态度将产生重要影响，并为未来的秩序和法制生活做好准备。否则，他们就会产生无力感，并缺乏对周围事物的控制感。

3. 第三阶段：学前期（3～6 岁）

本阶段儿童的主要发展任务是获得主动感，克服内疚感，体验着目标的实现。

由于儿童知觉的准确性、肌肉活动的精确性以及语言表达能力的显著提升，本阶段儿童的自主性大大增强。因此，儿童将更加积极地通过言语和行动来探索并扩展他们的领域。同时，社会也向儿童提出了新的挑战，要求他们的行为具有主动性和目的性。儿童发现，通过积极的行动可以更容易地达到自己的目标，因此他们的主动性显著增强。然而，随着儿童更多地融入社会，他们也开始意识到自己的行为有时需要违背父母和其他家庭成员的意愿，可能会侵犯他人的空间或权利。此时，儿童会产生一种内疚感。这就是为什么主动感与内疚感构成本阶段主要矛盾的原因。

弗洛伊德认为这个阶段是产生俄狄浦斯情结的时期，而埃里克森的看法与弗洛伊德不同。他认为，虽然男女儿童对异性父母产生了爱慕之情，但他们能够在现实关系中逐渐认识到这种情绪的不现实性，并从异性同伴中找到代替异性父母的对象，从而使俄狄浦斯情结在发展中得到最终解决。

本阶段也称为游戏期，游戏发挥着自我功能，在解决各种矛盾中体现自我治疗和自我教育的作用。如果发展任务顺利解决，儿童对自己的主动探索和创造感到有信心；否则，会感到缺乏自我价值。埃里克森认为，个人未来在社会中所能取得的工作和经济上的成就，都与儿童在本阶段主动性发展的程度有关。

4. 第四阶段：学龄期（6～12 岁）

本阶段的发展任务是获得勤奋感，克服自卑感，体验能力的实现。

这一阶段的儿童在生理和心理上不断成熟，具备了运动的能力，掌握了各种动作技能，如使用铅笔书写。大脑皮层的发展使其认知功能不断完善，情绪和社会交往的技能也更加丰富，社会活动的范围随之扩大。儿童的依赖重心逐渐从家庭转移到学校、少年组织等社会机构。在这一阶段，儿童进入学校后，实际上就进入了一个真正的社会。他们与同伴交往，并时常进行比较。一方面，他们努力学习，力求在学业上取得优秀成绩，同时掌握大量的交往技能，以便在同伴中占据一席之地；另一方面，在努力过程中，他们也会夹杂着对失败的恐惧。如果他们能够顺利完成学习课程，就会获得勤奋感，从而在今后的独立生活和承担工作任务中充满信心；反之，则可能产生自卑心理。许多人未来对学习和工作的态度和习惯都可以追溯到这一时期的勤奋感。

5. 第五阶段：青年期（12～18 岁）

这一阶段的发展任务是建立同一性，防止角色混乱，并体验忠诚的实现。

自我同一性是个体对现实和愿望统一的认识或感受。角色混乱指个体无法选择自己的角色，或选择角色时缺乏连贯性。这个时期的青少年正处于幼稚与成熟的交界处。他们会不断地问自己“我是谁”。青少年必须在这个时期建立起基本的社会和职业自我形象，否则就会感到困惑，不知道自己将成为怎样的人。

6. 第六阶段：成年早期（18～25 岁）

该阶段发展任务是获得亲密感，以避免孤独感，并体验爱情的实现。

在这一时期，人们需要在与他人交往中感受到爱情和友情。如果找不到友谊或其他亲密关系，个体就会感到孤独。埃里克森认为，发展亲密感对能否顺利融入社会具有重要作用。

7. 第七阶段：成年中期（25～50 岁）

本阶段的发展任务是获得繁殖感，避免停滞感，体验关怀的实现。

在这一阶段，男女建立家庭，他们的兴趣扩展到下一代。埃里克森所说的“繁殖”不仅指个人的生殖能力，还包括创造各种精神或物质产品。例如，有些人没有孩子，但他们在自己的专业领域中发挥聪明才智，指导和关心下一代，为下一代创造更美好的社会生活。这些人同样能够获得繁殖感。而停滞则始于无所事事和枯燥无味的生活，其典型表现是缺乏创造性、人际关系贫乏、没有追求以及不负责任。

8. 第八阶段：成年晚期（50 岁～死亡）

该阶段的发展任务是获得完善感，避免失望和厌倦感，体验智慧的实现。

这时，人生进入了最后的阶段。如果对自己的一生感到比较满意，就会产生一种完善感；如果没有这种感觉，就会恐惧死亡，觉得人生短促，对人生感到厌倦和失望。因此，有些老年人在这一时期可能会出现心理问题。

（二）埃里克森的社会发展理论对学前教育的启示

1. 培养婴儿的信任感

从出生到 1.5 岁，儿童的主要发展任务是获得信任感。儿童的信任感最初源于养育者，尤其是母亲，对孩子需求的满足。在这个时期，养育者应关注孩子的需要，积极回应孩子，以培养其信任感。

2. 给予学前儿童一定的自主权

1.5～3 岁这一时期，要发展儿童的主动感。因此，父母在这一阶段应给予儿童一定的自主权。例如，让儿童自己吃饭、穿衣、洗脸等；不要对儿童的自主行为过度担忧，反应过于激烈。

3. 鼓励幼儿积极尝试

3～6 岁这一阶段，儿童会试图向他人表明自己已经长大，并开始尝试做一些超出自己能力的事情。对于儿童积极主动的尝试，教育者应给予鼓励。鼓励儿童的好奇心和想象力，给他们充分的自由，并理解他们。

第三节　皮亚杰的儿童心理发展理论

一、皮亚杰的儿童心理发展理论

皮亚杰是瑞士心理学家、认知心理学的先驱、发生认识论的开创者。

（一）皮亚杰的儿童发展观

1. 心理发展的本质

皮亚杰强调动作的重要性。他认为，儿童的心理既不是起源于先天的成熟，也不是起源于后天的经验，而是起源于主体的动作。心理发展的真正原因在于儿童通过动作来完成对客观环境的认识。例如，婴儿饿了，会抓起奶瓶送到嘴里；婴儿还会通过触摸和咬来认识他们感兴趣的东西。这种动作的本质是主体对客体的适应。而适应，是有机体应对环境所需要的能力。

2. 图式

图式，也称为认知结构，是用于应对或解释某些经验的有组织的思维或行为模式。例如，儿童最初可能只知道一些常见水果的特点，如苹果和梨，它们是"香、甜、多汁的"。这就是儿童现有的"水果"图式。人的最初图式源自先天遗传，表现为一些简单的反射，如抓握反射、吮吸反射等，这些被称为遗传性图式。为了适应环境，个体的图式会不断丰富。

3. 同化和顺应

同化指主体将其遇到的外部信息直接纳入原有认知结构的过程。例如，前文所举的例子中，儿童认为"香、甜、多汁的"是水果，当儿童尝到桃子时，由于桃子也是"香、甜、多汁的"，他们便会尝试将桃子纳入已有的"水果"图式中。这一过程就是同化。

顺应是指有机体调节其内部结构以适应特定刺激情境的过程。当个体遇到无法用原有图式同化新的刺激时，就需要对原有图式进行修改或重建，以适应环境。例如，随着儿童经验的增长，他们会见到许多新的水果。当他们看到与原有图式不符的水果，如榴莲时，可能会感到困惑。此时，儿童需要调整原有的"水果"图式，以适应新的刺激。这就是顺应过程。随着儿童对更多水果的接触和了解，他们对"水果"的图式会不断丰富和发展。他们可能会发现，虽然大多数水果都是香甜多汁的，但也有一些水果具有特殊的气味和口感。这种对"水果"图式的不断发展和完善，正是儿童认知发展的体现。

皮亚杰指出，同化只是图式发生量变的过程，不能引起图式的改变和创新；而顺应则是通过改变原有图式或创建新的图式来应对新情况，是图式发生质变的过程。

4. 影响心理发展的因素

皮亚杰对影响心理发展的各种因素进行了分析，他认为影响心理发展的因素主要有四个：成熟、物理因素、社会环境和平衡。

其中，平衡是指个体保持认知结构处于一种稳定状态的内在倾向。当个体现有的认知结构能够同化环境中的新经验时，就会感到平衡；反之，就会感到失衡。失衡的状态促使个体改变现有的认知结构，即通过顺应来达到新的平衡。平衡是一个动态过程，个体在平衡—失衡—新平衡的循环中，实现认知的发展。这种不断的平衡—失衡—新平衡的过程就是适应过程，而适应的本质在于实现机体与环境的平衡。

（二）皮亚杰的认知发展阶段理论

皮亚杰毕生致力于研究儿童的认知发展。他认为，儿童的认知发展会经历连续的四个阶段，每个阶段都具有独特的典型特征。这些阶段的发展顺序是固定的，并且相邻阶段之间具有连续性。

1. 感知运动阶段（0～2岁）

这一阶段，儿童的思维局限于自身的感知和动作，通过感知和动作来适应和探索外部环境。这个阶段主要有两个特点：一是客体永久性的出现，二是表象思维的启动。

客体永久性是指儿童在失去对物体的直接感知后，仍然相信该物体持续存在的意识。皮亚杰通过研究客体永久性发现，儿童大约在9～12个月时开始获得这种能力。图2-1中的7～8个月大的婴儿尚未建立客体永久性。实验开始时，向婴儿展示一个玩具小象，当他对这个玩具感兴趣时，用纸板将玩具遮挡住，婴儿就不再关注这个玩具了。然而，在同样的实验中，图2-2中的1岁左右的孩子已建立客体永久性，他会掀开遮挡物，取出玩具。

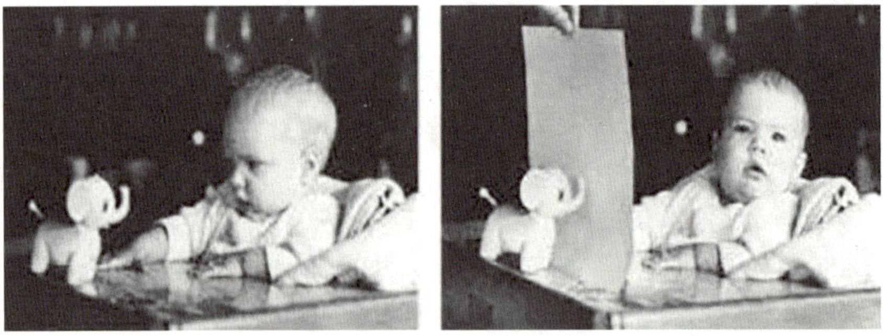

图2-1　建立客体永久性之前

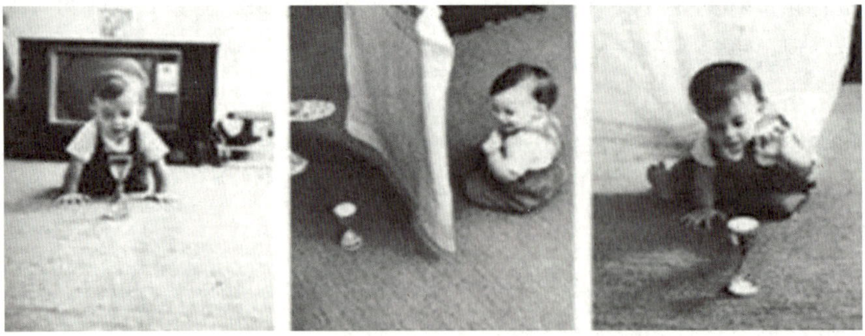

图2-2　建立客体永久性之后

表象思维指的是对外界刺激形成的心理表征或观念。例如，儿童通过观察就可以发现用竹竿可以拿到高处的物体，而不需要通过尝试去发现这个道理。表象思维的启动发生在感知运动阶段的末期，通常是儿童出生18个月以后，但不会晚于第24个月。

2. 前运算阶段（2～7 岁）

在这个阶段，儿童将感知动作内化为表象，建立了符号功能，可以凭借心理符号（主要是表象）进行思维，从而使思维实现质的飞跃。该阶段又可细分为象征思维阶段（2～4 岁）和直觉思维阶段（4～7 岁）。

象征思维阶段的儿童主要运用符号（包括语言符号和表象符号）的象征功能和替代作用，在头脑中将事物和动作内化。其标志是象征性游戏的出现。例如，儿童把小椅子摆成一排，玩“开火车”的游戏；在游戏中扮演医生，以自己的想象来表征现实生活中的人和事。这就是利用表象符号实现的思维过程。

直觉思维阶段，儿童开始从表象思维向抽象概念思维过渡，但仍无法摆脱对事物主要感知特征的局限。该阶段会表现出以下特点。

（1）自我中心性

自我中心性指的是儿童倾向于从自身的视角出发，难以理解他人的观点或感受。这种自我中心性在儿童的言语、行为和认知活动中尤为明显。例如，在与他人交流时，儿童可能会忽略对方的立场，只关注自己的想法和感受。皮亚杰通过三山实验清晰地证明了儿童的自我中心性。在该实验中，他使用了三座不同形状、大小和颜色的假山模型，并让一个儿童从多个角度观察这些山。随后，他让儿童坐在其中一个模型前，并在其对面放置一个玩具娃娃。实验要求儿童指出哪一张图片代表玩具娃娃看到的“山”。结果显示，4～7 岁的儿童普遍选择了从自己角度看到的图片，而非从玩具娃娃角度看到的图片。这一结果清晰地表明，儿童在理解事物时难以从他人的视角考虑，而是倾向于以自我为中心。

（2）泛灵论

儿童自我中心的特点常常使他们推己及人，认为所有事物都与自己一样具有生命和意识。例如，在绘画中，儿童可能会给太阳画上笑脸，给树木画上眼睛；在故事中，他们可能会赋予动物、玩具，甚至无生命的物体以情感和意识。

（3）不可逆性和缺乏守恒

此阶段的儿童难以理解和接受事物的相反或对立面，无法灵活地转换思考方向。这种不可逆性在儿童的逻辑推理和问题解决中表现得尤为明显。例如，教师问一名 4 岁男孩：“你有妹妹吗？”他回答：“有。”再问：“妹妹叫什么？”他回答：“叫小花。”但当问道：“小花有哥哥吗？”他却回答：“没有。”

另外，前运算阶段的儿童尚未获得守恒的概念。守恒是指当物体的外部特征发生变化时，能够认识到物体的数量或内部性质并未改变的能力。皮亚杰进行了许多守恒实验来研究儿童的思维特点，包括数量守恒、质量守恒、面积守恒、体积守恒和长度守恒等。

（4）相对的具体性

此阶段的儿童开始依靠表象进行思维，可以进行各种象征性的游戏、延迟模仿及绘画活动等，但尚未具备抽象思维能力。他们的思维受到事物主要感知特征的深刻影响。这种相对的具体性使得儿童在理解和解释世界时往往依赖于具体的形象和情境。例如，当儿童学习新知识时，他们可能需要借助具体的实物或模型来辅助理解；在解决问题时，他们也需要结合具体的情境来制定解决方案。

3. 具体运算阶段（7～11 岁）

此时，儿童的思维具有明显的符号性和逻辑性，能够进行简单的逻辑推理。他们克服了思维的自我中心性，获得了守恒概念，思维具备可逆性，并掌握了类包含概念，能够进行关系推理，但有时仍需依赖具体事物。例如，A 比 B 高，而 C 又比 B 矮，请问谁最高？学龄期儿童在面对这三个抽象符号进行推理时可能存在一定的困难，但如果用三个人的实际例子来向他们提出关于身高的问题，他们回答起来就更容易了。

总体来说，这一阶段儿童的思维活动仍局限于具体事物和日常经验，缺乏抽象性。这一阶段是儿童从以具体形象思维为主向以抽象逻辑思维为主的过渡阶段。

4. 形式运算阶段（11 岁之后）

形式运算阶段的儿童思维摆脱了具体事物的束缚，能够进行抽象概括，并根据各种可能的假设进行推理。儿童在这一阶段达到了认知发展的最高水平，与成人的思维能力相当。

二、皮亚杰的儿童心理发展理论对学前教育的启示

（一）重视学前儿童的操作活动

学前儿童通过感知觉和动作与周围环境相互作用，以认识并适应环境。限制儿童的活动不利于思维的产生和发展。因此，学前教育应重视儿童的操作活动，为他们提供丰富多样的材料和工具，鼓励他们大胆尝试、积极探索。这不仅有助于儿童积累实践经验，还有利于培养他们的动手能力和创新思维。

（二）鼓励学前儿童的象征性游戏和模仿活动

在前运算思维阶段，学前儿童通过象征性游戏和模仿活动，将感知动作内化为表象，从而摆脱了外显动作的控制，实现了思维的飞跃。大量丰富的表象储备对学前儿童思维的发展具有重要意义。

（三）教学过程中注意运用直观教法

前运算阶段的儿童思维尚未能摆脱具体形象事物对思维的限制。因此，在教学过程中，教师应采用直观教学法，使儿童能够通过实物、图片、电化教具等具体形象的事物来感知和理解知识。这种教学方法不仅有助于儿童形成直观的感受和具体的思维，还有利于他们更好地掌握和理解知识。同时，直观教学法还能激发儿童的学习兴趣，提高他们的学习积极性。

（四）教育应配合儿童认知发展的顺序，尊重学前儿童的年龄特点

思维的发展具有明显的顺序和阶段特征，不同年龄阶段的儿童表现出不同的思维特点和发展任务。学前教育教师在实施教育活动时，应充分了解并尊重儿童的年龄特点和发展规律，遵循儿童认知发展的顺序，切忌拔苗助长。教育内容和教学方法应根据儿童的年龄阶段进行调整和优化，以满足他们在不同阶段的认知需求和发展目标。同时，教师还应关注儿童的个体差异和兴趣爱好，为他们提供个性化的教育方案和支持。

第四节　维果茨基的儿童心理发展理论

一、维果茨基的儿童心理发展理论

维果茨基（1896—1934）是苏联著名的教育家和心理学家，被誉为“心理学中的莫扎特”。

维果茨基的主要贡献是提出“文化历史发展理论”。该理论强调人类社会文化对人类心理发展的重要作用，着重探讨思维与语言、教学与发展的关系问题。

（一）心理发展的实质

维果茨基提出，心理发展是指一个人从出生到成年的过程中，在环境与教育的影响下，逐渐将低级心理机能转化为高级心理机能的过程。低级心理机能是依靠生物进化而获得的，包括感觉、知觉、无意注意、机械记忆和情绪等，是人与动物所共有的。高级心理机能则是社会历史发展的结果，以人类特有的语言和符号为中介，受社会历史发展的制约，包括抽象思维、有意注意、逻辑记忆和高级情感等，是人类所特有的。低级心理机能和高级心理机能的比较见表 2－1 所列。

表 2－1　低级心理机能和高级心理机能的比较

类别 心理机能特点	低级心理机能	高级心理机能
自主性	不随意的、被动的	有意的、主动的
反映水平	具体的、形象的	抽象的、概括的
实现过程	直接的、无中介的	间接的、以符号或词为中介的
起源	种系发展的产物，自然发展的结果	社会历史发展的产物
个体发展	依靠遗传、生理成熟或个人经验发展	在人际交往活动过程中发展

（二）言语和认知发展的关系

维果茨基还探讨了言语和认知发展的关系。在言语和思维的关系上，维果茨基和皮亚杰的观点是不同的。皮亚杰将儿童在日常活动中经常自言自语的现象称为自我中心言语，即讲话时不针对任何特定的人，也不会为了让同伴理解而做任何有意义的调整。维果茨基不赞同皮亚杰的观点，他认为自我中心言语除了具有表达功能和分类功能外，还不仅仅是伴随儿童积极活动的简单表现，它很容易转化为真正的思维工具。也就是说，它能够承担起规划活动和解决活动中产生问题的功能。

为了研究儿童自我中心言语的机制，维果茨基设计了一项实验：让儿童自由地画一张图画，如太阳、月亮等，但故意不在他们面前摆放绘画所需的一些工具，如纸和笔。研究结果表明，在这种情况下，儿童自我中心言语的频率急剧增长。这些现象表明，儿童借助自我中心言语来帮助思维，在解决困难任务时为自己提供辅助工具。因此，维果茨基认为，儿童的自我中心言语实际上并非完全是“自我中心”，而是具有“自己与自己沟通”的意义。他还发现，自我中心言语虽然随年龄增长而逐渐减少，但直到成年也并未完全消失，只是成人的“自言自语”多为内部言语；而内部言语过程对思维发展有着决定性和特殊的意义。关于思维与言语的关系，维果茨基主张用两个相交的圆来表示。一个圆代表思维，一个圆代表言语，两圆相交处表示“言语思维”的范畴。言语思维既不能包含所有的思维形式，也不能包含全部的言语形式，但言语具有促进思维发展的功能。

（三）教学与发展的关系

在教学与发展的关系上，维果茨基提出了三个重要观点：最近发展区、教学应当走在发展的前面以及学习的最佳期限。

1. 最近发展区

维果茨基认为，儿童至少有两种发展水平：一种是现有发展水平（即儿童在独立活动时所达到的解决问题的水平），另一种是在有指导情况下所达到的水平。现有发展水平与在有指导情况下所达到的解决问题的水平之间的差距，就是最近发展区，即儿童在有指导的情况下可以达到的更高水平。指导者可以是成人或同伴等，维果茨基称之为“更具知识的其他人”。最近发展区是一个动态的概念，因为儿童今天在有指导情况下能解决的问题，过一段时间便能独立解决。维果茨基强调，学校教育中的教学与发展的关系，与最近发展区和现有发展水平之间的关系是相似的。因此，教学应当创造最近发展区，通过“更具知识的其他人”为儿童搭建学习支架，使儿童在现有水平的基础上达到更高的水平。同时，教学应当紧密贴合学生的最近发展区，既不过于超前也不滞后，从而有效促进儿童发展。

2. 教学应当走在发展的前面

根据最近发展区的理论，维果茨基提出教学应当走在发展的前面。教学可以被定义为人为的发展过程，它决定着智力的发展。开始某种教学，必须以成熟与发育为前提，但更重要的是，教学必须首先建立在正在开始形成的心理机能的基础上。这种建立在正在开始但尚未完全形成的心理机能基础上的教学，就是所谓“走在发展前面的教学”。只有这种教学，才能激发和引导个体在成熟阶段的一系列功能，对发展过程进行及时的组织，对不良倾向进行及时的调整，达到以教学促进发展的目标。

3. 学习的最佳期限

如何发挥教学的最大作用？维果茨基强调了学习的最佳期限。他认为任何教学都存在最佳的或最有利的时期，过早或过迟实施教学，从发展观点看，对儿童的智力发展是不利的。

二、维果茨基儿童心理发展理论对学前教育的启示

（一）为儿童提供“跳一跳，够得着”的学习任务

在学前教育中，教育者应注意教学内容的选择，教学内容不能超越儿童的最近发展

区。将过深、过难的内容强加给儿童，不仅会让他们感到挫败和无力，还可能影响他们的学习兴趣和自信心。教育者应尊重儿童的认知发展水平，选择与他们当前发展水平相匹配的教学内容。然而，尊重儿童的发展水平并不意味着要避免给他们带来挑战；相反，适度的挑战可以激发儿童的好奇心和求知欲，促进他们的认知发展。这种挑战应是儿童经过努力后能够实现的，而不是遥不可及的目标。因此，教育者需根据儿童的实际情况，为他们提供“跳一跳，够得着”的任务，即既具挑战性又适合他们发展水平的学习任务。

（二）支架式教学

在日常教学中，教育者应实施有指导的辅助学习。在活动中，教育者需要为儿童提供学习支架，即为儿童的学习和问题解决提供线索、提示、鼓励等帮助，使他们逐渐能够独立操作。对于学前儿童，教育者需要为他们提供具体的学习支架。这些支架可以是实物、图片、模型等直观的教学材料，也可以是教育者的语言引导和示范。通过学习支架，帮助儿童建立新旧知识之间的联系；此外，要注意适时撤去支架。当儿童已经掌握相关知识并能够独立学习时，应及时撤去支架，让他们自己去探索和学习。

（三）把握儿童最佳学习时期，施以相应教学

维果茨基认为，儿童在不同的发展阶段具有不同的学习敏感性。因此，教育者要把握儿童的最佳学习时期，施以相应的教学。在学前教育阶段，儿童的大脑发育迅速，具有强烈的好奇心和模仿能力。教育者应充分利用这一时期的特点，通过游戏、音乐、绘画等多种形式的活动来激发儿童的学习兴趣，培养他们的创造力和想象力。同时，也要关注儿童的个体差异，为他们提供个性化的教学，以满足不同儿童的学习需求和发展潜力。

（四）鼓励儿童合作学习

维果茨基强调社会文化因素对儿童发展的影响。在儿童认知发展过程中，同伴也可以是“更具知识的其他人”，为儿童的学习提供指导和支持。因此，教育者应为儿童提供合作学习的机会和平台。例如，教育者可以组织小组活动、角色扮演、共同创作等形式的学习任务，让儿童在合作中共同完成任务；关注儿童在合作学习中的表现和反馈，及时给予积极的鼓励和肯定，以增强他们的自信心和学习动力；同时，也要关注儿童在合作中遇到的问题和困难，及时给予指导和帮助，以促进他们解决问题能力的发展。

儿童心理探索：陈鹤琴的儿童发展观

一、陈鹤琴的儿童发展观

陈鹤琴先生认为，儿童不同于成人。儿童不是成人的缩影。作为一个独立的个体，儿童有其独特的身心特点，有自己的需要、兴趣、情感和性格等。

（一）好奇

世界对于儿童来说是全新的、陌生的。面对这一崭新的世界，儿童会产生强烈的好奇心。他们经常会不厌其烦地问："这是什么？那是什么？这是为什么？那是为什么？"遇到不懂的事情时，总想弄明白。好奇心引发浓厚的兴趣，从而产生强烈的求知欲。

（二）好动

儿童由于好奇心而产生难以抑制的冲动，因此，他们总是时而摸摸这个，时而弄弄那个，一刻也不停，什么都想看，什么都想听，什么都希望尝试，其行为完全由感觉与冲动所支配。儿童因好动而爱玩，因爱玩而喜欢游戏，他们以游戏为生命，乐此不疲。儿童好动、爱玩、喜欢游戏的天性，使他们乐于与外界事物接触，而这种接触极大地丰富了他们的知识，发展了他们的能力，使他们逐渐了解自己所生活的世界。

（三）好模仿

对成人的一言一行和同伴的一举一动，儿童都会主动模仿。模仿是人类的一种本能，也是儿童学习和成长的重要方式。个体最初学会的各种技能，大多是通过模仿形成的。正因为儿童喜欢模仿，他们容易接受教育，具有很大的可塑性。

（四）好群

儿童通常不愿意独处。从 4 个月开始，如果让他们独自一人睡觉而无人陪伴，他们就会哭泣。这种哭泣实际上是在要求有人来陪伴。随着年龄的增长，儿童的社交欲望也逐渐增强。3 岁以后的孩子，他们的各种情绪往往源于交往活动。例如，当好朋友不理睬他们时，他们会感到难过；而有人愿意和他们一起玩游戏时，他们又会立刻高兴起来。儿童的社交倾向是他们实现社会化的根本保障。

二、陈鹤琴的儿童心理发展理论对学前教育的启示

（一）教育应从零岁开始

儿童不同于成人，他们一出生就具有探索能力。0～6 岁是人生中最重要的一个时期，这将决定儿童的人格。一个人一生的知识、技能、语言、思想、态度和情绪都要在此时打下基础。因此，陈鹤琴主张将"从小教起"的起点设定为从出生开始。

陈鹤琴的主张正如他曾讲述的一则故事：

有一位琴师发布了一则招生广告，上面写道："未学过琴的，学费一元；已经学过的，两元。"众人对此感到不解，认为学过琴的人已经有了一些基础，学习起来应该更容易，学费也理应更便宜才对。为什么反而比没学过的人收费更高呢？这似乎没有道理。

琴师知道后，对朋友说："你们哪里知道。未曾学过琴的人，不过是不会弹琴罢了，没有什么病根。至于那些已经学过琴的，不仅不会弹琴，而且还学了一些坏习惯。我现在要教好他们，必须先把这些坏习惯去掉。既要去掉他们的坏习惯，又要教好他们，这比教那些从未学过的人要多一层困难。所以学费也应当贵一倍。"

（二）尊重儿童的个性

儿童有其独特的心理特点，我们要尊重儿童的个性。对儿童的教育是“活教育”，要让儿童在实践中学习，还要在实践中教育和进步。陈鹤琴强调，儿童的各种生活活动都应该在户外进行，包括游戏、劳动、与大自然接触、自我表达、使用工具锻炼等，而不应该像过去那样全部在室内进行。

本章小结

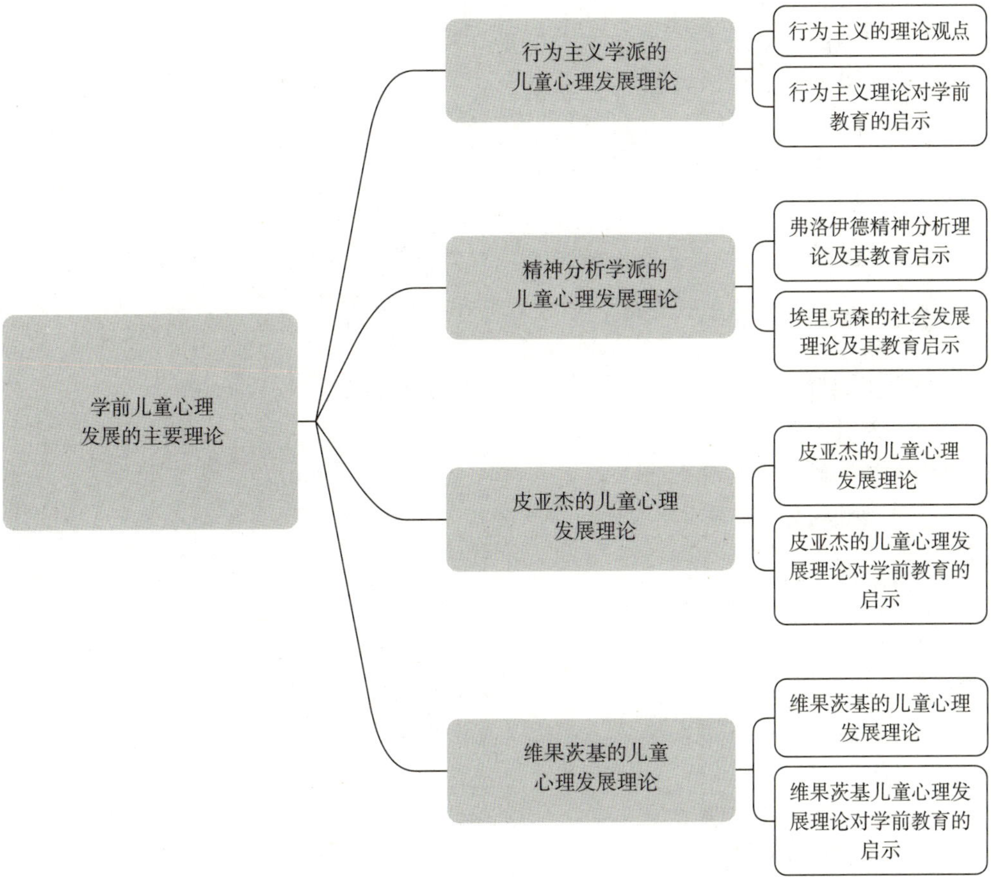

课后思考与练习

一、单选题

1. 孩子哭闹要买玩具，母亲不予理睬，这是（　　）。

A. 正强化　　B. 负强化　　C. 惩罚　　D. 消退

2. 当学生取得好成绩后，老师和家长给予表扬和奖励，从而激励他继续努力，这属于(　　)。

A. 正强化　　B. 负强化　　C. 惩罚　　D. 消退

3. 班杜拉的社会认知理论认为(　　)。

A. 儿童通过观察和模仿身边人的行为学会分享

B. 操作性条件反射是儿童学会分享的重要学习形式

C. 儿童能够学会分享是因为儿童天性本善

D. 儿童学会分享是因为成人采取了有效的惩罚措施

4. “杀鸡儆猴”的教育效应最适宜的解释是(　　)。

A. 期望强化　　B. 自我强化

C. 直接强化　　D. 替代强化

5. 照料者对幼儿的需求应给予及时的回应，因为根据埃里克森的观点，生命中第一年的幼儿面临的基本冲突是(　　)

A. 主动感对内疚感　　B. 基本信任对不信任

C. 自我同一性对角色混乱　　D. 自主性对害羞

6. 亮亮把果冻偷偷藏在厨房的橱柜里，妈妈发现之后把果冻放到了客厅的抽屉里。有些儿童认为亮亮以后还会到厨房的橱柜里找果冻，这样的儿童处在皮亚杰所说的认知发展(　　)。

A. 感知运动阶段　　B. 前运算阶段

C. 具体运算阶段　　D. 形式运算阶段

7. 学会抓握的婴儿当看见床上的玩具时，会反复用抓握的动作去获得玩具。当他独自一个人时，玩具虽然看得见但较远，手够不着，他仍然用抓握的动作试图得到玩具。这一动作过程是(　　)

A. 异化　　B. 同化　　C. 顺应　　D. 平衡

8. 按照弗洛伊德的观点，恋父情结出现在(　　)阶段。

A. 口唇期　　B. 肛门期　　C. 前生殖器期　　D. 潜伏期

9. 教师在拟定教育活动目标时，以幼儿现有发展水平与可以达到的水平之间的距离为依据，这种做法体现的是(　　)

A. 维果斯基的最近发展区理论　　B. 班杜拉的观察学习理论

C. 皮亚杰的认知发展论　　D. 布鲁纳的发展教学法

10. 陈鹤琴认为儿童具有哪些特点？(　　)

A. 活泼好动　　B. 喜欢独处

C. 喜欢安静　　D. 缺乏合作精神

二、论述题

皮亚杰强调，教学要根据不同发展阶段儿童的心理特征进行，不能超越儿童的发展阶段；而维果茨基则认为，教学在依据儿童已有认知结构的同时，应走在发展的前面。

三、案例分析题

小明是一名5岁的男孩，最近他的父母和老师都发现他在学校中表现出一些不良行为习惯，如频繁打断老师讲话、与同伴争夺玩具，以及经常表现出攻击性行为。小明的父母希望了解这些行为背后的原因，并寻求有效的方法来帮助他改正这些不良习惯。

请基于行为主义儿童发展理论，分析小明不良行为背后的原因，并提出具体的干预措施来帮助小明改正这些不良习惯。

第三章 学前儿童身心的发展

本章要点

1. 了解学前儿童身体发育的过程和神经系统的发展；
2. 了解学前儿童动作和活动的发展特点；
3. 掌握学前儿童心理发展的特点；
4. 理解身体发育、动作和活动发展、心理发展三者的关系。

导学案例

慕慕在 2 个月大的时候，开始尝试控制自己的头部。虽然还不能完全抬起头，但她已经能够稍微转动头部，以探索周围的环境。当妈妈竖抱她时，她能够将头部保持竖直，并与妈妈进行眼神交流。她的四肢开始变得更加灵活，能够做出轻微的踢腿和摆手动作。不过，她还不能用手臂支撑抬起胸部。她的小手会无意识地抓握，当她感受到父母的触摸时，会紧紧握住他们的手指。

1 岁时的慕慕已经能够稳定地爬行，并开始尝试站立和行走。当妈妈在她前方几步处向她招手时，她会尝试走向妈妈，虽然步伐有些踉跄。她的小手能够准确地抓取和放下玩具。慕慕还喜欢模仿大人的动作，比如挥手、拍手等。

到了 3 岁，慕慕总爱蹦蹦跳跳。她喜欢参加各种户外活动，与其他小朋友在公园玩耍时，他们会奔跑、追逐。她的小手能够完成一些更复杂的任务，如搭积木、画画等。

慕慕通过动作感知和认识世界，她的每一个动作发展都是成长的重要标志。

第一节 学前儿童生理的发展

生理是心理的物质基础，生理的发展影响并制约着儿童心理的发生和发展。学前儿童生理的发展主要包括身体的发育和神经系统的发展，特别是脑结构和功能的发展。

一、身体的发育

（一）身高体重

新生儿的身高约为 50 厘米，体重平均为 3～3.5 千克。出生后几天内，体重会略有减轻，但从第二周开始恢复，随后体重会迅速增长。新生儿的头部较大，身体较长，四肢较短。头部占全身的1/4，腿占1/3，而成人的头部占全身的1/8，腿占1/2。这种特殊的体型使得新生儿活动不便。

出生后的头几个月，儿童身高每月增加约3厘米；6个月后，每月增加约1～1.5厘米，1岁时身高可达70～75厘米；体重每天增加约28克；1岁时体重约为出生时的3倍，即9～10千克。

在先学前期，儿童的身高平均每年增加约8～10厘米。到2岁时，身高约为85厘米；到3岁时，身高约为93厘米，约是出生时的两倍。3岁时的体重约为新生儿体重的四倍，约为13千克。

幼儿期的身高和体重增长速度较3岁之前有所减缓，但与之后的各个时期相比，仍然相对较快。到6岁时，儿童的身高可达110厘米，体重约为20公斤。此时，身体比例已接近成人。

（二）骨骼肌肉

骨骼的骨化从胎儿时期就开始，并持续到青春期。新生儿的骨骼柔软且有弹性，由于骨骼硬度不足且肌肉柔软无力，因此难以支撑头部的重量，更无法支持身体进行动作。

2～3个月时，脊柱的4个生理弯曲相继形成。但婴儿的骨化过程远未完成，骨骼易变形，但不易骨折；同时，肌肉容易疲劳。因此，不宜过早让婴儿坐、站，并且每次动作练习的时间不宜过长。

先学前儿童的骨骼继续骨化，但仍具有较大的弹性，容易弯曲。大肌肉已有所发展，但耐力不足，易疲劳；小肌肉尚未充分发展，因此不能完成需要高度准确性和灵活性的精细动作。

幼儿期，儿童的骨骼虽然更加坚硬，但骨化远未完成，容易变形。走路和坐着的时间都不宜过长，要时刻注意儿童的姿势是否端正。在此阶段，儿童的大肌肉较为发达，而小肌肉则要到5～7岁才开始发展，因此小班和中班的很多孩子使用小剪刀时会显得比较吃力和笨拙。

（三）内脏器官

新生儿的内脏器官发育尚不成熟。呼吸微弱，心跳较快，消化系统较弱，胃容量小，肠道蠕动慢，体温调节功能尚未完善。婴儿的心率每分钟在100次以上，消化系统的发育逐渐完善，胃容量逐渐增大，肠道蠕动加快。此时，婴儿已经开始添加辅食，逐渐适应不同的食物。到3岁时，心率有所降低，每分钟约100次。成人的心率为每分钟60～100次，大多数为每分钟60～80次。相较于成人，先学前儿童的心率仍然较快，因此不宜进行剧烈运动，以免加重心脏负担。幼儿期的心率逐渐接近成人水平。此时，儿童的心脏已经能够完全适应各种身体活动的需要，消化系统的发育也已成熟。家长应继续引导儿童养成良好的饮食习惯，确保儿童摄入足够的营养。

二、神经系统的发展

神经系统是人体的主导系统，与人体其他器官和组织相比，神经系统的发育较早。在最初的几年内，脑和神经系统发育最快，学前期便已接近成人水平。

（一）神经系统结构的发展

神经系统发育较早。脑细胞在胎儿第15～18周形成。胎儿第26周时，脑的基本结构已初具雏形。出生时，神经系统尚未发育完全，脑结构较简单，神经系统功能也很不完善。从出生后的第6个月开始，一直持续到2岁，是脑细胞分裂、数量增加和体积增大的关键阶段。2岁后，脑细胞的增殖过程停止，但脑的发育仍在继续进行。0～6岁儿童神经系统结构的发展主要表现在以下几个方面。

1. 脑重增加

新生儿的脑重约为390克，是成人脑重的25%（成人脑重约为1400克）。出生后，儿童的脑重随着年龄的增长而增加，第一年脑重的增长速度最快，以每天约1克的速度递增。由于脑细胞数量的增加和体积的增大，大脑皮质厚度的增加，神经纤维的伸长等因素，9个月时脑重可达660克，1岁时达900克。随后，增长速度减慢。到2岁时，脑重量约占成人的75%，3岁时达1000克，7岁时约为1280克，达到成人的90%。

2. 脑皮层结构复杂化

新生儿的大脑皮层表面光滑，沟回较浅，结构十分简单。随着时间的推移，脑细胞体积增大，神经细胞的突触数量增多且长度增加。到3岁时，突触连接已完成80%。神经纤维持续增多和加长，并向不同方向延伸。在2岁之前，脑神经纤维较短，多呈水平方向；而2岁之后，则有斜线和垂直方向的发展。这些变化为建立复杂的神经联系提供了物质基础。

神经纤维的髓鞘化是脑内部结构成熟的标志。神经纤维的髓鞘是一层覆盖在神经纤维上的脂肪组织，其主要作用是确保神经兴奋沿特定通道迅速而准确地传导。神经系统各部分神经纤维髓鞘化的时间是不一致的。新生儿出生时，脑的低级部位（如脊髓、脑干）已经开始髓鞘化，之后的发展是不均衡的。与感觉运动有关的部位比与运动系统有关的部位髓鞘化更早，而与高级智力活动直接相关的额叶和顶叶的髓鞘化开始较晚，约在6岁末才接近完成。

（二）神经系统机能的发展

学前儿童神经系统功能的发展主要体现在反射活动的发展以及高级神经活动过程中兴奋与抑制的发展，不同年龄段具有不同的特点。

兴奋和抑制是高级神经活动的两个基本过程。兴奋过程是引起或加强有机体某些反应的过程，表现为条件反射的建立和出现，并伴随细胞能量的消耗。抑制过程是压抑或减弱有机体某种活动的过程，表现为反应的减弱或消失，并伴随细胞能量的恢复。抑制分为两类：无条件抑制和条件抑制（内抑制）。无条件抑制是与生俱来的，而条件抑制（内抑制）是后天形成的。

兴奋和抑制虽然是对立的，但又是统一的，它们在大脑皮层的正常活动中具有同等重要的作用。儿童需要兴奋来发起某种活动，但有时需要抑制以停止活动。抑制不必要的活动可以使兴奋引起的反射活动更加精确、更加完善，同时也可以使脑神经得到必要的保护。例如，儿童在游戏中学习新技能时，兴奋使他们充满好奇心和探索欲；而适当的抑制则帮助他们集中注意力于特定任务，从而提高学习效率。

1. 新生儿神经系统机能的特点

（1）无条件反射和条件反射建立

新生儿离开了温暖的羊水，出生后开始受到周围环境中多样而复杂的刺激影响，他们必须适应变化的环境。新生儿最初依靠无条件反射来适应环境。无条件反射是与生俱来的，由低级中枢实现的本能活动。新生儿的无条件反射有很多种。例如，为了维持生命，存在无条件的食物反射和无条件的防御反射。无条件食物反射包括觅食反射、吸吮反射和吞咽反射。当乳头或手指碰到新生儿的脸颊或嘴唇时，他便会立即把头转向物体，做出吃奶的动作，食物进入口中后便会吞咽。手指碰到针尖或者很烫的东西，手会不自觉地缩回来，这正是无条件防御反射，眨眼反射也是其中一种。婴儿出生后 12～24 小时，就会将视线转向光源；强烈的声响还可能使其停止吸吮动作。新生儿这种朝向新奇刺激的反应活动就是无条件定向反射。无条件定向反射对儿童认识世界具有重要意义。此外，还有几种特有的反射：抓握反射、强直性颈反射（击剑反射）、踏步反射、巴宾斯基反射（足趾反射）、游泳反射、惊跳反射。无条件反射保证了新生儿最基本的生命活动。但它具有明显的刻板性，局限性很大，适应性很低，不足以使新生儿应对复杂多变的环境。为了生存和适应环境，新生儿的反射逐渐信号化，形成条件反射。

条件反射是儿童在生活实践中形成的，是通过高级神经中枢实现的。新生儿最先形成的条件反射是在无条件反射的基础上建立起来的。例如，很多人在游泳反射消失前利用这一反射训练婴儿学会游泳。新生儿的条件反射形成速度慢，且形成后很不稳定，若不继续练习，则容易消退；此外，也不易分化。例如，新生儿已经建立了对喂奶姿势“抱”这一动作的条件反射，即一抱就出现寻找乳头的反应或吃奶的动作。由于新生儿建立的条件反射没有分化，因此，任何人抱他时，他可能都会做出吃奶的动作。条件反射形成的机制是暂时神经联系的形成，暂时神经联系既是一种生理现象，也是一种心理现象，它揭示了刺激物的信号意义。可以说，条件反射的出现标志着儿童心理的发展。

（2）超限抑制占主导

新生儿已经具备无条件抑制。无条件抑制有两种形式：外抑制和超限抑制。任何外界环境或机体内部的额外刺激都可以暂时制止正在进行的活动，这一现象称为外抑制。在新生儿时期，超限抑制占主导。当刺激超过一定强度或持续时间过长时，神经细胞会产生疲劳，导致大脑皮层的兴奋性降低，从而进入抑制状态，这被称为超限抑制。新生儿每天需要睡眠约 20 小时，就是由于这个原因。新生儿后半期开始出现条件抑制。

新生儿在醒着时，兴奋容易泛化，对外界事物的反应不那么准确。当身体的某个部位受到刺激时，常会引起全身性的无序活动。

总之，新生儿的兴奋和抑制发展不成熟，较为混乱，因此无法对外界事物做出准确的反应。

2. 婴儿神经系统机能的发展

婴儿神经系统机能的发展突出表现为兴奋机能的增强和抑制机能的发展。

随着兴奋机能的增强，婴儿的睡眠时间会逐渐减少，觉醒时间逐渐延长。到 1 岁时，婴儿的睡眠时间减少到14个小时。此外，条件反射也更容易形成，并且一旦形成，比新生儿时期更加巩固。

婴儿时期抑制机能的发展主要表现为条件抑制的发展。条件抑制包括分化抑制、消退抑制、狭义的条件抑制和延缓抑制四种形式。

（1）分化抑制

分化抑制指的是只对特定的条件刺激物进行反应，而对相似的刺激物不做出反应。大约在儿童出生后的第一个月的后半月，分化抑制就已经明显地出现了。实验研究表明，出生后第二个月的儿童能够分辨糖水和白水的味道，以及区分小铃和电铃的声音。如果在抱他的时候，左右摇晃就给予吃奶的强化，而上下摇晃则不给予强化，他也能很快学会对上下摇晃不再期待吃奶的反应。到第三个月时，儿童能够分辨红色和黄色、两种不同音高的声音，以及咸、甜、酸的味道等。然而，这种分化抑制的形成在最初是非常缓慢的。分化抑制是对环境作出精确分析和准确反应，它是精确辨别力发展的基础。

（2）消退抑制

消退抑制指的是当条件反射建立后，如果条件刺激不再受到非条件刺激的强化，其信号作用就会逐渐丧失，从而不再引起反射行为。例如，婴儿在几个月大的时候，每当看到父母拿起奶瓶时，就会兴奋地伸出小手并张开嘴巴，准备喝奶（这是通过多次经验形成的条件反射）。在这个过程中，奶瓶的出现是条件刺激，而婴儿的伸手和张口是由非条件刺激引起的行为反应。然而，当婴儿逐渐适应辅食，对奶瓶的需求减少时，如果父母仍然频繁地拿起奶瓶，但并不总是给婴儿喂奶（即非条件刺激的减少或缺失），婴儿对奶瓶的反应可能会逐渐减弱。他们可能不再像之前那样兴奋地伸出手和张口。2个月大的婴儿就可能出现明显的消退抑制。消退抑制有助于儿童在运动中消除某些不必要的动作，从而适应新环境。在教育中，可以利用消退抑制的原理来矫正儿童的不良行为。

（3）狭义的条件抑制

狭义的条件抑制是指在条件反射形成后，另一个无关刺激物的出现，往往会使原来的条件刺激物失去信号意义。例如，当婴儿听到某个玩具的声音时会微笑，但如果这个声音总是伴随着嘈杂声出现，久而久之，仅玩具的声音响起时，婴儿可能不再微笑，因为嘈杂声抑制了原本的条件反射。在婴儿4个月大时，狭义的条件抑制就已经开始表现出来。

（4）延缓抑制

延缓抑制是指在条件刺激物出现后，稍作停顿再用非条件刺激物进行强化，反应出现的时间便会延迟。例如，婴儿在每天固定的时间会因饥饿而哭闹，但妈妈冲泡奶粉需要一些时间，不能立即满足其需求。经过多次这样的经历后，有些婴儿能够安静地等待一会儿。6个月左右的婴儿会表现出延缓抑制。

3. 先学前儿童神经系统机能的发展

（1）条件抑制的发展

在先学前期，条件抑制迅速发展，使儿童的分析和综合能力逐渐增强，对心理和行为的调节能力也有所提高。然而，相较于兴奋，抑制仍然较弱。兴奋和抑制之间极不平衡，且条件抑制也弱于无条件抑制。这导致儿童的活动具有高度的不稳定性和冲动性，但相比婴儿时期已有很大进步。

（2）第二信号系统的形成和发展

第一信号系统是以现实事物作为条件刺激物而形成的暂时性神经联系系统，在婴儿期已经开始发展。第二信号系统是以词语作为条件刺激物而形成的暂时性神经联系系统。在先学前期，真正的第二信号系统活动开始形成和发展。第二信号系统是在第一信号系统的基础上形成的，并且总是与第一信号系统联系在一起。儿童两种信号系统活动的发展可分为四个阶段。

第一阶段：直接刺激→直接反应。在7～8个月时，儿童通过自身动作回应具体刺激物，例如对感兴趣的物品进行抓握。

第二阶段：词的刺激→直接反应。在8个月～1岁时，儿童开始能够对一些简单的词语做出动作反应，尽管这些词语的意义可能还不具有概括性。当对儿童说出“妈妈”或“爸爸”时，他们可能会转向发声的人或表现出寻找的动作，但如果说的是“姑姑”或“舅舅”，可能并不会有反应。

第三阶段：直接刺激→对词的反应。在1～1.5岁时，儿童开始能够用词语对熟悉的事物做出反应。例如，当儿童看到自家的小狗时，可能会发出“汪汪”的声音。然而，此时词语与具体事物的联系仍然紧密，缺乏广泛的概括性。“汪汪”可能仅代表自家的小狗，而不包括其他小狗。

第四阶段：词的刺激→词的反应。在1.5岁以后，儿童开始能够理解并使用具有概括性的词语，词语逐渐摆脱与具体刺激的直接联系，第二信号系统的活动也随之开始形成和发展。

随着第二信号系统的逐步建立和完善，儿童的心理将进一步发展出抽象概括能力和自觉能动性。

4. 幼儿神经系统机能的发展

（1）兴奋和抑制加强

兴奋过程的加强使得儿童睡眠时间有所减少，条件反射容易建立，这样儿童便有更多的时间感受世界、接触各种事物，从而获取知识和经验。

随着抑制过程的加强，儿童的冲动逐渐减少，自我调节和控制能力也会逐渐提高。这为形成良好的学习和生活习惯，以及优良的个性品质提供了条件。

幼儿时期，虽然兴奋和抑制能力均在发展，但兴奋仍然强于抑制。因此，幼儿仍表现出冲动性和自我控制能力较弱的特点，但相比于先学前期，已经有了显著的进步。

（2）两种信号系统的协同活动进一步发展

幼儿期，第二信号系统的作用进一步加强。儿童的心理逐渐从具体形象性向抽象概括性发展，从无意性向有意性发展。但与第一信号系统相比，第二信号系统仍然不够完善，这决定了儿童心理的基本特征仍然具有明显的具体形象性和无意性，并且容易出现两种信号系统脱节的现象。例如，在儿童学习过程中，他们常常能够复述成人讲过的某些词句，比如“他的小嘴真甜”，然而并不一定真正理解其意思。此外，儿童的行为有时可能不受其言语的支配。例如，儿童说“我现在要画一座房子”，但实际画出的作品可能与描述不符。这种脱节现象反映了儿童在抽象概括性、有意性以及两种信号系统整合能力方面的发展不足。因此，在教育实践中，教师需要充分考虑到儿童的心理发展特点，采用适当的教育方法和手段，促进儿童两种信号系统的协调发展。

第二节　学前儿童运动机能的发展

动作本身不是心理，但心理的发展与动作的发展密切相关。人的心理发展离不开活动，而人的活动是在大脑的支配下通过动作来完成的。动作是活动的重要组成部分。动作的发展反映了大脑皮层神经活动的发展，因此，心理学家常常将动作的发展作为测定学前儿童心理发展的指标之一。

一、0～1 岁动作的发展

（一）动作发展的规律

1. 从整体动作到分化动作

儿童最初的动作是全身性的、笼统的、非专门化的，随着时间的推移，这些动作逐渐分化为局部的、精确的、专门化的动作。

2. 从上部动作到下部动作

婴儿最早的动作出现在头部，随后是躯干，最后是下肢。整个过程沿着“抬头—翻身—坐—爬—站—行”的顺序，自上而下发展。

3. 从中央部位动作到边缘部位动作

靠近头部和躯体的部分先发展，然后是远离身体中心部位的动作发展，遵循由近及远的规律。

4. 从大肌肉动作到小肌肉动作

学前儿童首先发展的是躯体的大肌肉动作，如头部动作、躯体动作、双臂动作和腿部动作，随后才是手部的小肌肉动作。

5. 从无意动作到有意动作

婴儿最初的动作带有无意性，没有特定的目的。随着时间的推移，这些动作越来越受到意识的支配。在 6 个月后，婴儿才开始意识到自己的动作。

（二）躯体和下肢动作的发展

2～3 个月时，婴儿不再手脚乱动，开始出现局部动作。婴儿头部控制能力发展，能够抬头，被抱起时婴儿能够自主将头竖起来。4～5 个月时能够翻身，5～6 个月学会坐，6 个月以后陆续学会坐、爬、站、行。

坐和爬给婴儿的生活带来了翻天覆地的变化。例如，当婴儿能够坐立时，他们的视线与物体保持平行，这使得他们能够更准确地捕捉立体图像，对物体形成更为清晰的视觉印象，极大地促进了视知觉的发展。坐立还解放了婴儿的双手，促进了他们双手的协调操作和手指精细动作的发展。而爬行和行走则进一步扩大了婴儿的活动空间，使他们能够自由移动身体位置，增加了认识事物的机会，为他们认知世界、探索环境奠定了坚实的基础。

（三）手的动作的发展

1. 本能的抓握

3～4 个月前，婴儿的抓握动作仍然具有无条件反射的性质。这个时期抓握的特点是：第一，没有目标、没有方向，偶然碰到什么就抓什么；第二，手指配合不当，拇指和其余四指方向一致，整个手掌弯起来，抓什么都是一把抓；第三，手眼不协调，虽然能看见或感觉到物体，但伸手去抓时却抓不准。

2. 手眼协调

抓住物体需要视觉、触觉和运动觉的相互配合，以实现手眼协调。这一能力在婴儿 5～6 个月时开始形成。婴儿的手眼协调动作有以下几个特点：第一，眼手配合；第二，既能无意地摇动物体，又能做出一些简单而有效的动作；第三，动作虽有目标，但还伴随着一些不相干的动作，婴儿此时还分不清哪些是必要动作，哪些是多余动作；第四，尚不能用两只手分别抓取物体。

3. 手部动作逐渐灵活

随着手眼协调能力的发展，婴儿的手部动作变得越来越灵活，逐渐开始出现双手的配合活动。6 个月后，婴儿开始将兴趣从自身动作转移到动作的对象上，因此他们会乱敲、乱打、乱撕、乱扔，反复进行同一动作，以此来了解动作带来的结果，并进一步认识动作的对象。9 个月后，手部动作进一步复杂化，婴儿能够用左右手分别抓住不同的物体，并能自由地放开物体；他们会用食指将附近的小物件拨弄到自己身边以方便抓取；还会借助成人的手来拿取自己够不到的玩具。此时，婴儿不仅具备了行动的目的，还掌握了行动的方法。此外，他们还会模仿成人的动作，如使用勺子吃饭、拿杯子喝水、抱娃娃睡觉等。这是人类运用工具的最初萌芽，也是游戏活动的开端。

二、1～3 岁动作的发展

（一）走、跑、跳动作的发展

1 岁左右，儿童开始练习独立行走，但走得不稳。到 15 个月时，他们能够独自行走，能够自己起步、停步，并能弯腰捡起物品后站起。到 18 个月时，行走速度加快，跌倒的情况较少，还能扶着栏杆上楼梯，并能拖拉玩具前进和后退。到 21 个月时，儿童会踢球，能够爬上椅子再爬下来，并在成人牵着一只手的情况下能下楼梯。到 2 岁时，他们能够双脚并拢原地跳起，跑步显得较为笨拙，但可以扶着栏杆上下楼梯。虽然 2 岁左右的儿童动作不够灵活，但他们的积极性很高，而且对危险没有足够的意识。到了 3 岁时，他们可以双脚交替上楼梯，能够单脚站立片刻，跑步已经相对熟练。

复杂动作的发展使儿童能够自由活动，从而开阔视野，扩大认识范围，促进心理发展。

（二）手部灵活动作的发展

1～3 岁儿童的手眼协调、手指协调和控制能力进一步发展，能够根据物体的特点和功能灵活、准确、熟练地使用物体。例如，他们拿到各种物体时，不再是不停地敲打，而是开始将物体当作工具使用，如用勺子吃饭、用画笔涂鸦等。2 岁以后，儿童开始学习自己穿脱衣服、扣纽扣、用筷子吃饭以及搭建几层的积木等。

知识拓展

倒退现象？

在先学前期，我们经常会发现，孩子已经学会了使用勺子吃饭，而且用得很好，但忽然有一段时间又不能好好使用勺子了，饭菜弄得到处都是。这是儿童动作发展出现倒退了吗？

其实并不是！

先学前儿童在学习使用物体的动作中，有时会出现倒退的现象。表面上看似倒退，实际上是进步的。原因在于，儿童对已经学会的动作失去了新鲜感，而对新的动作产生了兴趣，进而开始学习新动作。因此，他们可能会把饭弄得到处都是，然后再用手捡起来。这个过程中，他们开始热衷于用拇指和食指捡小东西。

“倒退现象”不仅会出现在儿童动作发展中，儿童言语发展过程中也会出现类似的倒退现象。例如，已经能够开口说话的孩子，过了一段时间又不说话了，这实际上是在积蓄语言发展的力量。停止开口说话的孩子正在为言语的进一步发展积累力量。一段时间以后，他可能会忽然说出许多话来。因此，不要过分担忧，这是一种表面倒退中的实际前进。

三、3～6 岁动作的发展

（一）走、跑、跳动作的发展

3 岁时，幼儿能够沿着直线走路或跑动，但在跑动时还不能轻易地拐弯或停止；之后，走路和跑步的距离逐渐延长，也逐渐培养出对地面的平衡感。幼儿开始蹦蹦跳跳，但此时的动作比较笨拙，无法跳得很好，跳出的距离也很小。到 4 岁时，幼儿对肌肉的控制越来越好，跑步的距离和速度都有进一步的发展，能够原地跳跃或单脚跳动，跳起的高度可达 30 厘米，距离可达 60～85 厘米，但要越过障碍物仍有困难。5 岁后，幼儿变得相当灵活，可以学骑自行车、爬梯子，走路时也较有节奏，并能够避开障碍物。这些活动都需要相当强的协调能力。

（二）借助器械运动能力的发展

当幼儿的活力水平提升时，他们往往不再满足于简单的跳跃和奔跑，而开始对各种运动器材产生浓厚的兴趣。例如，对于那些在 3 岁之前就能驾驭三轮脚踏车的孩子来说，他们可能会希望尝试骑自行车。由于自行车只有两个轮子，初学时通常需要在后轮两侧安装辅助小轮，以帮助孩子保持平衡，防止摔倒。到了 5 到 6 岁，幼儿常常乐于利用运动设施进行各种游戏活动，如图 3－1 所示。从 5 岁开始，他们开始学习跳绳，或者在攀登架上灵活地攀爬和下降，甚至参与追逐游戏。这些活动的多样性不仅丰富了他们的游戏体验，还在玩耍中锻炼了他们的肩部和手腕肌肉。

图 3－1　幼儿借助器械进行运动

（三）手部精细动作的发展

幼儿的手眼协调能力和小肌肉控制能力正在迅速发展，这使他们越来越能够灵巧地运用双手。手部精细动作的发展在穿衣、使用筷子以及需要精细操作的动作中均有体现。

幼儿在 4 岁左右能够自己脱掉上衣。数据显示，能够自己解开和扣上纽扣的幼儿比率在 3.5 岁时为 50%，4 岁时为 60%～80%，且女孩较男孩略早一些。通常，女孩在 4 岁时能自己穿衣服，而男孩则要到 5 岁时才能做到。在使用筷子方面，3～4 岁的幼儿只能勉强夹起食物，到 5 岁时才能熟练地使用筷子。幼儿的手指不仅可以自由活动，还会逐渐进行一些需要用力的动作，如拧干毛巾。要拧干毛巾，必须综合运用手指及手掌的握力。幼儿在 4～5 岁时拧毛巾，常常因为力气不够，拧出来的毛巾仍然是湿的，到了 6 岁时基本可以完成。

在整个幼儿期，大肌肉运动能力逐年提高。每经过一年，幼儿就能够跑得更快、跳得更高、掷得更远，活动的协调性也更强。与此同时，小肌肉动作的发展也在同步进行，为幼儿的精细操作提供了坚实的基础。

第三节　学前儿童心理的发展

在生理和动作发展的同时，学前儿童的心理也开始产生和发展。学前儿童在每个阶段有不同的心理发展特点，这些特点被称为儿童心理发展的年龄特征。

一、0～1 岁儿童心理的发生和发展

（一）新生儿心理的发生

1. 新生儿心理产生的条件

生命的真正起点是从父母的生殖细胞结合形成受精卵的那一刻开始的。在母亲的子宫

内，胎儿通过脐带与母体相连，依赖母体的营养、呼吸和排泄等新陈代谢活动来维持生命。在这个过程中，胎儿已经开始了与外界环境的初步接触和适应，为其心理活动的发生奠定了基础。

出生意味着胎儿从母体内相对安全、稳定的环境中突然进入一个全新且充满挑战的世界。温度、湿度、光线、声音等环境因素都发生了巨大的变化。这种变化要求新生儿必须迅速适应新的环境，进行独立的生命活动，同时也为其心理活动的进一步发展提供了动力。

2. 新生儿心理的发生

新生儿在出生后不久，会表现出本能反应，即无条件反射，如吸吮、抓握、眨眼等，这反映了新生儿最初对环境的感知和适应能力。然而，无条件反射的适应性非常有限，只有条件反射的出现才能帮助新生儿更好地生存。条件反射的出现标志着新生儿心理的发展。

儿童出生后，心理能力就有所表现。新生儿能够通过听觉辨别母亲的声音，通过触觉感知周围物体的存在和温度，能够注视眼前的物体，喜欢颜色鲜艳的东西，也喜欢看人的面孔。他们虽然无法用语言表达自己的感受，但会用不同的哭声表达自己的需求。

（二）婴儿心理的发展

1. 婴儿交往行为的发展

（1）母婴交往与婴儿心理的发展

对婴儿心理发展起至关重要作用的活动是与成人的交往，即亲子交往。在婴儿的交往活动中，母婴交往尤为重要。“恒河猴母爱剥夺实验”研究表明，剥夺孩子与母亲的交往，会对其心理发展产生极为严重的负面影响。实验中，研究人员将新生的恒河猴与母亲分离，并让它们与两个“假妈妈”共同生活——一个是用铁丝制成的“铁丝妈妈”，另一个是用绒布制成的“绒布妈妈”。尽管“铁丝妈妈”胸前挂着奶瓶，但小猴子宁愿不喝奶，也更愿意依偎在“绒布妈妈”身边。然而，被剥夺与母亲交往的猴子在成长过程中表现出多种异常行为：它们无法与其他猴子正常交往，性格孤僻，甚至无法进行交配。即使通过技术手段生育了后代，它们也对自己的孩子表现得极为冷漠，甚至残酷，完全不会履行母亲的角色。

剥夺孩子与母亲交往对儿童心理发展的损害原因如下：第一，失去与母亲的交往，就失去了被爱和爱人的权利。第二，母亲不仅是婴儿生理需求的满足者，更是婴儿与客观世界的“中间人”。第三，缺少与母亲或其他养育者的互动，婴儿的环境就变成了缺乏“应答性”的死环境。研究发现，发展迟缓现象在两类儿童中最为明显：一类是孤儿院的儿童，另一类是缺乏母爱的一般家庭的儿童。两者的共同之处在于都缺乏养育的应答性。美国心理学家对孤儿院进行调查后发现，孤儿院儿童缺乏的不仅是亲生父母的爱，还缺乏养育者的应答性。在一些孤儿院中，由于人员配备和运营限制，孩子们的语言和情感表达往往得不到及时回应。这种缺乏应答的环境可能导致儿童逐渐丧失表达欲望，长期下来，他们的语言和情感表达能力可能会衰退，严重的甚至会导致发展迟缓。在家庭环境中，即使孩子由亲生父母抚养，但如果父母不能给予足够的爱，即所谓的母爱剥夺，家庭环境中缺乏应答性氛围，同样会导致儿童成长不健康。

（2）婴儿交往行为的发展

在母子交往中，母亲固然重要，但婴儿本身也会影响亲子之间的互动。在亲子交往中，婴儿不是被动的接受者，而是互动的发动者、维持者和促进者。新生儿会有一种微笑反射，比如孩子吃饱后莞尔一笑。虽然这是一种无条件反射，严格来说不是真正的交往行为，但母亲看到自己的宝宝对她微笑时，也会给孩子积极的反馈。

婴儿交往行为的发展从新生儿期开始。在新生儿期，会出现一个明显的交往行为——“天真活跃反应”。当成人的脸出现在婴儿面前时，婴儿会停止正在进行的活动，通过微笑、发声、动作等表现出愉悦的样子。这是一种条件反射，是因为成人对婴儿的照料让其产生舒适的感觉。这种感觉通常与成人的脸同时出现，从而形成条件反射。成人面对这种反应时，自然也会对婴儿报以微笑、亲吻等积极的互动。

大约在 6 个月时，婴儿开始主动与成人进行交流，他们最常用的方式是通过哭声来表达自己的需求。

6 个月～1 岁时，婴儿开始学习人类特有的动作和语言。其交往行为会变得越来越复杂，例如，他们会和成人玩捉迷藏的游戏。在与成人交往的过程中，婴儿会逐渐产生一种特殊的情感——依恋，比如特别喜欢亲近母亲，而不喜欢陌生人。

2. 婴儿认知、情感的发展

在所有认知活动中，感知觉发展最早，且最先成熟。新生儿生来就具有感知能力，他们能看、能听。婴儿很早就表现出对鲜艳颜色、悦耳声音和复杂图形的偏好。如果成人为他们提供丰富的感觉刺激，他们的感知觉会迅速发展。

感知的发展，尤其是视觉的发展，对婴儿动作的发展具有促进作用。婴儿面对具有鲜明视觉形象的物体时，会做出相应的动作。在成人与他们一起摆弄物体的过程中，逐渐会出现动作思维，这种对象性动作为动作思维的产生奠定了基础。

另外，情感也是出现较早、对后来发展影响较大的心理现象。儿童出生时就有与生理需要相关的情绪反应，新生儿期末开始出现与社会性需要相联系的情感，婴儿的情绪和情感会越来越分化并变得越来越复杂。成人对婴儿的态度和养育方式将影响他们的情感发展，尤其会影响他们对周围环境的信任感。

3. 婴儿言语发展的准备

婴儿期是言语发展的准备阶段，言语发展的表现包括能够辨别语音和模仿发音两个方面。从 7～8 个月起，婴儿对个别语音开始形成条件反射，能够听懂一些词语，并按照成人的要求做出反应。例如，婴儿听到有人喊他们的名字时会转头，听到“再见”时会摆手。从 9～10 个月起，婴儿能够模仿成人发出简单的声音。在婴儿期，儿童还不会说完整的句子，但这阶段是言语发展的重要准备期。

（三）0～1 岁儿童的教育

1. 从 0 岁开始教育

新生儿的主要活动是生命活动，能够生存下去后心理才能发展。因此，首先要创设一个安全、舒适的生活环境，使新生儿在生理上得到健康发展。其次，要创设一个有利于心理发展的教育环境，给予适量和适宜的教育训练。例如，母亲要用温柔的话语和亲切的笑容，让新生儿对周围的环境产生安全感和兴趣。此外，父母要掌握有效的教育方法和训练技术，如视觉、听觉、触觉、嗅觉以及动作能力等方面的训练。例如，在听觉训练方面，可以使用各种发声玩具，如摇铃、拨浪鼓，引导婴儿听声转头。在动作训练方面，婴儿吃奶时，妈妈可以给婴儿一根手指让他练习抓握。婴儿醒着时，可以给婴儿一些如小球、软布或其他轻巧的玩具，让婴儿抓握。这样不仅可以让他感受不同物体的质感，还能锻炼婴儿的手部肌肉和灵巧性。

2. 及时应答婴儿发出的各种“信号”

及时应答婴儿发出的各种“信号”是建立亲子信任和满足婴儿需求的关键。婴儿无法用语言表达，只能通过哭声、表情和身体动作传达他们的需求。父母应及时观察和解读这些信号，并做出相应的回应，以确保婴儿感受到安全和被爱。

3. 多和婴儿交流

与婴儿多进行面对面的互动是建立情感联系的第一步。父母应尽可能多地与婴儿面对面交流。这不仅能促进婴儿视觉和听觉的发展，还有助于提高婴儿与人交往的积极性，促进语言的发展，同时增进与父母的情感联系。父母应多抱抱婴儿。通过拥抱，婴儿能够感受到温暖和安全感。经常抱着婴儿走动，可以扩大婴儿的视野，使他们接收到更丰富的外部刺激，从而促进大脑发育。当婴儿能坐能爬时，可以减少抱的次数。有些习惯被抱的孩子不抱可能会哭闹，这时可以通过与孩子一起玩，引导他们对玩具或其他物体感兴趣。父母要帮助婴儿形成健康的依恋关系，过度依恋母亲会阻碍孩子与其他人的交往。婴儿在成长过程中需要与不同的人建立联系。父母应该鼓励婴儿与他人多接触，让他们学会与人交往和互动。同时，要给予婴儿足够的安全感和支持，使他们能够自信地与他人交往，建立积极的社交关系。

4. 鼓励和训练婴儿的动作

婴儿的动作对他们的身体发展和认知能力至关重要。父母应为婴儿提供适当的玩具和活动环境，鼓励他们爬行、行走和进行精细动作训练。爬行对婴儿的交往能力、警觉性、情绪和空间知觉的发展都有积极作用。这些活动不仅有助于婴儿肌肉和骨骼的发育，还能促进他们的手眼协调能力和空间感知能力的发展。

5. 培养婴儿良好的行为习惯

婴儿的心智发育尚未成熟，还无法辨别好坏。然而，如果成人在日常生活中通过表情、动作、语言等方式赞扬婴儿的良好行为，并干预不良行为，同时自身树立良好的行为榜样，就可以通过潜移默化的方式影响婴儿的行为态度，从而使其逐渐养成良好的习惯。

二、1～3 岁儿童心理的发展

（一）实物活动与先学前儿童心理的发展

在先学前期，儿童与成人的交往方式从直接交往逐渐转变为间接交往。这种间接交往是通过实物活动来实现的。

实物活动是指操作实际物体（包括工具）的活动，如玩沙子、搭积木、拍球、用勺子吃饭等。这是一种对象性活动，由一系列操作动作构成。儿童要获取对事物本质和规律的认识有两种途径：言语传递和亲身实践。这两种途径是相互结合的，但在不同年龄段各有侧重。先学前儿童主要通过实物活动来认识事物。例如，通过将篮球投进篮筐的活动，儿童逐渐了解篮球的特性，如可以抛、可以拍，以及需要离多远抛、如何抛才能将球投进篮筐。通过实物活动，儿童了解事物的本质和规律，从而获得思维的发展。儿童通过实物活动获得的思维发展主要表现在分析、综合、分类、概括、发现关系和解决问题能力的出现。例如，当儿童的小勺子掉到椅子下面时，他可能无论如何都够不着，但后来尝试挪动椅子，最终拿到了勺子。这种方法还能应用到其他情境中，说明儿童具备了问题解决的能力。虽然言语有促进思维发展的功能，但如果没有实物活动中所获得的认识作为基础，儿童便不能真正理解语词的含义，言语就无法起到促进思维发展的作用。实物活动是儿童思维产生的源泉。

随着实物活动成为先学前儿童的主要活动，儿童与成人之间的交往不再主要借助身体接触和表情，而是开始出现言语交往。因此，实物活动促进了儿童言语的发展。

（二）言语真正形成

这一阶段，儿童初步掌握本族语言。1～1.5 岁的儿童能够理解成人对他们说的话，但他们说出的词汇不多。大约 2 岁的幼儿，虽然说话尚不成句，但说话的兴致很高，喜欢模仿成人说话。到了 3 岁，学前儿童能够初步用语言表达自己的思想和愿望。

（三）思维能力出现

先学前儿童的思维在实物活动中出现，此时儿童的认知过程趋于完善，且整个认知过程会随之发生质变，开始出现“理解性”知觉，记忆的理解性增强，情绪情感逐渐深刻，并产生意志行动。心理活动开始具有初步的系统性。然而，先学前儿童的思维离不开动作，也离不开当前感知到的事物。因此，其思维具有明显的直觉行动性。

（四）自我意识萌芽

1. 自我意识萌芽的表现

在出生后的第二年，先学前儿童在与他人交往和与客观事物互动的过程中，逐渐意识到“我”的存在，即形成了对自己的认识，开始出现自我意识的萌芽。自我意识的萌芽突出表现为“爱做事”和“闹独立”。

（1）爱做事

1 岁以后，儿童学会了独立行走和用手抓取东西，开始变得十分好动。他们喜欢到处看看、摸摸，钻到这里、玩到那里。此时，成人照看儿童会感到筋疲力尽，并且十分紧张，生怕一不留神，儿童就打碎东西、爬上高台、将纸巾撕得满屋都是，或者把手或其他东西伸进插座孔。如图 3－2 所示，儿童爬上二楼楼梯，不顾危险，还把头和半边身子探出楼梯外，悠然自得地在那里看电视。这个阶段的儿童喜欢模仿成人做事。例如，看见妈妈扫地，就抢妈妈的扫帚，自己也要扫，但又扫不干净；看见爸爸洗碗，非要帮忙，把水弄得到处都是，还把碗打碎了。

（2）闹独立

1 岁多的儿童已经产生了独立的需要。在行动上表现为“自己来”，例如，不愿意让成人抱，而是想自己走路。当成人试图抱起他们时，他们会用力挣扎，身体往下滑，同时嘴里还会喊："自己走，自己走。"到了2岁左右，孩子们独立行动的愿望变得更加强烈，表现为固执，不听从成人的要求和指示。"不"成为他们的常用语。

图 3-2 儿童自我意识萌芽的表现

2. 自我意识萌芽表现的应对

先学前期既是人生的第一个转折期，又是第一个"危机期"。如果成人教育不当，孩子的"爱做事"和"闹独立"可能会演变成任性、执拗等不良个性。

（1）"爱做事"的应对

我们应当珍惜儿童的积极性，抓住时机，加以引导，分配简单任务。例如，为了不让儿童影响妈妈做家务，同时又能满足儿童想独立做事的需要，可以给他们分配收拾自己玩具的任务。此外，一定要注意安全。这个时期的儿童对危险缺乏认知，什么都想尝试，因此我们需要注意把可能对儿童造成伤害的物品收拾好，以防出现安全问题。

（2）"闹独立"的应对

家长不能一味地满足儿童，也不能过度限制。可以利用儿童注意力容易转移的特点，用其他事物吸引他们的注意力，先暂时解决问题，再找适当的时机进行说理教育。

知识拓展

学前儿童家庭教育小贴士

1. 家长应尽量少用"不要"这个词，因为孩子会模仿。例如，可以少说："不要动爸爸的眼镜""不要用脏手拿饼干吃"等。

2. 最好是给儿童选择，而不是命令，这可以减少他们的逆反。

例如，想让孩子穿上外套，最好说："你想穿有熊猫的那件，还是有小白兔的那件？"而不是说："你把外套穿上。"

3. 在无法选择的情况下，要用简洁明了的语言把话讲清楚。

例如，要让孩子回家吃饭，不再玩耍，可以说："走，回家吃饭吧，妈妈给你做了鱼，姥姥已经来了。"而不要说："你现在想吃饭吗？"

4. 不要失去冷静，家长一急躁，会使情况变得更糟。

5. 强调好行为，这比惩罚逆反有效得多。

6. 在有些情况下，可以接受孩子和你意见不一致。

例如，要孩子到厨房拿个杯子，他正在搭积木，不去也可以。

7. 避免出现安全问题，把易碎物藏好；把重要的东西放在孩子拿不到的地方。

8. 当孩子受到某些不该拿的东西的诱惑时，可以利用这个机会向他解释一些事情。不要只简单地说这不能拿，那不能动，而要用他能够理解的话告诉他为什么不能拿、不能动。

例如，当孩子想玩妈妈柜子上的花瓶时，可以说："宝宝，这个花瓶如果掉下来会打破，可能会划伤你的手，导致流血。"然后给他一个塑料盒子，教他把糖块装进去，以此转移他的注意力。

9. 当孩子由于父母的制止而服从了，则要表扬。

三、3～6 岁儿童心理的发展

（一）游戏与幼儿心理的发展

游戏是幼儿最主要的活动，也是他们最感兴趣的活动。当儿童接触社会时，他们产生了参与成人社会活动的强烈愿望，但由于身心发展水平的限制，无法实现这种愿望，于是游戏便应运而生。例如，过家家、医生与病人、警察抓坏蛋等游戏就是这种现象的体现。

游戏在儿童心理发展中具有不可忽视的意义和作用。第一，游戏是儿童认识世界的一种手段，也是促进儿童智力发展的有力工具。它特别有助于感知能力、有意记忆、有意注意以及想象力和思维的发展。实验证明，儿童在游戏中记忆力比在实验室条件下更强。第二，游戏能促进儿童的社会性发展。在游戏中，幼儿有更多机会进行社会交往，进而发展社交能力。第三，游戏也是一种实际的道德教育方式，有助于儿童形成良好的个性品质。例如，在角色扮演游戏中，儿童通过扮演医生，可以体验到医生对病人的耐心和责任感。

（二）幼儿初期的心理发展特点

3～4 岁是幼儿初期，也是幼儿进入小班的年龄阶段。从 3 岁开始，幼儿需要离开父母，进入幼儿园，这一时期需要幼儿适应幼儿园的生活。接触的环境范围扩大和变化，会促使幼儿各方面的心理活动快速发展。小班幼儿的心理发展特点如下：

1. 强烈的情绪性

我们常常会在小班看到，有的孩子哭，其他孩子也跟着一起哭。他们的情绪很容易受到环境的影响，行为具有强烈的情绪性。小班入学时一个典型的情绪问题就是入园焦虑。只有解决入园焦虑问题，才能帮助儿童更好地适应幼儿园的生活。

2. 爱模仿

小班幼儿常常看到别人玩什么，自己也跟着玩什么。大人的行为也很容易被幼儿模仿，老师常常是他们模仿的对象。因此，教师在与幼儿相处时要特别注意自己的一言一行，为幼儿树立正面的榜样。

3. 思维带有直觉行动性

先学前儿童的思维依赖于动作，小班幼儿仍然保留这一特点，他们的思维带有直觉行动性，难以提前思考。例如，如果你在捏橡皮泥之前问一个小班的孩子想捏什么，他们通常无法回答，因为在没有操作之前无法进行思考，往往在捏好之后才突然发现："哦，是月亮!"此外，他们的思维非常直接，只能理解表面的内容，因此对小班幼儿不宜使用反话，应注重正面教育。

（三）幼儿中期的心理发展特点

4～5岁是幼儿中期，这个阶段的孩子一般处于幼儿园的中班。中班的幼儿已经适应了幼儿园的生活，相比小班的孩子，他们显得更加活泼好动。中班幼儿的心理发展特点如下：

1. 爱玩、会玩

中班是典型的游戏阶段，也是角色游戏的高峰期。中班幼儿通常能够自行讨论决定玩什么、怎么玩，以及不遵守规则时如何处理。他们基本上能够通过商量解决问题，但发生矛盾时仍需要成人的帮助。

2. 思维具体形象

中班幼儿的思维活动离不开实物形象的支撑。例如，他们可能不理解3＋2等于几，但他们知道3颗糖加上2颗糖是5颗糖。他们常常根据自己的具体生活经验来理解事物。例如，当问幼儿："什么是爱?"时，他们可能会回答："爱就是被抱着。"针对幼儿这一特点，教师在教学时应借助形象的教具和具体的解释，帮助他们理解学习内容。

（四）幼儿晚期的心理发展特点

5～6岁是幼儿晚期，这一阶段的儿童通常就读于幼儿园大班。大班幼儿的心理发展特点如下：

1. 好学、好问

由于大班幼儿的知识和经验越来越丰富，他们不像小班的孩子那样喜欢问"是什么"，而是开始更多地问"为什么"。例如，为什么月亮有时变胖，有时变瘦？为什么会下雨？为什么会打雷？鱼为什么会游泳？各种五花八门的问题层出不穷。好学好问是幼儿求知欲的表现，这种求知欲还表现在他们喜欢拆解物品。成人应注意保护这种求知欲，对孩子的问题要耐心解答，无法解答的可以陪孩子一起探索；对于儿童的拆卸行为，不应简单粗暴地训斥，而应进行正面引导，一边耐心讲道理，一边介绍一些基本原理，以满足孩子的好奇心。

案例分析

好奇宝宝

中午吃饭时间到了，老师和小朋友们都在教室里享受午餐。小朋友们吃完饭后围着老师叽叽喳喳地讨论。小贝好奇地跑来问："老师！老师！您中午吃什么呀?"不一会儿，轩轩也凑过来说："老师，您怎么还用勺子吃饭呀？我都用筷子吃，您是不是不会用筷子呀?"晨晨指了指老师碗里剩下的蔬菜，说："老师，您的饭菜怎么和我们的不一样？您怎么不吃青菜……"教室里快被"十万个为什么"给淹没啦！

问题：面对好奇宝宝们提出的各种问题，老师应该如何回应才能更好地促进他们的心理发展？

2. 抽象概括能力开始发展

大班幼儿的思维仍然像中班那样是具体形象的，但已经开始出现抽象概括性的萌芽。例如，他们能够理解左右，进行简单分类，并初步理解事物的因果关系。因此，教师应该适当进行简单的科学知识教育，引导他们发现事物的本质和规律，以及事物之间的内在联系，从而促进其智力发展。

3. 个性初具雏形

大班幼儿已经初步形成了比较稳定的心理特征，开始具备对人对事较为稳定的态度和行为方式。有的幼儿活泼，有的幼儿文静，有的幼儿热情，有的幼儿胆小。在幼儿园里，教师应根据幼儿的个性特征，因材施教，以促进幼儿的健康发展。

儿童心理探索：玩具多的孩子不会感到无聊？

玩具是先学前儿童心理发展的重要伙伴，对他们的情感、认知、社交、创造力和身体发展等方面都有着重要作用。很多孩子拥有大大小小上百件玩具，但有家长反映，即使孩子有如此多的玩具，依旧不允许父母离开他的视线，总让父母陪着玩。如果父母不能陪他玩，他就会哭哭啼啼。父母愿意陪孩子玩一会儿，但不明白明明有那么多玩具，为什么孩子就不能偶尔自娱自乐呢？

一、为什么玩具多孩子还会无聊

很多家长为孩子选择的玩具大多是单一的，缺乏趣味性。例如，玩具车始终只是玩具车，无法组装成其他东西，缺乏变化性。孩子玩一会儿就会兴致寥寥。此外，玩具过多会扼杀孩子的选择能力和创造力。少即是多，选择玩具时要注意质量而非数量。

二、哪些玩具值得玩

玩具的选择需要将“可玩性”这一概念牢记在心。具有可玩性的玩具通常具备以下几个特点：

第一，耐用性。耐用性实际上就是玩具的耐磨损性。由于先学前儿童喜欢拆开东西，因此购买一些即使被拆开也不会损坏的玩具是明智的选择。

第二，灵活多变性。灵活多变的玩具可以被组装成各种形状，而不是一成不变的。例如，积木就是灵活多变的，而发条青蛙则不是。玩具越灵活多变，就越能激发孩子的想象力并培养他们的创新能力。

第三，发展适应性。要考虑选择的玩具是否与孩子的心理发展特点相匹配。不会因拆开而损坏的玩具符合学步儿童的发展特征，因为这个年龄的孩子喜欢拆东西。积木是最适合的玩具之一，同属此类的还有蜡笔和娃娃。

三、孩子不愿意收拾玩具怎么办

孩子不愿意收拾玩具可能是因为他们心有余而力不足。孩子在玩耍时，通常很快就会把玩具弄得到处都是，这时让他们把所有玩具都收拾起来，确实有难度。因此，家长首先要为孩子准备一个专属的玩具柜或玩具箱，同时在玩具柜里摆放不超过二十件玩具，并要求孩子每次只能玩一到两件。还可以制定一个规则：想从柜子里拿出一件新玩具，就必须放回去一件。这样可以保证在特定时间内，柜子外的玩具数量是孩子能够迅速收拾完的。

本章小结

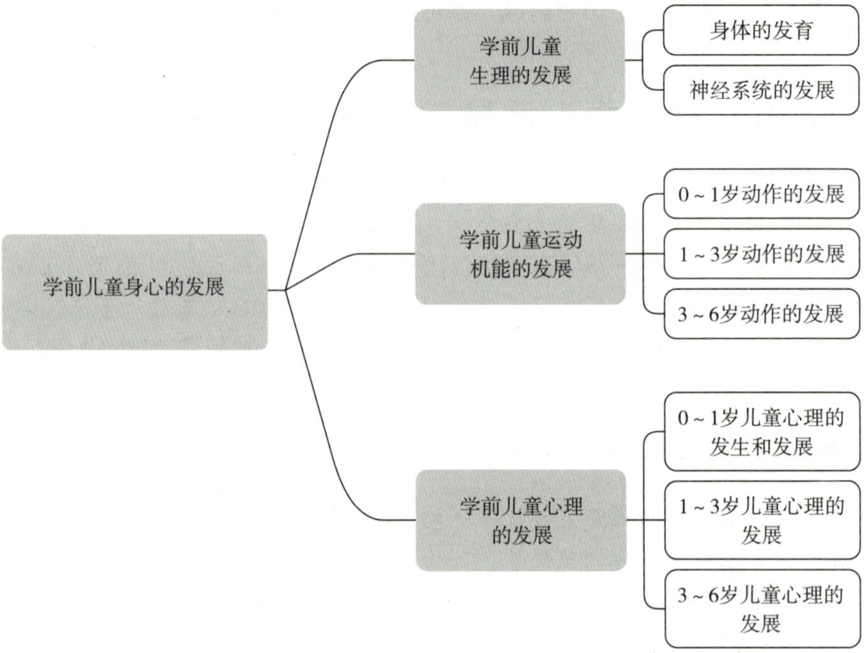

课后思考与练习

一、单元题

1. 新生儿每天需要睡20个小时，到周岁时已经减少到14个小时，原因是（　　）。

A. 皮质抑制机能的发展　　B. 神经纤维的髓鞘化

C. 皮质兴奋机能的增强　　D. 消退抑制的产生

2. 妈妈一抱孩子，孩子就会出现吮吸反射，但是其他人抱的时候却没有相应的反应，这说明孩子出现了（　　）

A. 消退抑制　　B. 分化抑制　　C. 延缓抑制　　D. 狭义的条件抑制

3. 婴儿期最主要的活动是（　　）

A. 游戏　　B. 亲子交往　　C. 实物活动　　D. 劳动

4. 婴儿动作的发展遵循的规律不包括(　　)。

A. 从整体动作到分化动作　　B. 从上部动作到下部动作

C. 从中央部位动作到边缘部位动作　　D. 从有意动作到无意动作

5. 婴儿认识世界的基本方式是(　　)。

A. 感知觉　　B. 想象　　C. 言语　　D. 思维

6. 2 岁半的豆豆还不会自己吃饭，却偏要自己吃；不会穿衣，却偏要自己穿。这反映了幼儿(　　)

A. 情绪的发展　　B. 动作的发展

C. 自我意识的发展　　D. 认知的发展

7. 先学前期儿童神经系统的发展表现在(　　)。

A. 由于皮质抑制过程强于兴奋过程，儿童尚不能进行自我控制，因此容易激动，容易受到外界刺激的影响，注意力不集中且不稳定

B. 皮质抑制过程强于兴奋过程，因此儿童能听懂成人的指令

C. 神经纤维的髓鞘化过程完成，因此反应速度更快

D. 神经纤维髓鞘化迅速进行，条件反射形成的速度和巩固程度不断提高

8. 儿童真正形成人类心理特点的时期是在(　　)。

A. 1～3 个月　　B. 6～12 个月　　C. 1～3 岁　　D. 3 岁以后

9. 幼儿园小班年龄的主要特点是(　　)

A. 开始自己组织游戏　　B. 好问好学

C. 思维具体形象　　D. 爱模仿

10. 促进幼儿心理发展的最好的活动形式是(　　)

A. 操作　　B. 交往　　C. 游戏　　D. 言语

二、简答题

1. 为什么 5～6 岁的儿童很少出现全身乱动的现象?

2. 简述中班幼儿的心理特点。

三、材料分析题

美国心理学家爱德华·特罗尼克（Edward Tronick）进行过一个非常著名的“静止脸实验”。在实验中，妈妈愉快地与一岁的宝宝玩耍，无论孩子做出什么动作，妈妈都微笑着给予回应，宝宝玩得很开心。接着，妈妈换上一张面无表情的脸，这时无论宝宝做什么动作，妈妈都只是冷冷地看着，没有与孩子进行任何互动。宝宝立刻意识到了妈妈的变化。她尽力尝试与妈妈互动，但妈妈始终没有任何回应。不到两分钟，宝宝就出现了各种负面情绪，她扭来扭去，显得特别暴躁不安，并手足无措地想要寻求帮助。紧接着，宝宝崩溃的号啕大哭。

从亲子交往的角度对这一实验进行分析，谈一谈亲子交往对孩子心理发展的影响。

第四章　学前儿童感知觉的发展

本章要点

1. 掌握学前儿童视觉、听觉、触觉等感觉的发展特点；
2. 掌握学前儿童空间知觉、物体知觉、时间知觉的发展特点；
3. 了解影响学前儿童感知觉发展的因素及其培养策略。

导学案例

小明是一个4岁的男孩，对幼儿园的绘画活动表现出特别的兴趣。老师发现，小明在绘画时能够准确画出圆形、正方形等基本几何图形，但在画长方形和三角形时显得稍有困难。此外，小明在涂色时虽然能够辨认出红、黄、蓝等基本颜色，但在面对混合色时常常显得犹豫不决。

小明在绘画活动中的表现充分展示了学前儿童感知觉的发展特点。人对事物的认识是从感知开始的，而感知是认识活动的开端。学前儿童的感知觉发展具有哪些特点？他们在早期各阶段的感知能力可以达到什么水平？我们应该如何培养学前儿童的感知能力呢？

第一节　学前儿童感觉的发展

学前儿童感觉的发展是一个复杂而重要的过程，涉及多个感官系统的逐步成熟和完善。

一、视觉

人类大约有80%的信息是通过视觉传递给大脑的。与成人相比，学前儿童在获取信息时更依赖于视觉。因此，视觉是学前儿童获取信息的主要途径。

（一）视觉的发生

视觉的形成最初发生在胎儿期的4～5个月，新生儿出生后就能睁开眼睛进行一些视觉活动。

1. 光的觉察

新生儿在出生后数小时内即有光觉，能够立即察觉眼前的亮光。研究者向出生24～96小时的婴儿展示周期性运动的灯光，以确定婴儿能否对移动的灯光做出反应。他们特别监测了婴儿在实验期间（灯光移动时）和对照实验期间（灯光不移动时）的吸吮变化。结果发现，在灯光移动的实验期间，婴儿的吸吮活动显著减少。

新生儿的瞳孔会随着光线的强弱而变化。在光线适宜时，他们可能会睁大眼睛四处张望，似乎在搜寻目标；光线过强时，他们则会立即眯起甚至闭上眼睛，仿佛在逃避这种令人不适的刺激。新生儿能够区分不同亮度的光线，但其敏感性远低于成人。出生后两个月内，婴儿对光线亮度的敏感性发展得很快。家长可以通过拉开窗帘、关灯睡觉等方式，帮助婴儿适应白天和晚上的光线差异，促进昼夜规律的形成，但需注意保护孩子的眼睛，避免过度刺激和伤害。

2. 视觉集中

视觉集中是指婴儿在出生后，其视力逐渐发展，能够将视线聚焦在某一物体或某一点上的能力。

婴儿刚出生时，视觉调节能力还比较差，视觉的集中会受距离的限制。虽然眼睛已经能够看见东西，但大脑还不能完全处理这些视觉信息。他们的眼睛好像是一架已定好焦距的照相机，只能集中在特定距离范围内的物体，从而比较清晰地反映这些物体，因此其他范围内的视觉通常是模糊的。

在出生后一周内，宝宝的视力趋向于近视，可以将视线集中在 8～15 厘米远的物体上，还能够用眼睛追随移动的物体。据研究，在新生儿头部的上方展示一个约 10 厘米的红环，先从头的一侧向另一侧作水平方向的弧形移动，然后作垂直方向的移动。结果发现，刚出生的婴儿中有 26％能够立即用眼睛追随红环，出生后 1～2 天的婴儿中有 76％能够做出同样的反应，而 3～5 周的婴儿只能集中注意力 5 秒。而且，追随水平方向移动的刺激比追随垂直方向移动的刺激更容易。

1 个月左右时，婴儿能看清眼前 15～30 厘米内的物体，并能注视这些物体，开始表现出视觉集中的现象。2 个月时，视觉集中的现象更加明显，婴儿喜欢看活动的物体和熟悉的成人的脸，能够协调地注视物体，并能区分颜色，但尚不能分辨色调的深浅。3～4 个月时，婴儿能够固定视线，看清大约 75 厘米远的物体，注视的时间明显延长，视线还能随着移动的物体而移动。4 个月时，婴儿已能对近处和远处的目标聚焦，并且能够在光线较弱的环境下睁开眼睛进行有控制的搜索。6 个月左右时，婴儿的目光可以向上或向下跟随移动物体转动 90 度，能够注视飞鸟、飞机等远距离的物体。随着视觉系统的成熟，学前儿童的视觉集中能力也逐渐增强。他们能够更长时间地注视一个物体或图像，这对于学习和认知发展非常重要。

对光的感知和视觉的集中是新生儿视觉反应的明显表现，也是视觉发展的前提。因此，可以通过观察新生儿是否对光有反应，以及是否会用眼睛追随灯光或鲜艳物体的移动，来判断其视觉反应情况。

（二）视觉的发展

1. 视敏度

视敏度，即视力清晰度，指眼睛精确辨别细小物体和远距离物体的能力。它是指发现物体形状或体积上最小差别的能力，俗称视力。幼儿的视敏度随着年龄的增长而不断发展。

出生 1 天的新生儿，其视力仅相当于成人的 2/15。也就是说，正常成人在距离物体 150 米处所能看到的视觉特征，新生儿在 20 米处才能看到。因此，新生儿的视力非常有限，只能看到模糊的光影和大致的轮廓。在出生后的头几个月内，是视觉发展的敏感期。特别是出生后的 2～3 个月内，是视力迅速发展的关键时期。此时，儿童对光线非常敏感，可以在儿童视线范围内放置色彩鲜艳、对比度高的物品，以刺激视觉发育。

0.5 岁～1 岁，儿童的视力已可达到成人的正常水平。随着时间的推移，儿童的视力逐渐提高，能够辨认更远的物体和更细微的细节。6 个月到 3 岁的儿童也逐渐能够识别更多的颜色和形状。他们可以通过观察物体的轮廓和细节来辨认不同的形状，对颜色的感知能力也逐渐增强。

4～5 岁以后，视力趋于稳定，儿童能够清晰地看到远处的物体和近处的细节。随着认知能力的发展，儿童的视觉与认知开始紧密结合，他们能够通过观察、分析和理解图像来获取信息。

目前，研究婴儿视敏度的方法有三种：

（1）视觉偏爱法

心理学家范茨通过观察婴儿注视不同刺激物的时间长短，来研究婴儿在视觉上是否能够区分两种刺激，即是否具有视觉分辨能力，从而判断婴儿对哪种刺激物有所“偏爱”。他设计了线条宽度不同的黑白相间的图案，每幅图案都配有一张同样大小的灰色正方形，每次给婴儿看一对图案。他推断，婴儿最终喜爱的那幅最细的线条图便是婴儿能够觉察到的线条宽度。利用这种方法发现，新生儿能够看到 25.4 厘米远处 0.32 厘米宽的线条，而 6 个月大的婴儿能够在同样的距离上看到 0.04 厘米宽的线条。

（2）视动眼球震颤法

这种方法是根据婴儿在扫视物体时不自觉的眼球运动来鉴别其视敏度。具体来说，通过观察和记录眼球在注视移动物体时的震颤反应，以评估受试者的视觉功能和眼球追踪能力。

（3）视觉诱发电位测量法

这种方法通过测量并记录大脑枕叶区（视觉中枢）脑电波变化的特征来确定婴儿的视敏度。

以上是学前儿童视力发展的一般情况。事实上，视力的个体差异也很大。例如，有些儿童由于各种原因存在不同程度的视力障碍，如近视、远视、弱视等。

保护视力是一项重要任务，特别是预防近视。那么近视是如何产生的呢？如果长期近距离看物体，睫状肌会长期处于收缩状态，晶状体变凸后不易复原，最终失去调节的灵活性，从而形成近视眼。

那么，应如何保护儿童视力，预防近视呢？首先，家长和幼儿园要确保儿童在看书学习时的光线和照明适当。其次，要注意培养儿童良好的行为习惯。例如，从开始看书和握笔时，就要注意握笔和坐姿的正确。接下来，要避免儿童用眼时间过长，控制他们看电视、电脑、玩电子游戏等的时间。此外，给儿童看的图书、图画和教具，字体和图像应大而清晰，印刷质量要好。最后，要定期检查儿童的视力，若发现问题要及时矫正。研究表明，视力问题越早发现并纠正，效果越好。

2. 颜色视觉

视觉的发展还表现为颜色视觉，俗称辨色力，即区分颜色细微差别的能力。

新生儿最初只能看到黑白两色，这是因为他们的视觉系统尚未完全发育，对颜色的感知能力有限。随着月龄的增长，婴儿开始对鲜艳的色彩产生兴趣，颜色视觉逐渐发展。婴儿在出生后 1 个月内就能分辨简单的颜色刺激，不久后便具备了辨别彩色和非彩色的能力。

有这样一项实验：让婴儿观看两个颜色不同的圆盘，并测量他们注视圆盘的时间。结果发现，3 个月大的婴儿注视彩色圆盘的时间较长，而注视灰色圆盘的时间较短，前者的时间大约是后者的两倍。这说明婴儿不仅能够辨别彩色和非彩色，而且表现出对彩色的视觉偏好。

一般认为，儿童从 3～4 个月起就能分辨彩色和非彩色。其中，红色特别能引起儿童兴奋。4～8 个月的婴儿最喜欢波长较长的暖色，如红色、橙色和黄色；不喜欢波长较短的冷色，如蓝色和紫色。此外，他们喜欢明亮的颜色，不喜欢暗淡的颜色。

3 岁以上的儿童在颜色认知方面进一步发展，能够识别更多种类的颜色，包括紫色、粉色等复合颜色。在绘画时，他们能够运用多种颜色进行搭配，表现出较强的色彩感知和运用能力。

判断儿童辨色能力的方法有三种：配对法、指认法、命名法。

（1）配对法

首先向儿童展示几种颜色的卡片，然后让他们在多种颜色卡片中选择相同的颜色进行配对。我国心理学家萧孝嵘曾使用配对法测定婴儿的颜色辨别能力，结果显示：1.5～2 岁时，有 10.8％的婴儿通过；2～2.5 岁时，有 33.76％的婴儿通过；2.5～3 岁时，有 77.63％的婴儿通过。张增慧也采用这种方法进行了测试，发现在 2 岁的婴儿中有 30％能够识别并匹配红色、白色和黄色；在 2.5～3 岁的婴儿中，有 95.8％能够识别并匹配红色、白色、黄色、绿色、紫色、蓝色和橙色。

（2）指认法

即向儿童出示若干颜色卡片，成人说出某种颜色的名称，让儿童指出或拿出相应颜色的卡片。通过指认法来了解儿童的颜色视觉是一种简单而有效的方法。

（3）命名法

成人每次向儿童出示一张颜色卡片时，就请他们说出该颜色的名称。儿童的颜色命名能力会随着年龄的增长而提高。最初，儿童可能只能识别并命名少数几种基本颜色，随着年龄的增长，他们能够识别和命名的颜色种类会逐渐增加。

丁祖荫等的研究发现，幼儿正确辨认颜色的百分比随着年龄的增长而增加。掌握颜色的顺序是先能够进行配对，然后是指认，再是笼统命名，最后是精确命名。

以上方法的难度可以根据儿童的年龄和颜色认知能力进行调整。儿童对颜色辨别力的发展主要依靠生活经验和教育。在培养儿童辨色能力时，我们应该在让儿童接触多种颜色的同时，教给他们相应的颜色名称。此外，提供丰富的色彩环境有助于刺激他们的颜色视觉发展。通过配对游戏、指认游戏等方式进行颜色认知训练，可以引导儿童认识和区分不同的颜色。鼓励儿童进行绘画、涂色等艺术创作活动，让他们在实践中运用和感受色彩，不仅可以培养色彩感知能力，还可以激发创造力和想象力。在日常生活中，引导儿童观察周围事物的颜色，并教他们用颜色来描述所见所闻，也有助于加深他们对颜色的理解和记忆。

二、听觉

听觉是儿童极其重要的感觉通道，也是儿童学习语言的基础。

（一）听觉的发生

1. 胎儿的听觉反应

研究发现，胎儿已经具有明显的听觉反应。有实验表明，当新生儿大哭时，如果播放母亲心跳的录音，这种声音经过放大后可以让新生儿安静下来。

胎儿的听神经从胎龄 6 周开始逐渐发育，到 24 周左右时，耳蜗的形态和听神经的分化基本完成。5～6 个月的胎儿开始建立听觉系统，可以听到频率在 1000Hz 以下的外界声音。随着听觉系统的进一步发育，胎儿对声音的敏感度逐渐增加。

当胎儿听到外界声音时，最常见的反应是胎动。尤其是当听到熟悉的声音，如母亲的声音或舒缓的音乐时，胎动可能会变得更加频繁和有力。相反，当听到嘈杂或刺耳的声音时，胎儿可能会表现出不安或躁动。胎儿对不同类型的声音有不同的反应。一般来说，柔和、舒缓的声音更容易引起胎儿的正面反应，而嘈杂、刺耳的声音则可能引起胎儿的负面反应。

2. 新生儿的听觉能力

新生儿在出生时已经具备了听觉能力，并能做出反应。研究人员随机抽取了 42 名刚出生 24 小时以内的新生儿（男女各半），用类似蟋蟀叫声的唧唧声进行 1～2 次声音刺激。结果显示，83.31%的新生儿对听觉刺激反应较快，其反应包括眨眼、嘴动、睁眼、皱脸、头部扭动、哭相、眼珠转动以及哭闹。

新生儿不仅能够听见声音，还能区分声音的音高、音量和持续时间。连续不断的声音可以对婴儿起到抚慰或镇静的作用。音高较低的声音比音调较高的声音更容易引发明确且一致的反应。例如，当新生儿听到柔和的声音时，可能会表现出安静或好奇的表情；而听到嘈杂或刺耳的声音时，则可能会表现出不安或哭闹。

新生儿对成人语言有同步动作反应，表现为对声音的定向反应。这意味着新生儿在听到成人讲话时，能够准确地调整自己的身体运动或动作的节律，以与成人语言的节奏相吻合。当声音从某个方向传来时，新生儿会转动头部和眼睛寻找声源。这种能力有助于新生儿更好地感知和理解周围的声音环境，为早期语言教育的准备提供了有利条件。

（二）听觉的发展

婴儿不仅能辨别不同的声音，还表现出对某些声音的“偏好”。研究发现，1～2 个月的婴儿偏爱音乐，不喜欢噪声。2 个月后，他们偏爱优美舒缓的音乐，还喜欢听成人对他们说话，并能表现出愉快的情绪。到了 7～8 个月，他们会随着音乐舞动，并且婴儿对成人柔和、愉快的语调同样会报以欢愉的表情。

儿童的听觉敏感度随着年龄的增长而逐渐提高。他们对声音刺激的分辨能力，包括对声音频率、强度和时值差别的鉴别能力，都会显著提升。新生儿出生时中耳鼓室缺乏空气，并可能伴有羊水残留，导致听力敏感度较差，但他们对强烈的声音仍有一定反应，如眨眼或身体轻微震颤。出生后 3～7 天，新生儿的听力有显著改善，声音可以引起呼吸节律的变化。随着年龄的增长，婴儿能够分辨更细微的声音差异。例如，在 1 个月大时，他们已经能够分辨出“吧”和“啪”的不同。随着听觉的进一步发展，婴儿的听觉敏感度不断提高，能够准确区分各种声音，并对声音的变化做出快速反应。大约在出生后 6 个月左右，婴儿的听力接近成人水平。成年以后，听力逐渐开始下降。

听觉的发展不仅使新生儿能够辨认周围环境中的多种声音，而且帮助他们掌握人类的语言。1 个月大的婴儿能够分辨部分音素特征，1 岁前即可分辨大部分声音。随着婴儿听觉的发展，他们的语言理解和表达能力也在不断提高。

语音听觉的发展与教育密切相关，早期的语言和音乐环境对听力的提升具有积极作用。为保护婴幼儿的听力，应创设良好的听觉环境，为他们提供丰富的听觉刺激，如播放优美的音乐、讲述有趣的故事等，以促进听觉系统的发展和完善。此外，还应注意噪声污染，避免婴幼儿长时间暴露在噪声中，以减少对听觉系统的损害。同时，要注意保护耳朵健康，不给婴幼儿使用耳机。在日常生活中，应及时发现并干预听力障碍，定期进行听力筛查，及时发现问题并进行矫治，以避免对婴幼儿的语言和认知发展造成不良影响。

三、触觉

儿童依靠触觉或触觉与其他感觉的协同活动来认知事物的特性。触觉是他们认识世界的主要方式之一。通过触觉，儿童能够感知周围物体的存在、形状、质地等，进而促进他们动作发展和认知能力的提升。触觉的发展不仅是儿童最早发展的能力之一，也是他们认识世界和与周围环境互动的重要手段。

儿童的触觉反应是与生俱来的，是一种无条件反射。0～1 个月的新生儿对身体的接触，尤其是手心和脚心的触碰，非常敏感。婴儿喜欢柔软的触感，而不是粗糙的感觉，对触摸和包裹的方式也十分敏感。

儿童触觉的发展主要表现为触觉探索活动的形式以及在生活过程中与其他感觉的结合。婴儿通常通过口腔和手这两种方式进行触觉探索，尤其是手的触觉，对他们具有极其重要的认知价值；并且，年龄越小，触觉的作用越大。

1～3 个月的婴儿触觉反应逐渐增强，开始主动伸出手去触摸周围的物体。条件反射性的反应逐渐消失，婴儿会主动伸手抓住逗引他的物品。4～6 个月时，婴儿的触觉更加敏锐，开始用嘴巴和手去探索周围的世界。手的动作从被动变为主动，从不准确到准确，能够抓握并摇晃玩具。7～12 个月的婴儿触觉定位越来越清晰，开始分辨所接触的不同材质；手眼协调能力增强，能够将眼睛看到的事物与自身的身体动作建立联结。

1～3 岁时，幼儿的触觉功能趋于完善，开始使用全身各个部位去感受刺激和探索环境。他们喜欢奔跑、攀爬等活动，通过触觉与视觉、前庭觉的联合发展，可以提高身体的协调性和灵活性。

儿童的触觉发展受到遗传因素的影响，不同儿童在触觉敏感度和发展速度上可能存在差异。丰富的触觉刺激对儿童触觉发展至关重要。早期给予儿童多样化的触觉体验，如拥抱、抚摸、使用不同材质的玩具等，有助于促进他们的触觉发展。

随着年龄的增长，儿童的神经系统和大脑逐渐发育成熟，这为触觉的发展提供了生理基础。

四、味觉

味觉器官在胎儿 3 个月时开始发育。新生儿出生时，味觉已发育完善，能够辨别不同的味道。例如，他们能够辨别酸味和甜味，并分别做出表情怪相和吮吸动作。4～5 个月的婴儿对食物轻微的味道变化非常敏感。他们的味蕾分布比成人更广泛，因此对味道的感知更为敏锐。这不仅有助于他们探索食物，还可能影响他们对食物的喜好和饮食习惯的形成。

儿童对甜味的反应尤为积极，而对咸、酸、苦的反应则相对消极。这种偏好在一定程度上影响了他们的饮食选择。值得注意的是，儿童的苦味受体较为发达，这有助于他们检测有毒化合物，从而避免摄入有害物质。然而，这也可能导致儿童对苦味食物（如某些蔬菜）产生排斥反应。

五、嗅觉

嗅觉器官在胎儿 7～8 个月时已经相对成熟。新生儿出生后，嗅觉中枢与神经末梢也已发育完善。这意味着新生儿出生后已有嗅觉反应，并且能够区分几种气味，对不同气味会做出不同反应。

在出生约 1 周时，婴儿能够识别母亲乳汁的气味，并通过嗅觉建立起初步的食物性条件反射。随着年龄增长，婴儿的嗅觉能力逐渐增强。在 3～4 个月时，婴儿已经能够区分愉快和不愉快的气味；到了 7～8 个月，他们开始对芳香气味产生反应，并能够识别熟悉的人的气味，例如母亲的气味。

灵敏的嗅觉具有重要的生物学意义。它不仅可以保护婴儿免受有害物质的伤害，早期发达的嗅觉还可以帮助他们认识周围的人和事物，对环境适应和认知发展具有重要作用。

第二节　学前儿童知觉的发展

一、空间知觉

空间知觉指对客体的空间位置、特性及关系的知觉。

（一）方位知觉

方位知觉指个体对自身或物体在空间中所处位置的知觉，即对方向的定位能力。

新生儿的方位知觉在出生后即有所表现，其发展主要表现在对上下、左右、前后方位的辨别上。研究发现，新生儿具有听觉定位能力，能对来自左边的声音转头或注视左侧，对来自右侧的声音则转头或注视右侧。随着年龄增长，听觉定位逐渐被视觉定位所取代。眼手协调动作的形成标志着婴儿视觉定位能力进入新的阶段。6 个月前的婴儿在黑暗中能依靠听觉指导抓取物品。若物品在其正前方，抓握会更准确。1 岁多的幼儿能辨别室内方位，知道常用物品的位置，并了解出门的方向。

有实验表明，3 岁以后，幼儿能够正确辨别上下方位；4 岁时能够正确辨别前后；5 岁开始能够正确辨别以自身为中心的左右方位。然而，6 岁时仍有部分儿童不能辨别左右；7 岁时开始能够以客体为中心辨别左右，并能辨别两个物体之间的左右方位，但出错率仍较高，例如在左右转向时大约有 30％的出错率。这是因为他们对左右方位的认知发展需要较长时间，不是一蹴而就的，而是有一个逐步发展的过程。

对于左右方位知觉，我国心理学家朱智贤在研究后提出了儿童左右方位知觉发展的三个阶段。

第一阶段（5～7 岁）：儿童能够比较稳定地辨认自己的左右方位。表现为能正确辨别自己的左右手、脚及耳朵等，但不能辨别以他人为基准的左右方位，也不理解左右的相对性。

第二阶段（7～9 岁）：儿童开始初步、具体地掌握左右方位的相对性。他们似乎已经意识到自身的左右与他人的左右存在某种不一致性，因此不能再以自身为基准进行判断。但这种认识尚不能明确地概括或抽象出来。因此，在辨别他人的左右方位时，常常需要借助自身的动作，例如将自己的身体扭转成与对面的人一致的方向或姿势，判断结果时而正确，时而错误。

第三阶段（9～11 岁）：儿童能比较灵活地掌握左右概念。在此阶段，他们不仅能迅速而准确地辨别自己及他人的左右，还能正确地指出三个并排摆放的物体及其相对位置。例如，中间的那个物体既位于一个物体的左侧，又位于另一个物体的右侧。

由于方位本身具有相对性，儿童从具体的方位知觉上升到方位概念需要经过较长一段时间。因此，教师在教学中要有意识地指导儿童正确地理解方位，特别要注意因方位知觉困难造成的学习错误。例如，初入学的儿童常常分不清“b 和 d”“p 和 q”“6 和 9”等。

幼儿的方位知觉发展早于对方位词的掌握。当幼儿尚未能很好地理解左右方位的相对性以及方位词时，教师往往需要将左右方位词与实物结合起来。例如，教师在说“举起右手”时，同时引导幼儿“举起拿勺子的手”。通过这样的过程，幼儿能够逐渐理解“右”这个词。方位知觉的形成依赖于学前儿童通过生活经验不断发展各种空间知觉，同时也依赖于他们逐步掌握各种表示空间关系的词汇。

在日常活动指导中，也要注意镜面示范。由于幼儿早期只能辨别以自身为中心的左右方位，因此，教师在面向幼儿进行示范时，动作应尽量以幼儿的左右为基准，即进行镜面示范。

（二）深度知觉

深度知觉，又称距离知觉，是指对同一物体的凹凸程度或不同物体远近程度的感知。

儿童知觉深度的能力是先天具备的还是后天习得的呢？科学家曾设计了一个实验，将婴儿放在一块厚玻璃上，玻璃下方布置成一侧是浅滩，另一侧是深沟。实验中，婴儿的母亲轮流站在两侧呼唤婴儿。结果发现，绝大多数婴儿不愿爬向深沟那一侧。该实验表明，6 个月大的婴儿已经具备了深度知觉。很小的婴儿就能分辨深浅，这似乎表明深度知觉是先天具备的。当然，也有可能是早期的运动经验对婴儿深度知觉的发展起了积极作用。

幼儿在 3 岁左右时，深度知觉的发展尚不完善。例如，幼儿可能会伸手要求楼上的妈妈抱她，或要求爸爸把月亮摘下来；在看图时，也常常分不清图画中两个重叠的相同物体的远近。随着年龄的增长，深度知觉的能力也在迅速发展。此时，他们开始能够更准确地判断物体之间的相对距离，以及自己与物体之间的距离。

在幼儿园的户外游戏和体育活动中，由于幼儿的深度知觉尚未充分发展，容易出现安全问题。教师应特别关注并加强对孩子的相关教育，为幼儿提供多样化的感知体验。可以通过户外活动和玩具游戏等方式，让他们接触和感受不同形状、大小和距离的物体。在日常活动中，教师应引导幼儿主动观察和比较不同物体的特点和规律，帮助他们初步形成对物体空间关系的认知。

二、物体知觉

物体知觉指对物体自身空间属性的知觉，主要包括形状知觉和大小知觉。

（一）形状知觉

婴儿在很小的时候就已经能够辨别不同的形状，并对物体形状表现出视觉偏好。例如，婴儿喜欢观看活动的和轮廓丰富的图形，喜欢同心圆的图形以及较为复杂的图形。

对 1～15 周的婴儿进行形状知觉与视觉偏好测验，指标为 1 分钟（测试时间）内的平均注视时间。刺激图形包括线条图、靶心图、棋盘图、正方形图、交叉十字和圆形图等。研究发现，婴儿最喜欢看靶心图，其次是棋盘图。这说明婴儿更喜欢观看复杂的图形。

到了幼儿期，形状知觉发展迅速，对不同几何图形的辨别难度有所不同。通常在小班时，幼儿已经能够辨别圆形、正方形和三角形；在中班时，能够辨别长方形、半圆形、椭圆形、梯形等；到大班时，能够理解图形之间较复杂的组合关系，并初步认识基本的立体图形。幼儿掌握形状的顺序由易到难依次为：圆形、正方形、半圆形、长方形、三角形、八边形、五边形、梯形、菱形。

幼儿的形状知觉逐渐与掌握形状的名称结合起来。在还不能准确地称呼图形或物体名称时，幼儿会在感知图形或物体的过程中，用自己的词语来称呼它们，比如把圆形称为太阳或皮球，把半圆形称为半个太阳。

从发展的趋势来看，幼儿对形状的知觉发展在先，而用词概括形状的能力发展在后。对于图形的感知和配对较为容易，但按词拿取图形或对图形命名则较难。当视觉、触觉相结合时，幼儿对几何图形的感知效果较好。因此，在发展幼儿形状知觉时：一是要结合生活实际，引导幼儿认识物体及其形状；二是可以通过配对游戏等方式，发展幼儿的形状知觉；三是在教幼儿认识图形时，要让他们的视觉、触觉都参与其中。

（二）大小知觉

大小知觉是人们对物体长度、面积和体积在量方面变化的反映。它依靠视觉、触觉和动觉的协同活动实现，其中视知觉起主导作用。有研究发现，幼小的婴儿已经具备对物体大小知觉的恒常性。

美国心理学家鲍尔创造了一种独特的方法来研究婴儿的视觉世界。首先，让婴儿形成一个看到某个物体就会转头的条件反射，然后改变能使婴儿转头的物体。研究假设是：如果婴儿观看的物体改变了，但婴儿对该物体反应的频率没有变化，这意味着他们对这两种物体的知觉为相同的。鲍尔发现，当同样的积木放在不同距离时，婴儿的转头反应频率变化不大。鲍尔解释说，尽管积木在婴儿视网膜上的影像大小发生了变化，但婴儿仍然认为这块积木与原来的一样。换句话说，影像变化了，但感知保持不变。实际上，区分大小相对容易，因为视觉成像的大小确实不同。

2.5～3 岁的幼儿能够根据语言指示拿出大皮球和小皮球。3 岁以后，他们判断大小的准确性有所提高，特别是在两个物体大小接近时，仅靠视觉很难判断，需要依靠其他方式。4 岁以后，幼儿能够用语言描述图形的大小。4～5 岁的幼儿在判断积木大小时，会用手逐块触摸积木的边缘，或者将积木叠在一起比较其大小。6～7 岁的幼儿，由于经验的积累，已经能够仅凭视觉判断出大小相同的积木。

三、时间知觉

时间知觉是指对客观事物运动的持续性和顺序性的感知。学前儿童的时间知觉发展水平较低，但会随着年龄的增长逐渐提高。

时间本身没有直观形象，同时人类也没有专门用来感知时间的分析器，因此知觉时间与知觉其他事物相比具有其特殊性。在感知时间方面，幼儿通常通过生理变化、生活事件、环境信息以及计时工具等媒介来获取时间信息。

婴儿主要依靠生理上的变化产生对时间的条件反射。婴儿对时间的反应往往是由生物节奏周期，也就是人们常说的“生物钟”提供的时间信息而形成的时间知觉。例如，婴儿到了吃奶时间，会自己醒来或哭闹，这就是婴儿对吃奶时间的条件反射。

生物学上的时间知觉是有限的，不能被认为是真正意义上的时间知觉。随着年龄的增长，幼儿不仅具备生物学上的时间知觉，还发展出了与具体事物和生活事件相联系的时间知觉，这主要依赖于生活中接触到的周围现象的变化，即生活经验和环境信息。例如，幼儿会依靠生活作息制度来认识时间，能够根据昼夜和季节的变化来进行时间定向。到了学前晚期，幼儿开始有意识地借助计时工具和其他反映时间流程的媒介来认识时间，并逐渐能够通过钟表和日历来理解时间。

由于时间知觉的抽象性特点，儿童知觉时间的水平不高。研究表明，幼儿时间知觉表现出以下发展特点和趋势。

1. 与具体生活活动相联系

在幼儿初期，他们已经具备了一些初步的时间概念，但这些概念与具体的生活活动紧密相关。在幼儿中期，他们能够理解“昨天”“今天”“明天”等词汇，并能运用“早晨”

“中午”“晚上”等词，但对于“前天”“后天”等较远的时间词汇仍然难以理解。在幼儿晚期，他们能够分辨“前天”“大后天”等时间概念，并开始学习看钟表，但对于更大或更小的时间单位仍感到困难。

2. 时间知觉的精确性与年龄呈正相关

随着年龄的增长，学前儿童对时间的感知越来越精确。幼儿早期的时间知觉较为模糊，而到了幼儿晚期，他们对时间的感知逐渐清晰。

3. 时间知觉的发展与儿童的生活经验呈正相关

学前儿童的时间知觉发展与其生活经验紧密相关，其中生活作息制度尤为重要。儿童经常接触的时间单位（如时、日）会先于较少接触的时间单位（如分、秒或周、月、年）被感知和理解。

4. 理解和利用时间标尺（包括计时工具）的能力与其年龄呈正相关

幼儿在早期对时间标尺的理解非常有限。他们只知道钟表上有指针和数字，但无法准确理解这些元素所代表的时间意义。随着年龄的增长，儿童开始逐渐理解时间标尺的基本含义。他们不仅能够准确读出钟表上的时间，还能理解时间的先后顺序和相对长短。例如，他们能够理解“现在是 8 点，再过半小时就是 8 点半”，或者“今天是星期三，明天就是星期四”。研究表明，大约到 7 岁时，儿童开始能够利用时间标尺来估计时间。

5. 儿童对时间单位的知觉和理解呈现出一种“由中间向两端”“由近及远”的发展趋势

学前儿童对时间顺序的知觉发展较早，通常是从对短时间顺序的知觉逐渐发展到对长时间顺序的知觉。大量研究表明，儿童首先理解“天”和“小时”，然后逐渐理解“周”“月”以及“分钟”“秒”；他们先理解“今天”，然后是“昨天”和“明天”，最后是“前天”“后天”以及“上周”“下周”。对于“现在”“已经”和“就要”这三个与时间有关的常用副词的理解，也同样是以“现在”为起点，逐步向过去和未来延伸。

研究还发现，儿童常常难以区分时间关系和空间关系，往往用空间关系代替时间关系。皮亚杰曾进行过实验研究：给学前儿童看桌子上放着的两只机械蜗牛，实验者同时启动这两只蜗牛，其中一只蜗牛爬得快，另一只蜗牛爬得慢。当快的蜗牛已经停止时，慢的蜗牛还在爬，但最终仍未赶上快的蜗牛。在这种情况下，要求儿童正确判断是哪只蜗牛先停下。结果显示，大部分幼儿都说慢的蜗牛先停止，因为它走的路程比较短。在这个实验中，4.5～5 岁的儿童还不能区分时间关系和空间关系；5～6.5 岁的儿童开始将时间顺序和空间顺序分开，但仍不完全；7～8.5 岁的儿童才能最终分别理解时间与空间关系。

总的来说，幼儿对时间的估计不够准确和稳定，教育活动可以促进儿童时间知觉的发展，使他们更准确地把握时间。因此，根据幼儿时间知觉的发展，可以采取以下措施：一是利用日常生活情境进行时间教育，通过有规律的幼儿园生活帮助幼儿建立时间知觉；二是通过音乐和体育等教学活动帮助幼儿掌握节奏和节律；三是结合具体事件，引导幼儿观察时间带来的变化；四是教给幼儿有关时间的词汇，认识时间的过程也是掌握概念的过程。

四、观察力

观察是一种有目的、有计划、较为持久的知觉过程，是知觉的高级形式。在观察过程中，人表现出的稳定品质和能力就是我们通常所说的观察力。观察力是一种知觉能力。

婴儿尚未具备观察力，知觉处于被动阶段。他们对事物的知觉目的性较差，常常受到自身特点和兴趣的影响。观察力的发展在 3 岁以后较为明显，幼儿期是观察力初步形成的时期。观察力的发展也标志着学前儿童知觉的发展进入一个较为完善的阶段。

(一) 学前儿童观察力发展的特点

幼儿观察力的发展主要表现在观察的目的性、持续性、系统性和概括性等方面。

1. 观察的目的性增强

观察的目的性指的是在观察过程中，儿童需要明确自己应该注意什么、寻找什么，从而使观察具有选择性和针对性。

儿童最初尚不能自觉地进行有目的的观察，观察过程中常常会受到无关因素、事物突出的外部特征或个人兴趣、情绪等的影响，或者容易在观察过程中忘记初衷。随着年龄的增长和教育的影响，学前儿童观察的目的性逐渐增强。他们开始能够有意识地支配自己的观察活动，为完成特定任务而进行观察。

到学前中期，儿童逐渐能够接受观察任务并主动进行观察，但在这一时期，他们的观察仍然容易受到外界因素的干扰。到幼儿晚期时，观察的目的性逐步增强，儿童能够排除无关干扰，主动寻找并聚焦于特定的观察对象。

儿童观察目的性从低到高可分为三级：

低级：无法接受任务，表现为东张西望，注意力分散，要么只盯住某一处，要么随意乱指。

中级：能够根据任务目标进行观察，但在遇到困难或干扰时难以克服，不愿意坚持完成任务。

高级：能够根据观察任务明确目标，克服困难和干扰，坚持进行细致的观察。

2. 观察的持续时间有所延长

观察的持续性指幼儿在观察过程中所能保持的观察时间的长短。早期儿童的观察容易受到情绪、兴趣及客体变化的影响，观察的持续时间较短。随着年龄的增长，幼儿的观察持续性显著增强，能够较长时间专注于某一观察对象，进行深入的观察和探究。这种持续性的增长有助于幼儿更全面地理解事物。

有研究表明，儿童观察的持续时间与观察的目的性密切相关。如果让儿童明确观察的目的，可以帮助他们延长观察的持续时间。

在一个实验中，3～4 岁的儿童对某事物的持续观察时间平均为 6 分 8 秒；5 岁儿童的观察时间有所增加，平均为 7 分 6 秒；从 6 岁开始，儿童的持续观察时间显著增加，平均为 12 分 3 秒。可见，在学前期，儿童的持续观察时间随着年龄的增长而显著提高。

3. 观察的系统性增强

幼小的儿童往往无法将事物的各个方面联系起来进行系统的观察，他们通常只能获得一些零散的、孤立的印象，也难以发现事物之间的内在联系。

儿童观察的系统性较差的原因有以下几点：一是儿童缺乏观察的方法；二是与眼球运动状况有关；三是从杂乱无章发展成为有组织、有系统的综合知觉需要一定的过程。

4. 观察的概括性提高

观察的概括性指的是能够识别事物之间的联系。低龄儿童的知识往往是孤立和零碎的，仅能感知事物的表面特征和现象，不善于从整体中发现其内在联系，因此观察的概括性水平较低。随着儿童思维能力的发展，观察的概括性会不断提高。

丁祖荫等通过实验发现，儿童对图画观察能力的发展可分为四个阶段。

一是认识“个别对象”阶段。在这个阶段，儿童只能孤立地、零散地感知图画中的各个事物，无法将它们有机地联系起来。

二是认识“空间联系”阶段。此阶段儿童只能直接感知到各事物之间在外表和空间位置上的联系，而无法察觉到它们内在的联系。

三是认识“因果联系”阶段。儿童观察各事物之间不能直接感知到的因果联系。

四是认识“对象总体”阶段。儿童观察图画中事物的整体内容，把握图画的主题。

我们需要注意的是，儿童对图画的观察主要处于“个别对象”和“空间联系”阶段，而“因果联系”和“对象总体”则在小学阶段才有所表现。儿童的概括能力表现为从知觉概括逐渐向思维概括发展。

（二）学前儿童观察力的培养

1. 帮助幼儿确定观察的目的和任务

观察活动的效果取决于观察目的的明确性。如果目的明确，幼儿在观察时会表现出较高的积极性和较强的针对性，对观察对象的感知也会更加完整、清晰；反之，幼儿可能会东张西望，注意力不集中。因此，教师在组织幼儿观察时，首先应明确目的，并有意识地提出观察要求，使整个观察过程按照既定目的进行，加强观察的选择性和针对性，从而抓住观察对象的本质，提高观察效果。

2. 培养幼儿的观察兴趣

幼儿的知觉主要是无意识的。兴趣是幼儿观察的动力，只有对事物产生浓厚的兴趣，他们才会积极主动地去观察。年龄较小的幼儿对周围世界有着强烈的好奇心，这种好奇心促使他们对周围事物产生兴趣，特别是那些符合其需求的事物更能吸引他们的注意。家长和教师应根据幼儿的这一特点，激发幼儿观察事物的兴趣，并督促他们形成喜欢观察、勤于观察的良好习惯。

3. 教给幼儿观察的方法

观察方法直接影响观察效果。幼儿在认知过程中，对事物的观察较为盲目，遇到什么就观察什么，整个过程基本没有目的性。在组织观察活动时，需要教给幼儿常用的观察方法，指导他们学会从上到下、从左到右、从前到后、由表及里、从局部到整体地进行观察，以提高观察的准确性。观察方法的形成有助于幼儿提高观察效果，更系统地收集和处理信息。

（1）多种感官参与

充分运用视觉、听觉、味觉、触觉、嗅觉等多种感官共同参与观察活动时，大脑可以从多方面对观察对象进行综合分析，有助于幼儿对所观察对象形成立体形象，增强观察效果，同时也能提高大脑的分析和综合活动的状态。例如，在学习关于水果的内容时，可以让儿童用眼睛看、用手摸、用鼻子闻、用嘴尝，感知水果各方面的特征，从而获得水果的形状、触感、气味和味道等特性，形成对水果的整体印象。

（2）个别观察—整体观察

教孩子运用“典型特征观察法”，先观察最显著的特征，再过渡到一般特征。

（3）对比观察

让孩子学会抓住事物的特点，比较其异同。

此外，通过运用多种方式（如说、写、画、唱、跳）记录观察过程、积累观察经验，并引导儿童及时总结，这些都有助于提升儿童的观察能力。

第三节　学前儿童感知的训练

一、促进学前儿童感知觉发展的因素

（一）学前儿童的活动

1. 创造适宜刺激的环境，提供丰富的感官刺激

学前儿童在活动中会接触到各种各样的物体和环境，这些多样化的刺激有助于促进他们的感知觉发展。例如，通过触摸不同材质的物品，儿童可以发展触觉感知；通过观察和识别不同的颜色和形状，可以发展视觉感知；通过倾听各种声音和音乐，可以发展听觉感知。这些丰富的感官刺激为儿童提供了全面的感知体验，有助于他们更好地认识和理解世界。成人还可以在游戏、学习及日常生活中帮助儿童观察事物。

2. 促进感知觉能力的分化与整合

在活动中，儿童会不断运用各种感官来感知事物，这有助于促进他们感知能力的分化和整合。分化指的是儿童能够逐渐区分不同感官刺激的特点和差异，如区分不同的颜色和形状；整合则指儿童能够将不同感官刺激的信息综合起来，形成对事物的完整认识。例如，在积木搭建活动中，儿童不仅需要观察积木的颜色和形状，还需要通过触摸来感知其材质和重量，最终将这些信息整合起来，完成搭建任务。

3. 增强感知觉的组织能力

儿童在活动中需要不断组织和协调自己的感知觉信息，以便更好地完成任务，这有助于增强其感知觉组织能力。例如，在绘画活动中，儿童需要观察物体的形状、颜色和布局，运用画笔和颜料将这些信息表达出来。在这个过程中，儿童需要不断调整自己的感知觉信息，以便更准确地表达物体特征。这种训练有助于提升儿童的感知觉组织能力，使他们能够更灵活地运用各种感官去感知和理解世界。

4. 培养观察力和注意力

学前儿童在活动中需要仔细观察事物的细节和特征，以便更好地完成任务。观察力和注意力是感知觉发展的重要组成部分，它们能够帮助儿童更准确地感知和理解事物。例如，在科学探索活动中，儿童需要仔细观察实验现象和结果，以便得出正确的结论。

学前儿童的活动为他们的感知觉发展奠定了坚实的基础。因此，我们应积极为学前儿

童提供多样化的活动机会和体验环境。

（二）知识经验

知识经验作为儿童认知结构的重要组成部分，为感知觉活动提供了丰富的背景信息和解释框架，从而加速了感知觉能力的成熟和完善。经验越丰富，知觉过程越简化、概括，知觉水平越高。

1. 促进感知觉的精确性和深度

随着知识和经验的积累，儿童对事物的感知不再仅限于表面属性，还包括其内在联系和本质特征。他们能够更加细致地分辨事物的细节和特征，并将感知到的信息与已有的认知结构结合，形成对事物的深入理解。例如，在识别动物时，儿童不再仅仅依赖颜色或形状等单一特征，而是能够结合动物的习性、生活环境等多方面知识进行综合判断。

2. 提高感知觉的主动性和选择性

知识和经验激发了儿童对周围世界的好奇心和探索欲，使他们更加主动地运用各种感官去感知和认识新事物。在探索过程中，儿童会根据已有的知识和经验选择性地关注某些信息、忽略无关信息，从而提高感知效率。有了明确的目标和期望，儿童在感知活动中会更加专注和投入。他们会根据已有的知识和经验来预测和解释感知结果，从而更加有效地获取信息。

3. 增强感知觉的概括性和迁移性

知识经验使儿童能够从具体事物中抽象出一般规律和特征，从而形成对同类事物的概括性认识。这种概括能力有助于儿童在感知新事物时迅速识别其归属类别和共同特征。随着知识经验的累积，儿童能够将这些经验迁移到新的感知情境中，运用已有的认知结构来解释和应对新情况。这种迁移应用能力是儿童感知觉发展成熟的重要标志之一。

在教育实践中，我们应该注重为儿童提供丰富的知识和经验支持，以促进其感知能力的快速发展。

（三）语词

1. 词语使儿童理解所感知的事物

儿童若要理解对事物及其属性的感知，就必须依赖词的标示和解释。词为儿童提供了理解和分类事物的概念框架，使他们能够将具体的事物与抽象的概念相联系，从而更好地理解和解释他们所感知到的世界。词帮助儿童组织和整理他们的感知经验。通过使用词来描述事物，儿童能够更好地记住和理解这些信息，进而形成更有条理的认知结构。

2. 词使儿童对事物的感知更加细致、准确、迅速、完整

词能帮助儿童区分事物的细微差别，为他们提供精确描述事物属性和特征的语言工具，使儿童能够更准确地把握事物的细节，如形状、颜色和质地等。

词能帮助儿童认识事物的共同特征，促使他们深入理解事物的内在属性和关系。例如，儿童在成人语言的引导下，对麻雀、鸽子、乌鸦进行比较和概括，从而感知同类事物的共同属性。

词能帮助儿童识别事物的主要特征。词为儿童提供了对事物进行分类和标记的工具，

词汇的选择和使用往往引导儿童关注事物的某些主要特征。例如，在描述一朵花时，使用“鲜艳”这个词会引导儿童注意花的颜色，而“芬芳”则引导他们关注花的气味。

通过引导儿童关注重点和建立概念联系，词能够帮助他们快速从背景中识别出需要感知的事物。

3. 成人的语言直接影响着儿童的感知

成人的语言在儿童的感知过程中扮演着不可或缺的角色。通过精准的语言引导和丰富的语言环境创设，成人可以有效地促进儿童的感知发展。成人应善于通过提问和讲解来引导儿童观察，帮助儿童识别事物、理解概念、构建认知框架以及进行情感交流等。

二、学前儿童感知觉的培养策略

（一）采用蒙氏感觉教育，发展幼儿的观察力

在蒙台梭利教育中，感官教育被视为发展幼儿观察力的重要途径。幼儿通过感官来认识世界。通过对教具的直接操作，幼儿可以训练视觉、触觉、听觉、味觉和嗅觉等感官能力，从而有效促进观察力的发展。例如，可以使用蒙台梭利经典的感官教具——粉红塔，来训练幼儿的视觉观察力。

蒙台梭利教育强调将教育融入日常生活，教师可以引导幼儿关注生活中的各种细节，如植物的生长变化、天气的阴晴变化、人们的表情和动作等。通过这些观察活动，幼儿能够学会从细微之处发现事物的不同和变化，从而提升他们的观察力。

蒙台梭利教育鼓励幼儿通过游戏和实践活动来学习和成长。教师可以设计一些富有趣味性的游戏和活动，让幼儿在游戏中观察、探索和发现。

（二）创设感知环境，激发幼儿兴趣

丰富多样的环境刺激对于儿童的感知觉发展至关重要。在成长过程中，儿童需要接触各种不同的感官刺激，如色彩、声音、形状、质地等，以激发他们的兴趣，促进视觉、听觉、触觉等感官能力的发展。例如，可以利用自然元素创造感知环境，在幼儿园中设立一个“自然角”，其中摆放各种植物、小动物和自然材料（如石头、树枝、干花等）。

（三）组织游戏，寓教于乐，训练幼儿的感知能力

感官游戏通过有趣的方式激发幼儿参与的积极性，同时锻炼他们的感知能力。通过游戏，幼儿可以在轻松愉快的氛围中，自然而然地提升他们的感知能力。例如，教师可以播放各种声音（如动物叫声、交通工具的声音、自然界的声音等），让幼儿尝试通过听觉判断声音的来源，以此提升他们的听觉分辨能力和注意力。再比如，视觉感知游戏——“找不同”。教师可以准备两幅相似的图片，让幼儿在规定时间内找出两幅图片中的不同之处。

（四）在日常生活中培养幼儿的感知能力

1. 提供丰富的感官刺激，多进行感觉训练

视觉是幼儿感知世界的主要方式之一，丰富的色彩和图案能够刺激幼儿的视觉神经，促进其视觉感知能力的发展。在家中或幼儿园，可以设置色彩鲜艳的环境，例如使用多彩的墙面装饰，摆放色彩丰富的玩具和图书等。同时，可以定期更换这些物品，以保持环境

的新鲜感，吸引幼儿主动观察。此外，还可以鼓励幼儿触摸不同质地的物品，如丝绸、棉布、塑料等。例如，可以让幼儿玩沙子、水、泥巴等自然材料，感受它们的触感和流动性。触觉是幼儿认识世界的重要方式之一。通过触摸不同物品，幼儿可以感知到物品的质地、温度等特性，从而提升触觉感知能力。

2. 鼓励幼儿参与实践活动，提升感知能力

动手操作不仅可以锻炼幼儿的手部精细动作能力，还可以让他们在实践中感知物品的形状、大小和重量等特性。教师可以提供适合幼儿年龄的玩具和工具，如积木、拼图、画笔等，鼓励幼儿动手操作；还可以带幼儿到户外进行自然探索活动，如观察花草树木、昆虫和小动物等，引导幼儿触摸树叶、捡拾石子等自然物品，感受它们的质地和形状。

案例分析

中班科学活动：我是大厨师

一、设计意图

《3—6岁儿童学习与发展指南》指出，应有意识地引导幼儿观察周围事物，学习观察的基本方法；能够对事物或现象进行观察和比较，发现其相同与不同之处。在最近的“我家的大厨师”开放日活动中，班级幼儿对美食表现出较大的探索兴趣。基于此，我设计了一节中班科学活动：我是大厨师。

二、活动目标

（1）知道3～5种常见调料的名称及其味道特点。

（2）能够使用味觉、嗅觉和视觉等方式，分辨不同调味料。

（3）喜欢美食，体验简单料理的快乐。

三、活动重难点

（1）分辨白糖和食用盐的不同，分辨生抽和陈醋的不同。

（2）使用酸、甜、苦、咸等形容词描述味道。

四、活动准备

（1）食用盐、生抽、陈醋、白糖等调料。

（2）清洗干净的水果蔬菜（小番茄、芒果、生菜、苦瓜、切片熟鸡蛋等）。

（3）厨师帽、围裙、餐盘、汤勺（每名幼儿1份）。

五、活动过程

1. 活动导入

教师：小朋友们早上好！看看今天老师有什么小变化吗？

（教师穿戴厨师帽、系好围裙，手拿锅铲和汤勺）

教师：今天老师邀请大家和我一起成为大厨师！

（纷发厨师帽、围裙、餐盘、汤勺等道具）

2. 观看“我家的大厨师”活动图片（糖醋排骨、凉拌西红柿、苦瓜炒蛋等）

教师：小朋友们，看一看，图片上有什么呀？谁记得这些美食是谁制作的呢？（展示图片，自由发言）

教师：这些美食都是什么味道呢？有没有小朋友可以形容一下？它们的味道有什么不同？为什么会不同呢？（围绕酸、甜、苦等味道展开讨论）

小结：菜品的味道各不相同，有酸、甜、苦等多种口味，这些味道源自食材本身或调味料的差异。

3. 展示调味料，讨论其味道

教师：看看老师今天带来了什么呀？（展示调味料，幼儿自由发言）

教师：小朋友们能不能说出这些东西的味道呢？（白糖和食盐难以分辨，生抽和陈醋也很相似）

教师：有些调味料我们分辨不出来，这时候可以用什么方式呢？

（幼儿自由发言）

教师：那么大家先以小组为单位，尝试辨别这些调味料的区别，然后向大家展示它们各自的味道吧！

（幼儿以小组为单位讨论、尝试、总结并展示讨论结果）

小结：当眼睛（视觉）无法分辨时，可以通过鼻子闻（嗅觉）和嘴巴尝（味觉）的方式来辨别调味料。食用盐和生抽是咸的，陈醋是酸的，白糖是甜的。

4. 根据调味料的特点，幼儿猜测其名称

教师：老师的神秘罐子里有不同的调味料，邀请小朋友来猜猜这是什么！

（注意生抽和陈醋需要闭口遮掩味道，引导幼儿通过闻或尝来分辨）

5. 展示图片，幼儿猜测使用的调味料的名称

教师：老师这里还有很多美食，小朋友们能猜出里面都有什么调味料吗？

（麻婆豆腐、绿豆汤、炒青菜、红烧排骨、酸辣土豆丝等特征鲜明的美食图片）

6. 幼儿自己动手制作美味食物

教师：今天老师准备了丰富的食材，小朋友们想不想亲自动手，当一回大厨，制作美味的食物呢？

（幼儿自由制作）

老师：哇！大家的食物看起来都很美味！请向周围的朋友介绍一下自己的美食，并分享使用了哪些调味料，互相品尝一下各自的美食吧！

（展示分析环节）

六、活动延伸

（1）将活动使用的调味料投放在“厨房”活动角。
（2）在家中尝试更多调味料，并在下次美食活动中分享。

七、活动反思

本次活动较好地完成了活动目标，幼儿认识了食用盐、生抽、陈醋、白糖等调味料，并能够说出这些调味料的味道和特点。但在分享过程中，幼儿过于专注于美食制作，未能更好地突出活动重难点的运用。

儿童心理探索：晕轮效应——全面客观评价儿童

晕轮效应，也称为“成见效应”“光圈效应”或“日晕效应”，是心理学中的一个重要概念。它指的是人们对他人的认知判断往往基于个人的初步印象，并从这个印象出发推论出认知对象的其他特质。这种效应在教育领域尤为常见，因为教育工作者在接触和了解学前儿童时，往往会受到第一印象的强烈影响，因某一方面的突出特征而对整个人的评价产生偏见。我们应该正视晕轮效应带来的影响，避免其负面效应，善用其积极效应，并全面客观地评价儿童。

一、晕轮效应对学前教育的影响

（一）偏见和错误评价

晕轮效应可能导致教师对儿童品行的评价并非基于儿童的实际情况，而是受到儿童外貌、衣着、家庭背景等因素的影响。这种偏见和错误评价容易以偏概全，从而不利于教育目标的实现。

案例 1

小明的小画家光环

小明是一个在幼儿园非常受欢迎的孩子，因为他特别喜欢画画，并且常常能创作出令人赞叹的作品。由于他的绘画天赋，小明在老师和同学中获得了“小画家”的美誉。然而，这种光环效应也带来了一些问题。在其他活动中，小明表现得不够出色，但老师和同学们往往因为他的绘画才能而忽视他的不足，对他给予过高的评价。例如，在一次数学活动中，小明的表现并不理想，但由于他的“小画家”身份，老师可能没有像对其他孩子那样严格要求他，其他同学也可能因此不太愿意帮助他。

（二）教育不公平

由于晕轮效应的影响，教师可能会对某些儿童产生偏好，给予他们更多的机会和资源，而对其他儿童则表现出忽视或冷淡。这种不公平的教育环境可能会打击儿童的积极性，影响他们的学习和成长。

（三）误解与隔阂

晕轮效应可能导致师生之间的误解与隔阂。教师可能基于自己的偏见对学生做出错误的判断；而学生也可能因为感受到这种偏见而产生抵触情绪，从而不愿意与教师沟通合作。

二、晕轮效应对学前教育的启示

晕轮效应虽然是社会认知中的一种偏差，可能对教师和儿童之间的互动产生负面影响，但同时也可能带来一些积极效果。那么，我们应该如何防止其消极影响，并有效利用晕轮效应呢？

（一）利用积极效应，发挥榜样作用

晕轮效应中的积极一面可以用来发挥榜样的作用。教师的治学态度、责任感、敬业精神等细微之处都可能成为儿童学习的榜样和成长的动力，而教师的言行举止会对儿童产生潜移默化的影响。因此，教师应时刻注意自己的言行，尽量为儿童树立正面的榜样。当教师展现积极的品质和行为时，儿童可能会因此受到启发，模仿并学习这些品质。此外，教师可以通过表扬和奖励儿童的优秀表现来增强他们的自信心和学习动力；同时，教师也可以通过引导儿童关注他人的优点和长处来培养他们的宽容、理解和尊重他人的品质。

在学前儿童教育中，正面晕轮效应可以用于激发儿童的积极性。例如，当一个儿童在某项活动中表现出色时，教师可能会给予他更多的关注和表扬。这种正面的反馈会让儿童感到自信和快乐，从而更加积极地参与其他活动。此外，教师还可以利用正面晕轮效应来鼓励那些性格内向、缺乏自信的儿童，通过发现他们的优点并给予肯定，帮助他们建立自信心。

案例 2

不再内向的小方

小方是一个性格内向的学前儿童，但他在手工方面表现出色。在一次手工活动中，他创作了一个富有创意和想象力的作品，赢得了老师的赞扬和同学们的欣赏。这次成功的体验让小方感到自信和快乐，他开始更加积极地参与到其他活动中，并逐渐展现出自己的其他优点和特长。

（二）避免负面效应，防止偏见

负面晕轮效应可能导致教师对儿童的评价产生偏见，从而忽视他们的优点和进步。为了避免这种情况，教师应时刻保持警惕，避免将个人情感和偏见带入对儿童的评价中，不应过早对儿童形成固定的印象。教师平时应多与儿童交流，关注每个儿童的个体差异，了解他们的兴趣、特长和需求，以便更好地指导他们的学习和成长，提供个性化的教育支持。同时，

教师应鼓励儿童相互学习、相互尊重，避免因某一方面的差异而产生歧视和排斥。

（三）营造和谐氛围，全面客观评价儿童

晕轮效应提醒教师在评价儿童时要尽可能全面、客观。教师应与儿童多接触，促进相互了解，以便更准确地把握儿童的特点和需求。同时，教师不能仅仅根据某一方面的表现来评价儿童，应尽量避免基于儿童的外貌、衣着、家庭背景等非本质因素来进行评价。教师应全面了解儿童的品行、能力、性格等方面的特点，综合考虑其在学习、行为、情感等多方面的表现，做出公正客观的评价，为孩子创造轻松、和谐的教育氛围。

案例 3

小红的形象负担

小红在幼儿园的运动会上表现出色，尤其是在跑步项目中获得了第一名，因此被同学们称为“体育健将”。这个称号让小红在同学中非常受欢迎，但也给她带来了一些压力。当幼儿园组织其他活动时，如手工制作或音乐表演，小红可能因为担心自己无法像在体育活动中那样出色而感到焦虑。同时，由于她的“体育健将”形象，同学们可能会对她的其他能力产生过高的期望。一旦她无法满足这些期望，就可能对她的整体评价产生负面影响。

在教育实践中，教师和家长应尽量避免晕轮效应带来的偏见和误解，全面客观地评价孩子的表现，给予他们适当的关注与帮助。同时，也要引导孩子正确看待自己的优点和不足，培养他们的自信心和自我评价能力，创造轻松和谐的教育氛围，并为他们提供更具针对性的教育和指导。

本章小结

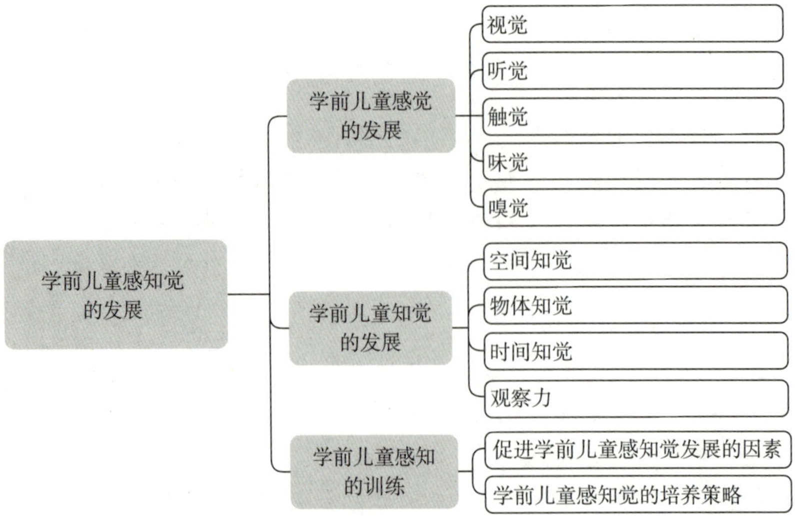

课后思考与练习

一、单选题

1. 以下不属于了解儿童颜色视觉的方法的是(　　)。

A. 配对法　　B. 指认法　　C. 命名法　　D. 排除法

2. 以下方法可以用于婴儿感知觉研究的是(　　)。

A. 双耳听力　　B. 语义识别　　C. 自动效应　　D. 注视偏好

3. 下面做法对刺激婴儿的视觉发展不利的是(　　)。

A. 给1～2个月的婴儿呈现黑色或白色圆形刺激

B. 给躺有婴儿的睡床上方长时间挂一个颜色鲜艳的玩具

C. 拿玩具在4个月大小的婴儿面前慢慢左右移动，吸引婴儿的追视

D. 给3个月左右的婴儿呈现亮度较高的暖色刺激

4. 学前儿童在感知几何图形时，通常最先能够准确辨认的图形是(　　)。

A. 三角形　　B. 长方形　　C. 圆形　　D. 菱形

5. 下列关于学前儿童方位知觉发展的描述，正确的是(　　)。

A. 3岁儿童已能辨别上下、前后、左右方位

B. 4岁儿童开始辨别前后方位

C. 5岁儿童开始以自身为中心辨别左右方位

D. 6岁儿童仍难以掌握左右方位的相对性

6. 幼儿常常将“b和d”“p和q”相混淆，这是因为其(　　)发展不够完善。

A. 深度知觉　　B. 形状知觉　　C. 方位知觉　　D. 大小知觉

7. “视觉悬崖”实验，用于测查婴儿(　　)的能力。

A. 形状知觉　　B. 大小知觉　　C. 方位知觉　　D. 深度知觉

8. 学前儿童对时间单位的知觉和理解通常遵循(　　)的趋势。

A. 由近及远　　B. 由远及近

C. 由中间向两端　　D. 由两端向中间

9. 关于学前儿童时间知觉的发展，以下说法不正确的是(　　)。

A. 幼儿对时间间隔的估计及利用时间标尺的能力发展较早

B. 时间知觉的发展水平与儿童的生活经验呈正相关

C. 时间知觉的精确性与年龄呈正相关，即年龄越大，精确性越高

D. 幼儿对时间顺序的知觉发展较早

10. 有的幼儿在观察时，能够根据观察任务，自觉地克服困难和干扰进行观察。这说明他们的观察具有(　　)。

A. 持续性延长　　B. 目的性加强　　C. 细致性增加　　D. 概括性提升

二、简答题

1. 儿童观察力的发展表现在哪些方面?
2. 简述如何促进学前儿童感知觉的发展。

三、案例分析题

结合下列两个案例片段，分析这两个孩子时间知觉发展特点。
1. 以下是成人与孩子的对话。成人问：“天为什么黑了?”孩子答：“因为我要睡觉了。”
2. 老师讲故事时说：“古时候……”一个小朋友说：“古时候就是我奶奶小时候。”

第五章　学前儿童注意的发展

本章要点

1. 了解学前儿童注意的发生和发展过程及其特点；
2. 掌握学前儿童注意品质的发展特点；
3. 能够分析学前儿童注意分散的原因；
4. 掌握并能够运用注意力培养的方法。

导学案例

在一次数学活动中，老师指着挂图问小朋友：“大家看，花丛中有两只蝴蝶，从远处又飞来两只。”（老师又拿出2只蝴蝶），接着问：“小朋友们，现在花丛中有几只蝴蝶呢？”一位小朋友说：“老师，我还捉过蝴蝶呢！”另一位小朋友说：“老师，我也捉过，公园里有好多蝴蝶呢！”于是，小朋友们纷纷谈论起蝴蝶来了。

为什么会出现答非所问的现象？为什么学前儿童没有注意到教师的提问内容？学前儿童的注意有哪些特点？

通过本章的学习，我们将能够解开这些疑惑，并了解在教学实践中如何防止学前儿童注意分散的方法。

第一节　学前儿童注意的发展

学前儿童注意的发展水平直接影响其认知活动的效果。学前儿童已经能够根据一定的要求，长时间、有目的性地注意某些信息，并忽略与要求无关的信息。他们的有意注意能力得到了提高，并且还会采取一定的注意策略。然而，对于那些感兴趣的事物或新异的刺激，无意注意仍然发挥着重要作用。

一、注意的发生和发展

（一）新生儿注意的发生

新生儿（0～1个月）大部分时间处于睡眠状态，即便在非睡眠状态，其觉醒时间也非常短暂。有研究表明，90％的新生儿觉醒时间持续不到10分钟。即便觉醒时间短暂，新生儿也同样具有注意现象，其特征主要表现在以下两个方面。

1. 出现注意的最初形态——定向性注意

新生儿自出生起就具备注意的能力。例如，在安静的环境中，一声响动就会让新生儿停止吸吮，明亮的物体会吸引新生儿的视线停留。这些属于新生儿的无条件定向反射，即环境中的新异刺激引起新生儿相应的自主神经系统活动，并表现为外在的身体运动，包括血流、心率、汗腺分泌、胃的收缩和分泌、瞳孔扩大、脑电变化等。这种无条件定向反射可以说是原始的、初级的注意，即定向性注意，也是无意注意的最初形态。

2. 对刺激物表现出一定的选择性反应

虽然新生儿的注意大多是由外界刺激引起的，但他们并不是被动地等待刺激，也不是对所有外界刺激都做出反应，而是主动探索和发现信息，并对这些信息或刺激做出有选择的反应。研究人员利用范茨开创的视觉偏爱法进行了新生儿的视觉偏爱实验，结果显示：新生儿更偏爱简单明了的图形，对成形的图案注视的时间比不成形的图案更长；对人脸的注意多于对其他事物的注意。这表明新生儿已有了注意的选择性。

（二）婴儿注意发展的特征

满月后的婴儿，随着神经系统的迅速成熟，每天清醒的时间变长，睡眠与觉醒的周期更加规律，探索活动的机会增多。此时，婴儿的注意也迅速发展，并表现为注意选择性的发展，其基本特征如下。

1. 注意的选择性带有规律性的倾向

婴儿注意的选择性具有规律性的倾向，这些倾向主要体现在视觉方面。20 世纪 60～70 年代，人们运用视觉偏好法对婴儿注意的选择性进行了广泛研究，并总结了主要规律和特点，如图 5－1 所示。

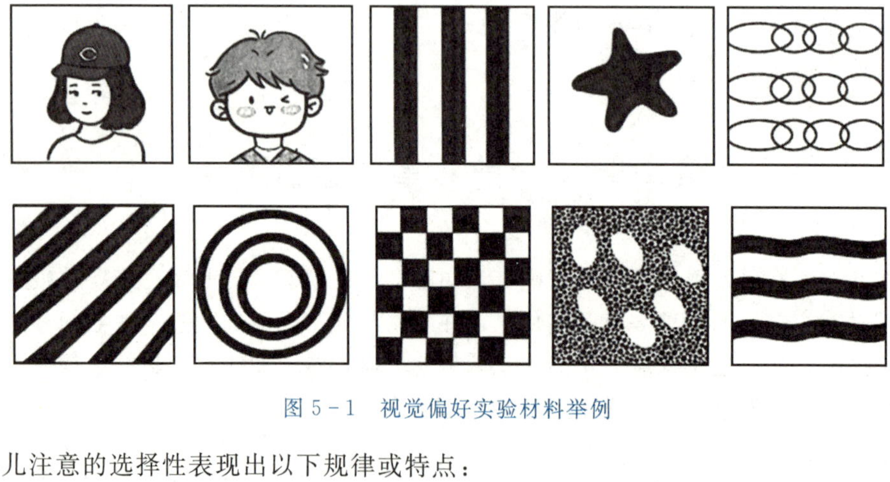

图 5－1　视觉偏好实验材料举例

婴儿注意的选择性表现出以下规律或特点：

（1）偏好复杂的刺激物多于简单的刺激物。

（2）偏好曲线多于直线。

（3）偏好不规则图形多于规则图形。

（4）偏好密度大的轮廓多于密度小的轮廓。

（5）偏好集中的刺激物多于分散的刺激物。

（6）偏好对称的刺激物多于不对称的刺激物。

（7）从注意局部轮廓向有组织地注意较全面的轮廓发展。

（8）从只注意形体外周向注意形体内部因素发展。

2. 经验在注意活动中开始发挥作用

3 个月以后，生理成熟对婴儿注意的制约作用已经不像以前那么重要，经验开始发挥作用；6 个月以后，婴儿对熟悉的事物会更加关注。这一特点在社会性方面表现得尤为明显，例如，婴儿会特别关注母亲和其他主要抚养者。

（三）1～3 岁儿童注意发展的特征

1 岁以后，儿童对客体永久性的认识日趋成熟，表象开始形成，逐步掌握语言，记忆迅速发展。这一系列认知能力的发展促进了先学前期儿童注意的进一步发展，表现出如下几个特点。

1. 对客体永久性的认识日趋成熟

此时的婴儿已经掌握了一个规律：两个物体不能同时处于同一位置，除非一个藏在另一个里面，否则它们就是同一物体。这种对物体永久性的认识，使婴儿的注意活动更加持久且具有目的性，不再受物体是否出现的影响。这也使得其注意活动更具探索性和积极主动性，直接经验的学习能力也迅速发展起来。

2. 注意的发展开始受言语的支配

言语的产生与发展使婴儿的注意活动进入了更高的层次。语词作为第二信号系统的刺激物，不仅能够引起儿童的注意，还支配着儿童注意的选择性。例如，当成人呼唤婴儿的名字时，婴儿会将注意集中在成人身上。这种对语词的理解，可以帮助婴儿发展更多的能力，如早期翻阅绘本、故事书，聆听儿歌、故事等，从而使婴儿的学习活动成为可能。

3. 注意的发展开始受表象的影响

当眼前的事物与已有表象出现矛盾或有较大差异时，儿童会产生注意。例如，有研究指出，当 2 岁儿童看见幻灯片中一个女巫把自己的头拿在手里时，超过 50%的被试者出现了心率减速，并产生了高度集中的注意。

4. 注意的时间延长，注意的事物增加

总体来说，3 岁前儿童注意的持续时间非常短暂，注意的事物也不多。然而，随着儿童活动范围的扩大和接触事物的增加，儿童在活动中注意的时间也有所延长。例如，2.5～3 岁的儿童，最多能集中注意 20～30 分钟。他们对自己喜欢的电视节目基本能坚持看完，并对周围生活中出现的各种事物表现出明显的关注。

（四）3～6 岁儿童注意的发展

3～6 岁儿童注意的特点是无意注意占优势地位，有意注意逐渐发展。

1. 无意注意的发展

3 岁以后的儿童，注意能力有了很大的发展，注意的范围有所扩大，注意的稳定性有所增强，但仍然以无意注意为主。这一时期的无意注意主要有以下三个特点：

（1）刺激物的物理特性仍然是引起无意注意的主要因素

强烈的声音、鲜艳的颜色、运动的物体、突然出现的刺激物或刺激物的显著变化等，都容易引起儿童的无意注意。例如，绘本中色彩饱和度较高、颜色对比鲜明的图画就容易吸引儿童的注意；教师讲故事时抑扬顿挫的声音变化也容易激发儿童的无意注意。

（2）兴趣和需要是引发无意注意的原因

学前儿童的生活经验逐渐丰富，产生了自己的兴趣爱好。因此，符合学前儿童兴趣爱好和需要的刺激物容易引起他们的无意注意。例如，有些学前儿童喜欢汽车，无论走到哪里，他们都会注意与汽车有关的事物；有些学前儿童喜欢芭比娃娃，绘本、动画片中以及橱窗里千姿百态的芭比娃娃都会吸引他们驻足观看。3～6岁的学前儿童开始表现出参与成人社会实践活动的愿望和需求，诸如妈妈的口红、维护交通秩序的警察、医生的听诊器等都会成为他们无意注意的对象。

（3）无意注意随年龄增长不断稳定和深入

3～4岁的儿童无意注意明显占优势，新异、强烈且活动多变的事物很容易引起他们的注意，但注意的稳定性较差，容易分散。

4～5岁的儿童注意范围更广，他们能够在自己感兴趣的活动中保持较长时间的专注，并且注意的集中程度较高。

5～6岁的儿童对于感兴趣的活动能够集中注意更长时间。他们关注的不仅仅是事物的表面特征，而是开始注重事物的内在联系和因果关系。

2. 有意注意的发展

儿童有意注意的形成大致经历三个阶段。首先，儿童的有意注意由成人的言语指令引起和调节。在儿童7～8个月之后，成人常常用言语指令来引导儿童的有意注意。例如，一位妈妈指着小汽车说："宝宝，看，小汽车。"这样的指令使得儿童的注意有了明确的目的，开始显现出有意注意的特征。其次，儿童通过自言自语来控制和调节自己的注意力。例如，儿童在绘画时可能会说："我要画小猫的胡子。"这样可以帮助他们集中注意力完成绘画。最后，儿童能够运用内部言语来控制和调节注意行为，从而集中注意力完成任务。

总的来说，幼儿期的有意注意仍处于发展的初级阶段，水平较低且稳定性差，需要依赖成人的组织和引导。在这一时期，幼儿有意注意的发展具有以下三个特点。

（1）有意注意受大脑发育水平的局限

有意注意是由大脑的高级部位——额叶所控制的。额叶的发展比大脑的其他部位要慢。到了学前期，额叶才开始有所发展，大约到7岁时才达到成熟水平。因此，3～6岁的儿童有意注意处于初步形成时期。一般而言，小班幼儿的有意注意只能维持3～5分钟，中班幼儿在无干扰的情况下，有意注意能维持10分钟，而大班幼儿的有意注意已经具有一定的稳定性和自觉性，注意集中的时间约能维持15分钟。

（2）有意注意受外部环境影响

3岁以上的儿童进入幼儿园的集体生活后，需要按照成人的指示完成各种任务。在遵守各项规则的过程中，儿童逐渐形成并发展自己的有意注意。此时，成人的引导对于儿童有意注意的发展起着重要的作用。首先，成人需要向儿童提出明确的任务，激发他们的动机，使其能够有目的地控制自己的注意力，并通过意志努力保持有意注意。例如，在讲故事之前，教师可以先提出问题，要求学前儿童在听完故事后回答问题，这样学前儿童在听故事时就更容易专注于教师的讲述。其次，成人可以通过言语组织学前儿童的有意注意。例如，在观察蚂蚁活动时，教师可以提示学前儿童观察“蚂蚁喜欢吃什么味道的食物”，从而引导他们集中注意力进行观察。最后，成人可以在学前儿童遇到困难时，有意识地采用一些方法来培养他们的有意注意。例如，通过语言提示或借助操作、肢体动作等方式来集中学前儿童的注意力。

（3）有意注意通过活动得以实现

在活动中，儿童能够专注于自己操作的材料，并表现出较高的热情。因此，成人可以利用儿童的这些特点，组织一些能引起他们兴趣的活动，创设良好的活动情境，使孩子在活动中不断提升自己的有意注意水平和时间，同时还可以纠正儿童一些容易分心的行为。例如，在“认识单双数”的教学活动中，教师可以提供雪花片、图片等操作材料，让学前儿童在操作中集中注意力，理解单数和双数的含义。

二、注意品质的发展

（一）注意的广度

注意的广度又称为注意的范围，是指在单位时间内能够清楚把握对象的数量。单位时间内能够把握的对象数量越多，注意的广度就越大。

注意的广度因注意对象特征的变化而有所不同。一般来说，注意对象的组合越集中、排列越有规律，且彼此之间能形成有机联系的整体，注意的范围就越大。如图 5－2 所示，形状、大小、数量相同且规则排列的对象，比大小不一、排列无序的对象更容易清晰把握。

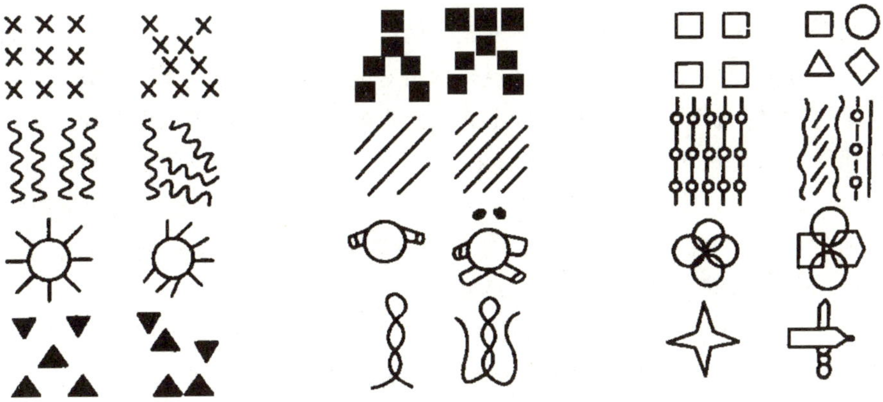

（1）排列的不规则性　　（2）材料的数量　　（3）成分的异质性

图 5－2　注意对象的特点影响注意广度

注意的广度还受到个体知识经验的影响。一般来说，个体的知识经验越丰富，整体知觉能力就越强，注意的广度也就越大。专业素养深厚的人在阅读专业资料时可以做到“一目十行”，而非专业人士即使逐字逐句阅读，也未必能正确理解。我们知道，围棋高手只需扫视一下棋盘，就能把握双方的形势和局面变化，这正是借助了良好的注意广度；而一个初学者由于经验欠缺，只能一部分一部分地关注棋势。

学前儿童的注意广度较小。在1/10秒的时间内，成人通常能注意到4～6个彼此没有关联的对象，而学前儿童最多只能看到2～4个对象。随着学前儿童年龄的增长、知识经验的积累以及生活实践的锻炼，他们的注意广度会逐渐扩大，直至达到成人水平。

在幼儿园组织活动时，教师需提出具体而明确的要求，以便儿童在活动中能够集中注意，不受干扰，并根据学前儿童注意的范围大小来设定适量的注意要求。在为学前儿童展示图片或其他直观教具时，教师应注意避免无关刺激的干扰，刺激物的数量不宜过多，应按规律整齐地排列，不可杂乱无章。要采用多种儿童喜爱的方式，丰富他们的知识经验，帮助他们拓展注意的广度。

案例分析

为什么幼儿没有全面回答教师一次性提出的三个问题？

在一次名为“比尾巴”的儿歌活动中，教师朗诵完儿歌后提问：“儿歌的名字叫什么？有哪些小动物？它们的尾巴是什么样子的？”幼儿回答：“猴子的尾巴长，弯弯的。”“我知道兔子的尾巴是小小的。”还有幼儿抢着说：“粗的，像绳子一样……”

（二）注意的稳定性

注意的稳定性也称为注意的持久性，指的是注意在同一对象或活动上保持的时间长短。注意持续的时间越长，其稳定性就越高。注意的稳定性是一种重要的注意品质，是幼儿进行有效游戏、学习等活动的基本保证。

学前儿童的注意稳定性与注意对象的特点及幼儿自身的状态均有关。一般来说，刺激的强度较大、持续时间较长，注意力就容易保持稳定。对于内容丰富、活动多样的对象，注意容易保持稳定；而对于内容单调、静止不变的对象，注意则难以保持稳定。但这并不是说事物越复杂、刺激越丰富，注意就越稳定。过于复杂、变幻莫测的对象反而容易使人产生疲劳，导致注意分散。有研究发现，在良好的教育环境下，3岁幼儿能集中注意3～5分钟，4岁幼儿能集中注意10分钟，5～6岁幼儿能集中注意约15分钟。如果教师组织活动得当，5～6岁幼儿可以集中注意20分钟。

同时，当人们身体健康、情绪良好、精力充沛时，他们会在学习和工作中全力投入，不知疲倦。相反，当一个人处于失眠、疲劳、疾病状态，或者情绪受挫的情况下，注意难以保持稳定，工作效率也会大大降低。

对于3～6岁的幼儿来说，注意的稳定性各不相同。适宜的活动方式以及新颖生动的对象，能够使他们保持相对较长时间的注意集中。有研究表明，游戏是儿童最感兴趣的活动形式。在游戏中，他们持续注意的时间远远超过从事不感兴趣活动的时间，注意的稳定性较高。因此，在幼儿园组织教育活动时，可以将教学内容融入游戏情境中，采用新颖多样、富于变化的教学方法进行教学，使学前儿童在玩中学到技能。同时，教师应选择难易适中的教育教学内容，过难或过易的内容都容易分散学前儿童的注意。

（三）注意的分配

注意的分配是指在单位时间内，将注意指向两种或多种不同的对象或活动。俗话说“一心不能二用”，是指注意不能分配。然而，在学习、工作和生活中，人们常常需要“眼观六路、耳听八方”，这就要求进行注意的分配。注意的分配是有条件的，其基本条件是同时进行的两种或多种活动中至少有一种非常熟练，甚至达到自动化的程度。例如，驾驶员在驾驶时，需要同时进行多种活动，包括双手操作方向盘、脚踩油门或刹车、双眼关注道路上的各种状况。这些注意的分配必须建立在驾驶员娴熟的驾驶技巧之上。

注意的分配能力是在后天的生活实践中训练和发展的。新生儿不具备注意分配的能力。婴幼儿在游戏活动中或与成人交往时，需要视觉、听觉、动觉的协调，同时也需要伴随记忆、想象、情感、意志等活动，这样注意分配能力才能得到发展。幼儿的注意分配水平较差，常常顾此失彼。例如，幼儿刚开始学习舞蹈时，往往注意手上的动作，脚步就乱了；注意脚的动作时，手上的动作就无法协调。在良好的教育条件下，随着年龄的增长，幼儿的注意分配能力逐渐提高。例如，3 岁的幼儿游戏时，往往只顾自己单独玩；4 岁的幼儿则可以和其他小朋友联合做游戏；而 5～6 岁的幼儿则能够注意到参加游戏的多个小朋友和丰富的游戏材料，从而进行分工合作。

培养学前儿童熟练活动技能是提高幼儿注意分配能力的重要途径。因此，教师应为儿童创造活动和锻炼的机会，让幼儿在各种活动中逐渐发展动作熟练能力，并通过运用多种感官协调活动，逐步培养他们的注意分配能力。

（四）注意的转移

注意的转移是指在任务过程中，主动且及时地将注意从一个对象或一种活动转移到另一个对象或另一种活动。这种转移反映了注意的灵活性。

注意转移会受到一些因素的影响，如原来注意的紧张程度。假如原来的注意紧张程度较高，而新的活动又不符合引起注意的条件，注意转移就会变得困难和缓慢。例如，当幼儿在户外活动中玩得非常投入时，要求他们立刻专心诵读，注意就不容易转移；但如果幼儿对正在进行的游戏感到有些厌烦，教师提出一个新的活动，幼儿就比较容易转移注意。此外，新事物的难易程度也会影响人们的注意转移。如果引起注意转移的事物较易被理解和接受，即便原来的活动吸引力很强，也能顺利且较快地实现转移。除此之外，还有其他一些影响因素，如神经过程灵活的人，其注意转移较快；反之则较慢。

值得注意的是，注意的转移不同于注意的分散。注意的转移是根据任务的需要，有目的地主动将注意转向新的对象，使一种活动合理地被另一种活动替代，是注意的积极品质；而注意的分散则是由于某些刺激的干扰，使注意离开需要持续关注的对象，不自觉地转移到与完成工作无关的活动上，是注意的消极品质。

随着幼儿年龄的增长，其言语调节能力、自制力的发展以及活动的有意性增强，幼儿转移注意的能力也逐步提高。幼儿年龄越小，注意转移得越慢。小班幼儿不太善于灵活地转移注意，以至于在转向另一个注意对象时，很难从原来的对象上移开；而大班幼儿则能够较为灵活地转移注意。因此，在幼儿园中，教师应帮助儿童养成良好的生活习惯，保持规律的作息。在组织活动时，教师应以生动的方式引入主题，使儿童能够及时将注意转移到当前活动中。

第二节　学前儿童注意分散的原因和防止措施

对学前儿童而言，注意的集中不仅能使他们从周围环境中获取更清晰、更丰富的信息，而且是他们在活动中成功完成任务的必要条件。研究表明，在活动中经常获得成功的往往不是智商很高的儿童，而是注意发展水平较好的儿童。然而，由于学前儿童的身心发展水平有限，他们不善于控制和调节自己的注意，因此在活动中很容易分散注意。

一、学前儿童注意分散的原因

（一）外界环境的干扰

尽管学前儿童的有意注意已经开始萌芽，但仍然以无意注意为主。他们很容易被新奇、多变或强烈的刺激物所吸引，从而干扰他们正在进行的活动。例如，如果幼儿园活动室的布置过于烦琐、杂乱，装饰物更换得过于频繁，老师的教具设计得过于有趣，甚至教师的仪表不整洁，穿着过于新奇、艳丽，这些过多的无关刺激都可能会分散幼儿的注意。

（二）疲劳

学前儿童的神经系统功能尚未充分发展，其耐受力较弱。长时间处于紧张状态或从事单调、枯燥的活动，大脑就会出现“保护性抑制”。最初，幼儿会表现出精神状态不佳、打哈欠，随之注意开始涣散。此外，学前儿童作息不规律、睡眠不足也容易导致注意力不集中。因此，幼儿园的活动安排应劳逸结合、动静交替，避免幼儿过度疲劳。幼儿家长也应科学安排幼儿的生活作息，晚上督促幼儿按时早睡，确保幼儿精力充沛，不应让幼儿长时间看电视或玩耍，以免导致睡眠不足，从而影响第二天的精神状态，无法集中注意参与各种活动。

（三）教学目的不明确，教学内容和方法不符合幼儿特点

如果教师不能对幼儿提出明确的活动要求，幼儿就不知道自己要做什么，从而无法积极投入到活动中。例如，教师在带领小朋友参观种植区时，如果只是说“小朋友看一看吧”，幼儿可能会一会儿看看茄子，一会儿瞅瞅辣椒，甚至可能被一只虫子吸引；但如果教师说“小朋友看看茄子和辣椒的叶子有什么不同”，幼儿就会集中注意进行观察。

教学内容过难或过易都会分散幼儿的注意。“过难”，幼儿可能因为“听不懂”“不理解”而丧失兴趣和积极性，从而分心；“过易”，则会因缺乏挑战性而无法吸引他们的注意。

教学过程缺乏变化、教育方法单一、对幼儿管控过严，以及幼儿缺乏动手操作和参与活动的机会等，都会分散幼儿的注意。

（四）活动组织不合理

注意转移的能力尚未充分发展，幼儿常常不能根据活动的需要及时将注意转移到当前应进行的活动上，这是幼儿注意分散的另一个重要原因。例如，集体教学活动已经开始了，但有些幼儿仍在想着玩有趣的游戏。如果活动安排不合理，将紧张度高或幼儿特别感兴趣的活动安排在前面，幼儿就更难将注意及时转移到后面的活动上，容易导致注意分散。因此，幼儿园教师在安排活动时一定要注意活动的先后顺序。

（五）缺乏兴趣

幼儿喜欢参与某项活动，首先取决于这项活动是否符合他们的兴趣和需要。对于那些幼儿不感兴趣的活动，他们不会主动参与，即使参与了，也很难保持热情，无法专注于所从事的活动中。

知识拓展

注意缺陷障碍

注意缺陷障碍（ADHD），又称儿童多动综合征，简称多动症。该障碍多发于儿童学前期，活动量过多是其明显症状之一。注意缺陷障碍表现为多动、注意力不集中、参与活动能力差，常伴有认知障碍和学习困难，但智力基本正常。注意缺陷障碍若得不到适当治疗，对儿童的学习能力、与朋友及家人的关系会产生不良影响。

二、学前儿童注意分散的防止措施

根据上述引起幼儿注意分散的原因，结合幼儿园和家庭教育的实际情况，可以从以下几个方面防止幼儿注意分散，培养幼儿积极的注意品质。

（一）排除无关刺激的干扰

为避免外界环境的干扰，应为学前儿童营造安静、简洁的环境。例如，教室周围的环境应尽量保持安静；教室的布置应整洁优美，不可过于花哨；教具的使用应围绕教学内容，服务于教学目标，不可过于新奇；教具的展示时间应合适，不要过早展示，用完后应及时收回；教师的衣着应朴素大方。当发现个别幼儿注意分散时，教师应机智处理，以免干扰其他小朋友。

（二）保持良好的精神状态，避免过度疲劳

保持学前儿童良好的精神状态，可以采用无意注意和有意注意交替使用的方法。在学前儿童保持一定时间的有意注意之后，通过无意注意来激发他们的兴趣，这样既可以避免学前儿童因耗费大量体力和精力而产生疲劳，又可以在兴趣的吸引下保证活动的顺利进行。因此，教师要向幼儿提出明确的要求和具体的任务，引导幼儿主动集中注意。此外，

还要强调的是，在学前儿童阶段，必须保证儿童有规律的作息和生活习惯，使他们劳逸结合。这不仅是保持注意的基本条件，也是影响学前儿童生长发育的重要因素。

（三）改进教学内容与方法，提高教学质量

高水平的教学是吸引幼儿注意的“磁铁”，也是预防幼儿注意分散的根本保证。教师选择的教育内容应符合幼儿的兴趣，紧贴幼儿的生活，并遵循维果茨基提出的最近发展区理念，略高于幼儿的认知发展水平，不可过难或过易。教学方式应游戏化、生活化，为幼儿创造动手操作和多感官参与的机会，使他们体验到参与活动的乐趣。教学方法应适时变换、灵活多样，采用幼儿喜闻乐见的方式来吸引他们的注意。

（四）根据学前儿童的兴趣和需要组织活动

学前儿童对事物的兴趣越浓，其稳定、集中的注意力就越容易形成。因此，幼儿园组织的活动需要结合学前儿童的兴趣和需要，一方面有利于他们积极主动地参与活动，另一方面有利于他们注意的保持。幼儿园教师可以利用儿童喜欢听故事、玩游戏的特点来组织活动。例如，可以通过讲故事的方式向儿童传授四季变化的常识，或者通过拍球数数的游戏帮助他们掌握十以内数字的概念。

（五）引导幼儿主动参与活动，动手动脑

教学活动应体现以幼儿为本的基本理念，把幼儿作为教学活动的主体。教师要扮演好引导者、支持者和观察者的角色，引导并鼓励幼儿积极参与活动，为他们创造动手动脑的机会，将智力活动与动手活动、体验活动充分结合。通过手脑并用、动静结合的方式，既能吸引幼儿的注意力，防止长时间单一活动引起的疲劳，又能促进幼儿智力发展，培养动手能力，可谓一举多得。

（六）养成良好的注意习惯

在儿童早期教育中，成人应积极培养幼儿的专注力。这要求家长在孩子进行学习或其他需要集中注意力的活动时，避免不必要的打断或干扰。家长应避免在孩子专注时提出喝水或帮忙做事等要求，以免破坏孩子的注意力。通过这种教育方式，儿童能够在一个安静且无干扰的环境中，逐步发展出持续集中注意力的能力，为今后的学习和生活打下坚实的基础。

教育者和家长可以通过实施有针对性的注意力训练，以及确立明确的活动目标和要求，有效防止学前儿童注意分散。这种系统化的方法有助于引导儿童专注于当前任务，从而在日常生活和学习中逐步培养他们的专注力，提高学习和活动的质量。

知识拓展

发展幼儿注意的游戏举例

1. 游戏名称：玩纸片

游戏目的：锻炼注意的高度集中和快速反应能力。

游戏玩法：首先取三张不同的图片，随意排列在桌上。从左到右选取一张需要记住的图片，让幼儿盯住这张图片，然后将三张图片倒扣在桌上。家长随意更换三张图片的位置，让幼儿指出所选的那张图片在哪里。如果他猜对了，就算胜利，两人轮流进行游戏。随着能力的提高，家长可以增加难度，比如增加图片的数量、改变图片位置的次数以及提高变换图片的速度。

2. 游戏名称：萝卜蹲

游戏目的：训练注意的敏捷性。

游戏玩法：将孩子分成人数相等的三组，一组代表红萝卜，一组代表白萝卜，一组代表黄萝卜。老师喊口令："红萝卜蹲，黄萝卜蹲，白萝卜不蹲。"被叫到的那一组要快速蹲下；如果叫到另一组，前一组的孩子要快速站起。未按口令动作的算失败（也可以由孩子来发令）。

儿童心理探索：学前儿童对注意的认识实验

一、实验介绍

2003年，迈克尔·托马塞洛（Michael Tomasello）和凯瑟琳·哈伯尔（Katharina Haberl）对若干名1～1.5岁的儿童进行了一项关于元注意的研究。该研究解释了儿童对成人注意的理解。

（一）实验设计

1. 实验对象

在德国一个中等规模城市中抽取了72名儿童，其中24名儿童18个月大（11名女孩，13名男孩），28名儿童12个月大（15名女孩，13名男孩）。由于儿童自身的因素或实验者的问题，只有7名18个月大和13名12个月大的儿童未能完成实验。在18个月大的研究对象中，有三分之二的儿童参与了日托中心。

2. 实验准备

所有的儿童在实验开始之前都会被问一个"热身问题"，以了解他们在实验后能够很好地理解要问的问题。实验者会要求儿童说出放在托盘内的三个物体的名称，它们分别是球、玩具车和玩具熊。已有研究表明，大多数儿童在这个年龄阶段都能识别这些物体的名称。

3. 实验程序

实验对象首先在日托中心的一个安静的房间里进行15～20分钟的"热身对话"。之后，两名成年女性（实验者1和实验者2）坐在桌子旁，每人与儿童玩1分钟的游戏（不与儿童进行语言交流），各自使用一个玩具。实验者将玩具放到离桌子较远的，且这些孩子可以看到但无法触碰到的地板上。此时，实验者1因为需要处理一些事情而离开房间，实验者2

说："哦，她走了，她无法看到我们。但这并不重要，我们继续玩吧。"然后，她会拿出第三个玩具，同样与孩子共同玩耍1分钟（没有语言交流）。之后，她也将这个玩具放在地板上，并说："现在我们只是把它放在这里。"实验者1返回时，实验者2将第三个玩具从地板上拿到桌子上，放在靠近儿童但他们仍然够不到的地方。这时，实验者1惊呼："哇！好棒！看看那个！把它给我吧，谢谢。"如果需要，这句话可以重复三遍。需要强调的是，实验者1并没有将目光固定在第三个玩具上，她只是大致地朝摆放三个玩具的方向望去。

为了控制实验流程，除实验者1事实上并没有离开房间外，其他条件都会被控制为相同的因素。实验者1只是简单地宣布她要离开，走到离儿童两三米远的摄像机旁，站在那边观察实验者2与儿童一起玩第三个玩具。当实验者1回来并对第三个玩具表示惊讶与惊喜之后，所有18个月大的儿童都会回应她的要求，把第三个玩具交给实验者2。约56%的12个月大的儿童也做出了同样的回应，但也有一些儿童只是为自己去拿玩具，没有交给实验者1。

二、实验结果

1. 实验结果测评标准

儿童是否会将玩具递给实验者。

2. 实验结果

在该研究中，18个月大的儿童能够在听到请求时，通过对个体日常行为的认识或者以往的经验，来判断成人的注意和目标。具体而言，他们能够理解成人想要的是哪个玩具。人们通常会更加注意新出现的事物，并对其表现出强烈的好奇心。由于实验者1在第三个玩具被介绍时走出了房间，因此这个玩具对她来说是新的。

12个月大的儿童的行为表现并不明确，但在实验条件下，他们的反应仍然高于随机条件，这可能暗示他们注意到了成人的指示。问题在于，在控制条件下，他们选择第三个玩具的概率仍然相对较高。因此，12个月大的儿童可能认为实验者更倾向于选择最后一个看到的玩具。这可能是因为即使在控制条件下，第三个玩具也容易成为目标对象，或者是因为儿童由于其他原因被最后一个玩具吸引了注意。

三、教育启示

（一）意识到并尊重学前儿童的元注意能力

从研究结果中可以看出，学前儿童能够通过成人的情感表达和语言准确把握成人的意图，而不仅仅是简单地理解成人看着什么就喜欢什么。这显示了学前儿童元注意能力的发展，表明他们具备识别成人注意来源的能力。成人应充分认识到学前儿童已经具备了这样的能力，并认可他们拥有这种复杂心理的能力。

（二）在互动中促进学前儿童元注意能力的发展

在教养的过程中，成人可以在互动中促进学前儿童元注意能力的发展。成人可以为学前儿童提供多种与外界和他人交往的机会。在交往过程中，可以教导学前儿童多关注他人的情感和表情，帮助他们通过观察了解他人的想法。当儿童专注于某件事物时，成人应尽可能地减少打扰。

本章小结

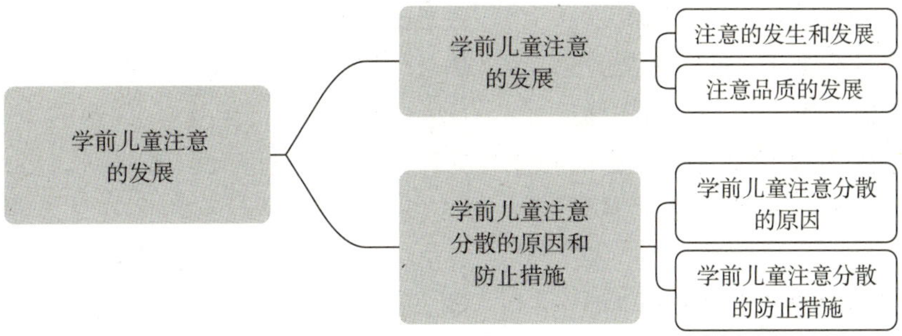

课后思考与练习

一、单选题

1. 原始的注意行为是(　　)。

A. 无条件定向反射　　B. 注意预期性的出现

C. 选择性注意　　D. 条件反射的出现

2. 3～6 岁幼儿注意发展的特征是(　　)。

A. 无意注意占优势　　B. 有意注意占优势

C. 注意的发展不受语言支配　　D. 有意注意和无意注意均衡发展

3. 小班集体教学活动一般都安排在 10～15 分钟左右，是因为幼儿的有意注意时间通常是(　　)。

A. 20～25 分钟　B. 3～5 分钟　C. 15～18 分钟　D. 10～12 分钟

4. 有预定目的、需要一定意志努力的注意，称为(　　)。

A. 无意注意　B. 不随意注意　C. 有意注意　D. 有意后注意

5. 教师在讲故事时，通过抑扬顿挫的声调变化容易吸引小朋友的注意，这说明(　　)引发无意注意的条件。

A. 刺激物的新颖性　　B. 刺激物的强度

C. 刺激物的运动变化　　D. 刺激物的美感

6. 天空中过往飞机的轰鸣引起学前儿童的注意，这是(　　)。

A. 有意注意　B. 无意注意　C. 两者均有　D. 选择性注意

7. 游戏时，刚开始晓晓把自己当成布娃娃的妈妈，耐心地给布娃娃喂饭。但当她转身发现其他小朋友正在沙坑里搭建小花园时，她就跑到沙坑里去玩了。这说明(　　)。

A. 幼儿注意的转移能力较好　　B. 幼儿注意的稳定性较差

C. 幼儿注意的分配能力较好　　D. 幼儿注意的广度扩大

8. 幼儿认真、完整地听完教师讲的故事，这一现象反映了幼儿注意的(　　)特征。

A. 注意的选择性　B. 注意的广度　C. 注意的稳定性　D. 注意的分配

9. 小班幼儿刚开始学跳舞时，注意到脚的动作，双手就一动不动；注意到手的动作，脚步就乱了。这是因为该阶段幼儿(　　)不成熟造成的。

A. 注意的广度　　B. 注意的稳定性

C. 注意的分配　　D. 注意的转

10. 一次户外活动中，老师让小朋友们寻找隐藏在草地里的彩色小球。小杰很快发现了一颗红色小球，并兴奋地大喊起来。小杰的这一行为最可能受到了哪种因素的影响？(　　)

A. 周围环境的噪声水平　　B. 小杰的个性和兴趣

C. 老师的指导语　　D. 刺激物的物理特性

二、论述题

请举例分析引起幼儿注意分散的原因，教师应如何培养幼儿的注意。

三、材料分析题

1. 为了使课堂更加吸引人且易于理解，刘老师在上课时特意带来了各种直观的教学辅助工具，包括实物、图片和模型等。她将这些教具分别摆放在课桌上和挂在黑板上，她认为这样的安排能取得很好的教学效果。然而，实际效果却出乎意料。请根据学前儿童注意特点的相关知识，分析这种情况产生的原因。

2. ××幼儿园新来了一位实习教师，他主要负责教授小班的音乐课程和中班的绘画课程。他计划在音乐课上以示范为主，每15分钟休息一次；在绘画课上，他主要指导孩子们画太阳，每20分钟休息一次。尽管他做了很多准备工作，但教学效果并不理想。有的孩子在讲话，有的离开教室，不遵守他的指导，这让实习教师感到非常沮丧。

(1) 请分析造成这种情况的原因。

(2) 为了改善教学效果，请提出改进建议。

第六章　学前儿童记忆的发展

本章要点

1. 掌握学前儿童记忆的发展特点；
2. 理解学前儿童记忆中容易出现的问题，并掌握相应的教育措施；
3. 能够根据幼儿记忆发展的特点培养幼儿记忆力。

导学案例

在日常生活中，我们经常发现，幼儿园教师花费很大力气去教幼儿背诵一首歌谣，但孩子们仍然不能完全记住。然而，他们在电视上看到关于儿童食品的广告时，只需一两次就能对广告词熟记于心。

如果学前儿童记忆的内容均是语词材料，他们容易记住形象生动的词语，而不容易记住抽象的语句。例如，幼儿对"火红火红的太阳"会记得更好，而不容易记住"红彤彤的太阳"。

上述情况到底是怎么回事呢？我们在学习了学前儿童记忆的发展内容后，可以借助相关知识阐释以上现象。

第一节　学前儿童记忆的发展

记忆是指人脑对过去经验的反应，包括识记、保持和再认与再现（回忆）这三个环节。

一、0～1 岁婴儿记忆的发生与早期表现

（一）胎儿期的听觉记忆

7～8 个月的胎儿已经出现听觉记忆。将胎儿时期母亲的心跳声记录下来，并在新生儿出生后不久播放给他们听时，新生儿能够安静下来，这说明新生儿记住了胎儿时期母亲的心跳声，产生了一种熟悉的感觉。

（二）新生儿期的条件反射及习惯化

新生儿会对喂奶姿势形成条件反射。在大约10天时，婴儿会记忆母亲喂奶的姿势，以后只要呈现出喂奶的姿势，新生儿就会表现出吮吸的动作，即使没有接触到乳头。这表明新生儿对喂奶姿势形成了条件反射，即对某种特定的刺激表现出某种稳定的行为反应。这说明婴儿已经对哺乳姿势有了再认。

新生儿对反复出现的刺激物会表现出习惯化的行为。人生来就具备无条件定向反射，即对新异刺激会注意一段时间。随着刺激物反复出现，新生儿对其注意的时间会减少，甚至不再关注。这表明新生儿已经记住了这些刺激物的特征，刺激物不再具有新异性，因此不再引起注意。

（三）婴儿期的认生与客体永久性

约6个月的婴儿会出现认生现象。认生表现为婴儿只愿意亲近熟悉的面孔，对陌生人感到恐惧。这说明婴儿已经对人脸有了记忆，可以再认人脸。

9～12个月的婴儿建立了客体永久性，即当事物不在眼前时，婴儿能够意识到该事物仍然存在。因此，这一时期的婴儿在发现自己注意到的物体消失时会进行寻找，正是对物体的记忆支撑了婴儿寻找的行为。

总的来说，从胎儿期到婴儿期，人类的记忆力主要表现为再认能力；在婴儿期末期，具备初步的再现能力。从胎儿期开始的听觉再认，到新生儿期哺乳姿势的动作再认，再到6个月左右的人脸再认。

二、1～3岁学前儿童记忆的形成

1.5～2岁的先学前儿童可能会出现延迟模仿行为。例如，2岁左右的幼儿可能在看到娃娃后，会模仿母亲照顾自己的行为来照顾娃娃，比如给娃娃喂水。幼儿延迟模仿行为的出现需要回忆（再现）的支撑，这表明此时期幼儿的记忆能力已基本形成。

三、3～6岁学前儿童记忆的发展

（一）学前儿童记忆保持的时间逐渐延长

记忆保持的时间随着年龄的增长而延长。这可以通过记忆的潜伏期来观察。记忆的潜伏期是指从识记到能够再认或再现之间的时间，如表6-1所示。

表6-1 学前儿童记忆保持时间的变化

年龄 / 时间	1岁左右	2岁左右	3岁左右	4岁左右	7岁左右
再认潜伏期	几天	几周	几个月	1年	3年
再现潜伏期	—	几天	几周	几个月	1～2年

记忆保持时间的发展中有两个独特的现象。

1. 幼年健忘

3 岁以前的事情一般很难永久保存，而 3 岁之后发生的事情才能被长时间保存，甚至终生难忘。这种现象被称为“幼年健忘”。研究表明，该现象的发生与脑区的发展顺序相关。先发展的脑区被后发展的脑区控制，导致之前的记忆被覆盖，使人难以回忆 3 岁之前发生的事情。

2. 记忆回涨

记忆回涨是指在一定条件下，学习后经过几天测得的保持量高于学习后立即测得的保持量。研究表明，这一现象在小班幼儿身上体现得尤为明显。例如，我国学者洪德厚曾让小班、中班、大班幼儿识记故事，之后分别间隔 3 天、7 天、14 天检查记忆保持量，结果见表 6－2 所列。

表 6－2　不同时间、年级幼儿记忆保持量

时间、年级	间隔 3 天	间隔 7 天	间隔 14 天
小班	100	137.58	132.14
中班	100	102.10	106.96
大班	100	103.19	91.64

产生记忆回涨现象的原因有两个：一是幼儿的脑神经发育尚不完善，容易疲惫，大量的记忆刺激会导致脑神经负担过重，从而转为抑制状态，无法立即进行回忆；二是与成人相比，幼儿的信息加工能力有限，需要较长时间来消化相关内容，因此立即回忆较为困难。

（二）无意记忆占优势，有意记忆逐渐发展

根据记忆的目的性和自觉性，可以将记忆分为无意记忆和有意记忆。无意记忆指无明确目的且不需要意志努力的记忆，例如童年时在游乐场玩耍的回忆。有意记忆则指有明确目的并需要意志参与的记忆，例如背诵某篇课文。

1. 无意记忆占优势

无意记忆的效果优于有意记忆。学前儿童的心理活动中的有意性在逐渐发展，但水平较低，记忆也不例外。学前儿童记住的内容多半是在日常生活和游戏中进行的。尤其在记忆初期，记忆的自觉性较差，难以按照记忆要求进行，记忆效果主要取决于事物本身的新奇性、生动性和形象性。另外，幼儿对感兴趣的事物及情绪体验深刻的事物，记忆效果也更好。苏联心理学家陈千科曾进行过一项测试有意与无意记忆效果的实验，他在实验桌上画了一些假设的厨房、花园、卧室等，要求幼儿用图片在桌上做游戏，并将图片放在实验桌相应的位置上。图片共 15 张，内容都是儿童熟悉的物品，如水壶、苹果、狗等。游戏结束后，要求儿童回忆所玩过的东西，以测查其无意记忆的效果。另外，在相同的实验条件下，要求儿童进行有意记忆，记住 15 张图片的内容。结果表明，幼儿中期和晚期的记忆效果都是无意记忆优于有意记忆。3 岁幼儿并未真正接受记忆任务，基本上只有无意记

忆。到了小学阶段，有意记忆才赶上无意记忆，并逐渐超过无意记忆。

无意记忆的效果与以下因素有关。

（1）记忆材料的性质

外观具体形象、颜色鲜明的材料，以及运动中的物体，更容易引起幼儿的注意，因此幼儿在无意中更容易记住这类材料。

（2）记忆主体的兴趣和情绪状态

幼儿对感兴趣的内容，以及在情绪状态良好的情况下，更容易记住信息。

2. 有意记忆逐渐发展

有意记忆是在教育条件下产生的。例如，游玩动物园后，家长可能会问："你在动物园看到了哪些动物？哦，看到了长颈鹿，它在吃树叶，对吗？哦，还看到了熊猫。"老师在进行语言教育活动时，会要求幼儿自主回忆并讲述故事的内容。这些活动都在无形中促进了幼儿有意记忆的发展。

有意记忆随着年龄的增长而增强。有一个实验要求幼儿按照要求到"商店"去买皮球、牛奶、铅笔、娃娃、糖果等5样东西。结果表明：3～4岁的孩子走到"商店"后，就认为任务已经完成，既没有事先有意地记住要"买什么"，到"商店"时也没有努力回忆应该做什么；4～5岁的孩子来到"商店"时能迅速地复述要买什么，不过如果遗忘了就不再设法回忆；5～6岁的孩子在接受任务时会要求老师把任务交代得慢一点，而且边听边轻声重复，如遗忘了就请求成人提示。这是有意记忆的明显表现。

有意记忆的发展与幼儿对记忆内容的意识及活动动机息息相关。在游戏中，幼儿的有意性和积极性显著提高。例如，在角色扮演游戏中，为了成功扮演医生，幼儿会在游戏前积极记住医生需要使用的材料及医生的职责。

（三）记忆策略在发展

记忆策略是指能够自觉运用并有助于完成记忆任务或提高记忆效果的措施和方法。记忆策略的掌握与记忆态度的形成有密切的联系。只有在明确记忆目的和任务后，记忆的主体才能产生对记忆策略的需求。儿童常用的记忆策略包括自我复述或反复背诵、使记忆材料系统化、间接意义识记等。

1. 自我复述或反复背诵

幼儿早期有意识记忆水平较低，因此缺乏记忆策略意识。幼儿晚期的儿童常采用死记硬背、机械重复的方法来提高记忆效果。美国心理学家弗拉维尔等人对5岁、7岁、10岁儿童的复述策略进行了研究。他们从60所公立学校中随机抽取5岁儿童、二年级学生和五年级学生各10人，要求被试者从展示的7张图片（具体物体）中记住指定的3张图片。具体过程是先给被试者按一定顺序展示7张图片，主试者依次指出3张图片要求被试者记住。间隔15秒后，重新呈现被打乱顺序的那7张图片，要求被试者指认出前面主试者曾指定的3张图片。在此过程中，观察儿童的唇动，以唇动次数作为儿童复述的指标。研究结果表明，5岁儿童中有10%显示复述行为，7岁儿童中60%有复述行为，10岁儿童中达到85%。在每一个年龄组中，使用自发复述策略的儿童记忆效果优于不进行复述的儿童。

2. 记忆材料系统化策略

幼儿进入中期后，能够根据材料的内容，利用已有经验自觉进行加工整理（如发现材料的组合规律、分类、联想等）。例如，当让幼儿记住多张不同类别的图片时，他们会在识记的过程中将图片进行分类，并自言自语："苹果是水果，梨也是水果；桌子是家具，熊猫是动物……"

幼儿在晚期能够对材料进行仔细思考，找出材料组成的内在规律。例如，让一个6岁的幼儿在1分钟内正确记住17位数字：81726354453627189。经过思考后，他发现每两个相邻数字之和都是9，去掉最后一个数字，其余的数字排列都是对称的，因此他很快就记住了这一串数字。

（四）形象记忆占优势，语词记忆逐渐发展

学前儿童的直观形象记忆占优势，而语词逻辑记忆水平相对较低。随着年龄的增长，语词逻辑记忆逐渐发展，并逐步占据主导地位。形象记忆是指以感知过的事物形象为内容的记忆，如对事物形状、大小、颜色、声音、气味等具体形象的记忆。语词逻辑记忆是指以语词所概括的抽象思维结果为内容的记忆，如对判断、概念、推理的记忆。有人对儿童的形象记忆和语词记忆效果进行了比较研究，让3～7岁的儿童分别记住10个熟悉的具体物体形象和10个熟悉物体名称的语词。研究结果见表6-3所列。

表6-3　儿童形象记忆与语词逻辑记忆效果的比较

年龄（岁）	平均再现量		
	物体形象	语词	两种记忆效果比较
3～4	3.9	1.8	2.1∶1
4～5	4.4	3.6	1.2∶1
5～6	5.1	4.6	1.1∶1
6～7	5.6	4.8	1.1∶1

语词记忆与形象记忆的差异会随着年龄的增长逐渐缩小。随着年龄的增长，形象和语词在学前儿童的大脑中并不是单独起作用的，而是两者之间存在密切联系。一方面，幼儿在记住语词名称的同时，大脑也会对该物体的形象进行加工，从而记住形象。因此，语词成为该物体形象的信号，语词和形象密不可分。

（五）较多采用机械识记，但意义识记效果更好

与成人相比，学前儿童更多地采用机械记忆。由于学前儿童生活经验不足，难以理解需要记忆的新材料，且记忆策略有限，因此只能死记硬背和机械重复，以机械记忆为主要方法。年龄越小，这种现象越明显。

幼儿期也存在意义识记。当幼儿识记与自己经验相关的事物时，常常运用意义识记，并且意义识记的效果远远优于机械识记。有学者曾经进行过这样一个实验：让4～7岁的儿童识记两类图片。一类是日常生活中熟悉的物体图形，如西瓜、熊猫等，另一类是不知名称的不规则图形。结果见表6－4所列。研究表明，儿童对第一类图片的正确再现率高于第二类。

表6－4 儿童意义识记和机械识记效果比较

年龄		4岁	5岁	6岁	7岁
正确再现率%	Ⅰ 物体图形	47	64	72	77
	Ⅱ 规则图形	4	12	26	48

（六）记忆不精确

学前儿童记忆的精确性是记忆发展的标志之一。学前儿童记忆的精确性较差。

1. 记忆不完整

记忆的精确性是在精细加工的基础上实现的。儿童对简单、熟悉的材料加工会容易些，而对复杂、生疏的材料则容易遗漏和歪曲。例如，一个中班的孩子回家对妈妈说："幼儿园的围墙倒了，压了许多小朋友，他们被送到医院去了。"第二天，孩子的妈妈关切地向老师问起这件事，老师说："墙没有倒啊！"那么到底是怎么回事呢？原来幼儿园内要进行基建，为了不影响幼儿出入大门，就在院子旁边破开了一截围墙，便于工程车出入。该孩子看到这截缺口，就说成了前面的"事实"。

2. 易受暗示

学前儿童容易受到暗示。在一项实验中，研究者让一名叫斯顿的男子随意参观某托儿所。斯顿评论了孩子们读过的故事，然后在教室里闲逛，最后挥手告别并离开。看到这些事件的一组儿童在斯顿参观托儿所之前多次被告知他是"坏人"，并且被故意暗示：斯顿会抢一本书并弄脏泰迪熊。四周之后，研究者对这些儿童进行了访谈。结果表明，在听过斯顿故事并受到错误暗示的这组儿童中，约50%的3岁和4岁儿童以及30%的5岁和6岁儿童向访谈者报告了斯顿抢书和弄脏泰迪熊的事件。相比之下，没有被给予偏见信息或错误暗示的控制组儿童则提供了客观真实的报告。

3. 容易混淆

幼儿容易将想象与现实混淆，经常把想要的东西说成已经得到。例如，一个小女孩期待有一个漂亮的粉红色蝴蝶发卡，但由于家里发卡太多，妈妈没有答应给她买。可是，有一天，她对同学说："我有一个粉红色的蝴蝶发卡，漂亮极了！"同学追问："在哪里呢？让我看看可以吗？"这个小女孩立刻回答："在家呢！我妈妈不让我戴。"强烈的情绪加上反复的想象，加深了幼儿头脑中的印象，以至于她自己也分不清哪个是虚构的，哪个是事实。对于这种情况，成人不应武断地认为幼儿在撒谎并批评她们，而应耐心地帮助幼儿分清想象与现实。

第二节 学前儿童记忆的培养

一、正确认识学前儿童的记忆能力，对儿童提出合理要求

幼儿的记忆通常以无意记忆为主，记忆内容零碎，缺乏记忆策略，导致记忆能力有限。然而，一些家长或老师不顾幼儿的记忆特点，用成人的标准要求幼儿记忆难以掌握的内容，这不仅是强人所难，还会挫伤幼儿的学习积极性和自信心，对幼儿的发展极为不利。

二、明确记忆目的和任务，增强记忆的积极性

有意记忆的条件是有目的地记住某样东西。学前儿童的记忆特点以无意记忆为主。为了提高学前儿童的记忆效果，需要让他们明确记忆的目的和任务。例如，走完楼梯后问儿童有多少个台阶，他们通常不知道。但是，如果对儿童说："数数台阶有多少个，好去告诉外婆"，学前儿童就会记住。明确记忆的目的和任务可以提高大脑相关区域的兴奋性，形成优势兴奋中心，从而记得更加牢固。

三、培养学前儿童的学习兴趣

学前儿童的记忆效果与其情绪状态密切相关。如果学前儿童被迫学习且缺乏自信，学习的积极性将大大降低，记忆效果自然会更差。因此，我们应激发学前儿童的学习兴趣，鼓励他们的每一点进步，从而提高大脑相关区域的兴奋性，形成优势"兴奋灶"。

四、记忆材料生动形象

学前儿童的记忆内容主要以感知到的具体形象为主，而思维则以具体形象思维为主。因此，所需记忆的内容必须是具体形象，这样学前儿童才能理解，并产生兴趣进行记忆，从而实现有意义的识记。对于抽象事物，纯语言文字的记忆对学前儿童来说相对困难，只能通过机械记忆的方式进行，记忆效果不如有意义的识记。

五、在活动中进行记忆，多种感官参与

记忆并不是孤立的心理活动，它通常包含复杂的思维过程。在活动中，通过多种感官参与来充分感知记忆材料，再加上积极的思维活动，能够更好地掌握和理解记忆内容，从而记得更牢固、更迅速。例如，在"医院"角色扮演游戏中，学生通过感知医生需要使用的具体医用器具，模拟医生为病人把脉和看病，体验医生为病人看病的心路历程。在这种实际的活动中，儿童更容易记住医用器具的具体操作方法和看病的流程。

六、教给幼儿记忆方法

记忆策略是影响记忆效果的重要因素。幼儿记忆效果不佳的原因之一是对需要记忆的

内容缺乏意识，另一原因是不知道如何去记忆。因此，在日常的教育过程中，教师或家长可以有意识地引导幼儿运用记忆策略进行记忆，如复述策略和记忆系统化策略，帮助他们提高记忆效果。联想记忆法、谐音记忆法、形象记忆法等记忆材料系统化策略都可以让儿童在充分理解记忆内容后进行有意义识记。

七、根据遗忘规律合理复习

记忆的关键在于保持时间，能够迅速准确地再认，甚至是再现。记忆的反面是遗忘，防止遗忘的最基本方法是合理有效地安排复习。

复习时间需要根据遗忘规律来安排。根据艾宾浩斯遗忘曲线，所学并记住的内容在 20 分钟后会遗忘 42%，1 小时后遗忘 56%，1 天后遗忘 74%，1 周后遗忘 77%，1 个月后遗忘 79%，如图 6－1 所示。遗忘规律表现为先快后慢，直到几乎不再遗忘。因此，遗忘从识记开始就已经存在。要想让记忆材料既记得快又记得牢，需要及时安排复习，复习的时间安排应先密后疏。开始复习时，复习次数应较多，间隔时间较短。随着遗忘速度的减慢，复习的时间间隔可以逐渐拉长。

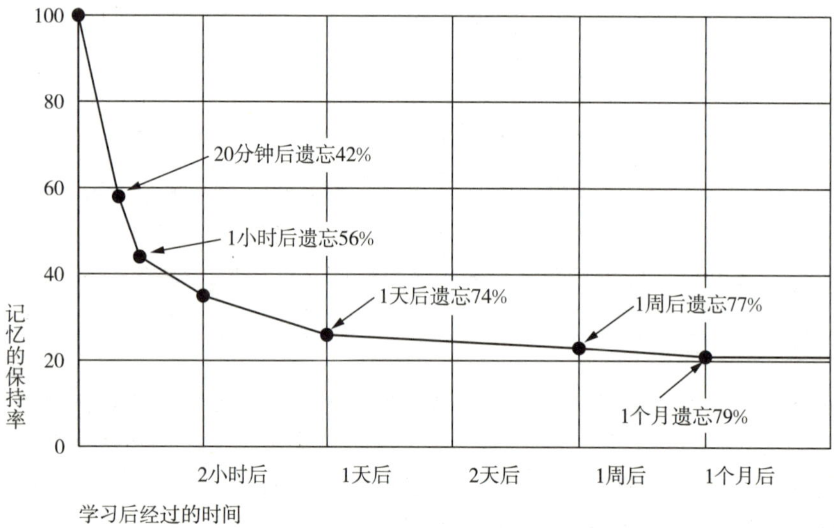

图 6－1　艾宾浩斯遗忘曲线

儿童心理探索：讲演红色故事，重温红色记忆

幼儿时期的记忆具有短暂、片段化和易受干扰的特点。在这一阶段，幼儿的记忆容易受到与情感相关的因素的影响，如与父母的亲密互动、愉快的体验和潜移默化的价值观等。因此，课程设计应注重情感体验和情感教育，充分利用各种形式的活动和互动，以创造有意义的记忆体验。

案例：重温红色记忆，争做“闪闪红星”活动方案

一、活动主题

重温红色记忆，争做“闪闪红星”

二、活动目标

引导幼儿了解英雄故事，培养他们的爱国情感，传承先辈不怕牺牲、顽强拼搏、甘于奉献的革命精神，为孩子们的健康成长提供丰富的精神营养。通过传承红色文化、继承红色基因，争做“闪闪红星”，同时增强幼儿的自信心，提高他们的语言表达能力。

三、活动时间

20××年4月1日～4月30日

四、参与对象

幼儿、教师、家长

五、活动内容

1. 红色书画展

请家长和幼儿共同准备一本红色封面的故事书、绘本或图画书。幼儿园将把收集到的图书进行统一展览。

2. 听家长讲过去的故事

生在红旗下，长在蓝天里，红色精神代代传——听家长讲过去的故事。每周的升旗仪式上，请家长讲述过去的故事，将优秀的红色故事传承下来，讲给孩子们听。

3. 教师讲红色故事

教师通过《我是解放军》《草原英雄小姐妹》《鸡毛信》《二小放牛郎》《雷锋叔叔的故事》等感人的红色故事，让孩子们感受到今天幸福生活的来之不易，让爱国主义情感在孩子们幼小的心灵深处生根发芽。

4. 故事大王：“庆建党百年　讲红色故事”评选故事大王

请幼儿身穿民族服装讲述经典红色故事。可以使用道具或视频辅助，也可以进行表演，时间不超过3分钟。幼儿园将为推选出的“故事大王”颁发奖状。

5. 讲红色故事，争做“闪闪红星”

各年龄班制定争当“闪闪红星”的评价标准，引导幼儿通过自我评价，继承优秀传统、传承红色精神，并将活动延伸至家庭和社会活动中。刊发红星简报，公布评选出的“闪闪红星”，以照片和文字记录这些“小红星”的事迹。

红色记忆活动方案设计贴近幼儿的认知特点和生活实际，采用多种形式和途径，引导幼儿深入理解祖国的发展历程和革命先烈的事迹，有助于培养他们的爱国情感，帮助他们

树立正确的世界观、人生观和价值观。让红色记忆在幼儿心中生根发芽，成为他们成长道路上的精神支柱。

本章小结

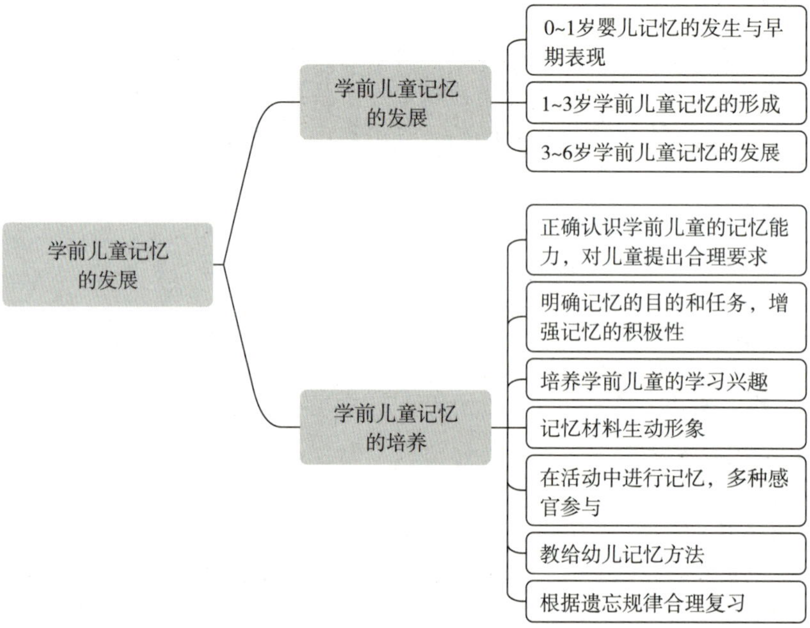

课后思考与练习

一、单选题

1. 幼儿在生病时去过医院，以后看到穿白大褂的人就感到害怕，这种心理活动是(　　)。

A. 记忆　　B. 想象　　C. 思维　　D. 感觉

2. 幼儿识记西瓜和小兔的图片比识记抽象的词更容易，这是因为幼儿记忆的特点是(　　)。

A. 记忆不精确　　B. 记得快忘得快
C. 形象记忆占优势　　D. 机械记忆效果好

3. 3 岁前儿童的记忆一般不能永久保持。这种现象称为(　　)。

A. 短时记忆　　B. 瞬时记忆　　C. 记忆容量不足　　D. 幼儿期健忘

4. 下面几种记忆中，先后出现的顺序是(　　)。

A. 运动记忆 情绪记忆 形象记忆 语词记忆
B. 情绪记忆 形象记忆 语词记忆 运动记忆
C. 形象记忆 语词记忆 运动记忆 情绪记忆
D. 运动记忆 形象记忆 情绪记忆 语词记忆

5. 按顺序呈现护士、兔子、月亮、救护车、胡萝卜、太阳的图片让幼儿记忆。有些幼儿记忆时说:"刚才看到了救护车和护士、兔子与胡萝卜,还有太阳和月亮。"这些幼儿运用的记忆策略为( )。

A. 复述策略 B. 记忆材料系统化策略
C. 组织策略 D. 习惯性策略

6. 随年龄增长,幼儿形象记忆与语词记忆的差别( )。

A. 不会变化 B. 不会缩小 C. 逐渐扩大 D. 逐渐缩小

7. 胎儿及新生儿的记忆,从其恢复形式看都属于( )。

A. 记忆 B. 回忆 C. 再认 D. 想象

8. 学完故事后立即让幼儿复述,有时效果不如隔一天复述好。这种现象体现了( )。

A. 幼儿健忘 B. 记忆恢复 C. 暂时性遗忘 D. 不完全遗忘

9. 幼儿记忆圆周率 3.1415……用的是"山巅一寺一壶酒",这属于哪一种记忆?( )

A. 意义记忆 B. 机械记忆 C. 形象记忆 D. 言语记忆

10. 关于幼儿记忆的发展特征表述不正确的是( )。

A. 记忆不完整 B. 容易混淆
C. 语词记忆占优势 D. 较多运用机械记忆

二、简答题

1. 3～6 岁阶段的儿童有哪些典型记忆特点?
2. 怎样提高学前儿童记忆水平?

三、案例分析题

今天,4 岁的明明是由妈妈骑共享单车送到学校的,但他却对同学说:"我妈妈今天开小汽车送我来的。"他的同桌看到他妈妈骑自行车送他上学,于是对老师说:"明明在撒谎,他是坐自行车来的!"

思考:如果你是明明的老师,你会如何看待这件事?你会如何处理?

四、技能训练题

请尝试设计一款可以训练幼儿记忆力的游戏。

第七章　学前儿童想象和思维的发展

本章要点

1. 了解学前儿童思维发展的趋势；
2. 掌握学前儿童思维和想象发展的特点；
3. 掌握促进学前儿童思维和想象发展的方法；
4. 能够尊重儿童思维特点，理解儿童想象和现实混淆引发的问题。

导学案例

小凯撒谎了吗?

离园时，3 岁的小凯兴奋地对妈妈说：“妈妈，今天我得了一个‘小笑脸’，老师还贴在我额头上了。”妈妈听了很高兴，连续两天小凯都这样告诉妈妈。后来，妈妈与老师沟通后才得知，小凯并没有得到“小笑脸”。妈妈生气地责怪小凯：“你这么小，怎么就说谎呢?”

小凯真的撒谎了吗?

姐姐还是姑姑?

5 岁的越越回到老家，4 岁的小侄子阳阳欢快地跑过来和越越一起玩。阳阳一口一个“姐姐”，越越一口一个“弟弟”，两个人叫得很亲切。阳阳的妈妈多次尝试纠正他们，但越越仍旧叫着“弟弟”，阳阳依旧叫着“姐姐”。

你知道越越和阳阳为什么会这样吗?

第一节　学前儿童想象的发展

一、想象的发生

（一）想象产生的条件

想象是人脑对已有表象进行加工改造，从而创造出新形象的过程。在表象的基础上进行加工改造，产生新的形象，这是想象的重要特征。想象的产生需要具备两个最基本的条件。

第一，头脑中要有大量稳定的表象，即加工材料。

第二，要具备在头脑中对表象进行加工和改造的能力。

儿童虽然从出生就具有原始的感知和记忆，可以获得某些事物的映像，但这些映像缺乏概括性，并且保持的时间很短，很难成为想象的加工材料。而作为想象“工具”的内部智力活动，需要在 1.5～2 岁时才开始萌芽。

因此，综合上述两种情况，可以认为，儿童在 1.5～2 岁时才具备了想象的基础。

（二）学前儿童想象萌芽的表现

儿童最初的想象主要是对记忆表象的简单迁移，加工和改造的成分很少。例如，一个 2 岁左右的儿童正在吃饼干。忽然，他停止咀嚼，先看了看被他咬掉一块的圆饼干，然后把它高高举起来，兴奋地喊道：“妈妈！看！月亮！”在这个情境中，儿童的想象是一种简单的联想，他通过被咬掉一口的月牙状饼干联想到头脑中存储的关于月亮的形象。

也就是说，儿童最初的想象基本是记忆表象的简单迁移，加工改造的成分极少。例如，儿童会将自己的生活经历或看到的情景，如“吃完饭要睡觉”“不要踢被子”“生病要打针”等表象迁移到他们的游戏中。

相似联想和一些象征性的游戏，都是儿童想象力初期的表现。例如，儿童会把肥皂盒称作“小船”，把娃娃称作“宝宝”。

二、学前儿童想象发展的特点

2 岁以后，学前儿童的想象力逐渐发展，但仍处于初级阶段，水平并不高。主要表现为：以无意想象为主，有意想象逐渐发展；以再造想象为主，创造性想象逐渐发展；想象常常脱离现实或与现实混淆。

（一）无意想象为主，有意想象逐渐发展

根据想象有无目的性，可以分为无意想象和有意想象。

1. 学前儿童的无意想象

学前儿童的想象以无意想象为主。无意想象也称为不随意想象，指在没有预定目的的情况下，在某种刺激物的影响下，自然而然地产生某种形象的过程。例如，当看到天上的白云时，儿童头脑中会马上浮现出各种与白云形状相似的物体；在听到老师讲述故事时，儿童脑海中会不由自主地浮现出相应的故事画面。这些都是常见的无意想象。它的最大特点就是没有预定目的。

学前儿童想象的无意性主要表现在以下四个方面。

（1）想象的主题不稳定、无预定目的，且由外界刺激直接引起

儿童的想象往往是在外界刺激的直接影响下产生的，并且会随着刺激的变化而发生变化。例如，幼儿在娃娃家扮演妈妈时，如果看见别的小朋友在扮演医生，他可能会丢下娃娃，跑去当“护士”；看到小朋友们在“逛超市”时，又可能去扮演售货员。这种现象在中班和小班中尤为明显。

（2）想象的内容零散、无系统

由于幼儿的想象没有预定目的，主题不稳定，其想象内容往往是零散的，所想象的形象之间缺乏有机联系。例如，在同一幅图画中，幼儿可能会把自己感兴趣的各种事物都画下来，但这些事物之间并没有联系，因此构成了一幅无系统的自由联想画。

（3）常常以想象的过程为满足

幼儿的想象往往不追求达到特定目的，只满足于想象进行的过程。年龄越小，越是如此。如图 7－1 所示，小班幼儿在一张纸上不停地画，直到整张纸画满为止。他们还用黑色水笔勾画一圈，再用红、绿、蓝、紫等各种颜色的蜡笔和水彩笔在画上涂满，同时口中念念有词，感到极大的满足。幼儿给其他人讲故事时，给人感觉生动形象，富有动作和表情，但无法清楚地交代事情的来龙去脉，也没有明确的重心。然而，听故事的幼儿却能听得津津有味，这种活动可以持续半小时以上。对于听故事，大班的幼儿对重复听过的故事不再那么感兴趣，但小班的孩子可以反复听同一个故事而不厌其烦。因为他们对故事中的形象很熟悉，可以一边听一边想象。生动的形象在儿童大脑中不断浮现，使他们感到极大的满足。然而，大班的孩子已不仅仅满足于想象的过程，而开始追求想象的结果。

图 7－1　幼儿绘画作品

（4）想象受情绪和兴趣的影响

幼儿的想象不仅容易受到外界刺激，也容易受到自己的情绪和兴趣的影响。有一个幼儿画了一只小兔子，要求老师来看，老师让他等一会儿，幼儿不高兴地说：“那小兔子会跑掉的。”等到老师走过来时，小兔子果真被涂掉了。幼儿说：“它跑到树林里去了。”此时，幼儿的想象显然受到了其情绪的影响。

2. 学前儿童的有意想象

尽管儿童的想象以无意性为主，但有意想象也开始发展。有意想象是指人在特定目的的驱动下，在意识的控制下，自觉进行的想象活动，例如画家和作曲家的创作。学前儿童的有意想象具有以下特点。

(1) 有意想象在无意想象的基础上发展起来

儿童的有意想象是在无意想象的基础上发展起来的。例如，一个 4 岁的男孩在院子里玩耍。起初，他只是随意地捡起地上的小石子，想象着它们是小汽车、飞船，在沙地上无目的地来回滚动。接着，他说道："我要用石头拼一辆小汽车。"于是，他开始摆弄小石子，拼出了小汽车。随后，他又说："我要拼一个长方形。"在拼的过程中，他发现边缘很不平整、弯弯曲曲的，于是想了想，笑着说："哎呀，这不是小河吗？"顺着那条弯曲的小河，他继续在河岸边拼了几棵小树。他满意地看着自己的作品，说："看，我的小车旁边还有一条快乐的小河呢！"从这个幼儿玩石子的过程中可以看出，他的想象基本上还是自由联想，无意性的成分很大。但他毕竟能够做到先想后拼，并大多按照自己的设想去拼，说明他的想象已经开始具有一定的目的性。

(2) 想象进一步发展，可围绕一定的主题

有意想象在幼儿 4～5 岁时就有了明显的发展，可以围绕一定的主题进行。妈妈刚刚给 5 岁的乐乐讲了一个关于小魔法师和他的神奇扫帚的故事，乐乐听得津津有味，并兴奋地说："我要画一个小魔法师和他的神奇扫帚！"乐乐拿起黑色蜡笔，认真地画了一个大大的圆，边画边说："我要先画小魔法师的脸和刘海。"画完后念叨："他还有一顶帽子，嗯……可是帽子我还不是很会画。"说着，他拿起紫色的蜡笔在头上方画了一条弯弯的线条，说："这是他的帽子。"这时，乐乐想起了故事中的神奇扫帚，于是他拿起棕色蜡笔，准备画扫帚。但就在这时，他看了一眼自己刚刚画的魔法师，发现那个弯弯的线条（原本打算作为帽子的）看起来很像一个人举起手臂。乐乐眼睛一亮，说："这不是帽子，是一个正在比心的魔法师呢！"乐乐放弃了画扫帚，转而开始围绕这个"比心"的动作继续创作。他补充了魔法师的身体、衣服和鞋子，还特意在手臂的末端加了一个小圆圈，表示魔法师施展魔法时的样子。随后，乐乐在画面的角落轻轻画了几笔，解释说："这是小魔法师的朋友们，魔法师看到朋友们赶过来在比心呢！"最后，他看了一眼自己的画，发现："啊！还没画神奇扫帚！"说着，又开始画起扫帚……

虽然幼儿的想象过程会受到外部因素的影响，有时可能会偏离主题，但他们能够自发地回到主题上来。这个现象在大班幼儿中表现得更加明显，他们已经能够确定主题，并围绕主题进行想象。在游戏中，大班幼儿能够预先商定主题，根据主题设想大致的游戏情节，确定游戏规则，准备游戏材料，并分配角色。在游戏过程中，他们能够自觉地排除外部因素的干扰或克服困难，坚持围绕主题进行游戏。

虽然在大班时期，幼儿的有意想象能力有明显发展，但总体而言，学前儿童的有意想象水平仍然很低。然而，有意想象是从事任何实际创造活动所必需的，因此成人应注重培养幼儿的有意想象能力。

（二）再造想象为主，创造性想象逐渐发展

根据想象独立性和创造性程度的差异，可以把想象分为再造想象和创造想象。

1. 学前儿童的再造想象

再造想象是根据语言文字的描述或图形、图表、符号的示意，在头脑中形成相应的新形象的过程。例如，幼儿听了《小红帽》的故事后，脑海中会浮现出小红帽的形象。一般

来说，儿童的再造想象成分较大，而创造性成分较小。学前儿童的再造想象具有以下几个特点：

（1）儿童的想象常常依赖于成人的言语描述或根据外界情境而变化

学前儿童的想象力会随着成人的言语描述而展开并发生变化。当父母给幼儿讲述《小红帽》的故事时，幼儿在父母的语言描述下，仿佛看到了那个穿着红色斗篷、戴着红色帽子、提着篮子走在乡间小路上的小红帽；那片郁郁葱葱、充满未知危险的森林，以及那只眼神狡黠、嘴角挂着不怀好意笑容的大灰狼。幼儿的想象力随着故事情节的发展而不断变化。如果讲述中加入直观的图像，幼儿的想象力会得到更好的发展。然而，如果只有图像而缺乏言语描述或提示，幼儿的再造想象力就无法充分展开。在游戏中，幼儿的想象往往也是根据成人的言语描述进行的，这在幼儿早期尤为明显。在"小小超市"的角色游戏中，起初幼儿只是随意地摆放着玩具货物。这时，老师加入游戏，扮演顾客说："哎呀，我好饿啊，有没有卖面包和牛奶的?"幼儿们立刻行动起来，有的寻找面包，有的拿牛奶，还开始模仿收银员扫描商品、找零钱的动作。老师的言语提示激发了幼儿的想象力。

（2）儿童想象中的形象多是记忆表象的极简单加工，缺乏新异性

学前儿童的想象基本上是对其生活经验和事件的重复与迁移，是他们生活的再现。这种现象在角色扮演、故事讲述、绘画及手工活动中均有体现。例如，幼儿在"娃娃家"游戏中扮演妈妈给宝宝喂奶、爸爸洗碗，这就是对自己家庭中妈妈和爸爸行为与语言的复制和模仿。他们只是将生活中的内容迁移到游戏中而已。在自编故事中，幼儿往往把自己的生活经历作为故事中主人公的言语和行为进行描述；或者仅仅是模仿以前听过的故事和看过的动画片情节。

总体而言，儿童的想象力缺乏独立性和新颖性，再造想象占据主要地位。然而，再造想象的发展使儿童积累了大量的想象素材，在此基础上，逐渐出现创造性想象。再造想象的发展为创造性想象的出现和发展奠定了基础。

2. 学前儿童的创造性想象

创造性想象是根据自己的创见，独立构造新形象的过程，例如设计师的设计、儿童画中的飞翔汽车等。随着儿童知识经验的丰富和抽象概括能力的提高，儿童的再造想象中逐渐出现了一些创造性的因素。幼儿期是创造性想象开始发展的时期。学前儿童的创造性想象具有以下特点。

（1）幼儿创造想象基于再造想象

幼儿最初的创造性想象是无意的自由联想，称为表露式创造。这种最初级的创造，严格来说还不属于真正的创造。

（2）幼儿创造想象的形象和原型略有不同

幼儿在创造性想象中对形象和原型进行了部分改造，与原型仅有些许不同，可以说既是模仿但又不是完全的照搬。例如，在图 7－2 中，幼儿将冰激凌和动物头像进行了组合，使冰激凌呈现出动物的形象。

（3）幼儿创造想象的情节逐渐丰富

幼儿在创造性想象的发展中表现出想象情节的逐渐丰富，从原型散发出的数量和种类

图 7-2 动物冰淇淋

不断增加。例如，幼儿能够自编故事，且故事情节越来越丰富。他们能够将自己过去听过的故事以及生活经验进行加工改造，形成新的故事。在看图讲述活动中，幼儿可以说出与主题相关但图中没有的内容，并对图上的内容进行扩充，进而补充自己的想象。在游戏中，游戏的内容会越来越丰富，游戏情节也会越来越复杂。幼儿的游戏内容从最初仅仅反映日常生活，逐渐发展到能够反映成人的生产劳动，甚至社会生活。在游戏情节方面，最初幼儿更多的是单纯模仿、重复成人的个别动作或情节，逐渐能够呈现完整的情节，甚至自行创设丰富多彩的游戏情节。

幼儿创造性想象的发展还会表现在时常提出一些不寻常的问题，如“为什么这个跳舞的女孩既穿裙子又穿裤子?”“为什么有些植物会开花，而有些却不会? 如果给不开花的植物画上花朵，它会开心吗?”等。

(三) 想象常常脱离现实或与现实相混淆

学前儿童想象突出的特点是想象常常脱离现实或与现实相混淆。

1. 想象脱离现实

学前儿童想象脱离现实的情况主要表现为想象的夸张性，这也是儿童非常喜欢听童话故事的原因。童话中有许多夸张的成分，比如和天一样高的巨人、和拇指一样矮的小人等夸张的人物形象。此外，儿童想象的夸张性还体现在他们的讲述和绘画活动中。

幼儿在讲述事情时，常常会表现得非常夸张。例如，一个幼儿放学时兴奋地对妈妈说:“妈妈，我今天折了一个纸飞机，它能飞得好高好高，是世界上飞得最高的纸飞机! 比云朵还高，差点就飞到太阳那里去了!”这时，另一个幼儿不甘示弱地接话道:“我家的纸飞机飞得更高，都能碰到月亮了!”第一个幼儿听了，立刻瞪大了眼睛，双手在空中比画起来，从头顶往上伸，直到双手完全伸直，还想继续往上比画，一边比画一边说道:“还是我的纸飞机飞得高! 它有这么高，这么高!”说着还踮起脚，仿佛真的在努力让自己的手势显得更高一些。在绘画时，幼儿也经常会夸大某个部分或某种特征。例如，在图 7-3和图 7-4 中，幼儿将人的手画得比头还大，或者把冰淇淋画得比人还高。

图 7-3　小男孩

图 7-4　巨无霸冰激凌

学前儿童的想象夸张性是由于他们的认知水平尚处于感性认识占优势的阶段，因此往往抓不住事物的本质和主要特征。此外，情绪会直接影响儿童的想象。他们对特别感兴趣或渴望的事物，常常会在意识中占据主要位置。例如，女孩喜欢公主裙，就会给她画的小人都穿上公主裙；喜欢某个动物，就会把它画在最显眼的位置；想吃冰激凌，就会把冰激凌画得特别大，以便想象自己可以吃很多很多冰激凌；希望自己或自己的东西比别人强时，就会拼命夸大，生怕自己输给其他人，有时甚至可能自己都信以为真。

2. 想象与现实相混淆

儿童的想象一方面常常脱离现实，另一方面又常常与现实相混淆。

儿童常常把想象的事情当作真实的，尤其是小班幼儿，这种现象更为常见。例如：有一次在回家的路上，小班的圆圆对妈妈说：“今天老师打我了。”妈妈听后非常愤怒，赶紧问：“打哪里了？”圆圆说：“打我屁股了。”妈妈立刻返回幼儿园质问老师。老师感到很惊讶，因为这件事根本没有发生。她给圆圆的妈妈看了监控，并经过多方了解，确认老师并没有打圆圆。原来是因为圆圆上课时总是在教室里走来走去，老师提醒了多次，他还是不改。于是老师说：“你不坐下来，老师就要打你的屁股了。”圆圆把想象的事情当作了现实。

幼儿常常会把自己想要的和所希望的当成已经得到的、已经实现的。比如，一个孩子看到别的小朋友有一个很大的熊猫玩偶，非常想要。妈妈安慰他说，爸爸从四川出差回来时会给他带一个更大的。一天早上起床后，这个孩子的第一句话就是：“我爸爸给我买的熊猫玩偶太可爱了！”然后到处找：“我的熊猫呢？妈妈，你把我的熊猫藏在哪里了？”但实际上，爸爸还在出差，并没有给他买熊猫玩偶。

针对儿童在想象与现实之间的混淆现象，如果不加以分析或调查而过分轻信儿童的想象性描述，有时可能会导致不必要的误会。

幼儿之所以会出现这种情况，主要是由于他们的认知水平不高。有时，他们会将想象与记忆混淆。对于渴望的事情，或者那些引发他们强烈情感体验的事情，经过反复的想象，这些事情在他们的脑海中留下了深刻的印象，以至于看起来像是记忆中的真实事件。此外，由于知识和经验的不足，他们有时会将虚构的事情当成真实的。

中、大班这种情况会逐渐减少。例如，在以下情境中，小班和大班的孩子表现有所不同。小班的晨晨和他的好朋友壮壮最喜欢玩雪花片。经过他们的小手一拼，能创造出许多小玩意儿，现在就有两把栩栩如生的“小手枪”诞生了。瞧！他们要开始激烈的枪战啦！可是才玩了一会儿，晨晨脸上便挂满了泪珠。“你被我的地雷炸死啦！哈哈哈哈！”壮壮豪气地说。晨晨委屈极了，小跑到老师身边：“呜呜呜……老师，你再也看不到我了，我踩到壮壮的陷阱了……”大班的几个孩子凑过来：“这是游戏，你们只是在玩游戏呢！我们都能看见你！”其中一个孩子叫道。另一个孩子凑到晨晨耳边说：“你可以复活！”晨晨听后用小手抹了抹眼泪，又乐呵呵地跑去和壮壮玩了。对于很多游戏情境和故事情节，小班孩子会沉浸其中，难以回到现实，而中、大班孩子则知道这些都是假的。因此，有的大班孩子甚至不喜欢听童话故事，希望成人“讲个真的!”，这说明他们已经意识到想象和现实的区别了。

第二节　学前儿童思维的发展

思维是人类认识的高级形态，是人脑对客观现实间接且概括的反映。它以词语为中介，通过概念、判断和推理的形式反映事物的本质属性和内在规律。这个概念更多地指的是逻辑思维。儿童心理学中的思维概念更加广泛，包括思维的萌芽以及发展到逻辑思维过程中的各种过渡形态。

一、思维的发生

思维与其他认识过程相比，其最根本的区别在于其间接性、概括性以及解决问题的特征。间接性、概括性和解决问题是思维发生的标志。无论是哪种思维形态，都必须具备上述特征。即使抽象概括水平很低、间接性不强、解决的问题还很简单，也都代表已经产生了思维。

儿童最初对客观事物的概括、间接反映及解决问题的初步方案都是依靠动作实现的。11～12 个月的婴儿会向成人指示他们想要的东西和想去的方向。这类动作称为表意性动作，表示儿童开始能够借助他人的力量达到自己的目的。此时，动作成为具有象征功能的类似语言的符号，使心理反映具备了初步的间接性。1 岁以后，儿童拿到物体后不再是盲目地敲打，而是开始能够根据物体的结构特征和用途来使用物体。这种动作称为工具性动作，其本身就具有概括性。例如，拿到玩具车就来回推动，拿到勺子就用来吃饭或喝汤等。在表意性动作和工具性动作发展的基础上，儿童开始通过“尝试与错误”的方法来寻求问题的解决。例如，儿童想拿桌子中间的糖果，但够不着，便不断尝试，均未成功。偶然间拉动桌布，发现桌子上的东西会朝他的方向移动，于是他用拉动桌布的方式拿到了糖果。以后，在类似的情境中，儿童都会用相同的方法去解决问题，从而减少“尝试与错误”的次数。这类解决问题的智慧性动作的出现，标志着儿童思维的发生。思维发生的年龄通常为1.5～2岁。

二、学前儿童思维发展的一般趋势

学前儿童思维发展的趋势主要表现在以下几个方面：

第一，在思维反映的内容上，儿童从反映事物的外部联系和现象，逐渐发展到反映事物的内在联系和本质；从反映当前事物到能够反映未来的事物。

第二，在思维工具方面，儿童的思维逐渐从主要依赖感知和动作，过渡到依赖表象，最终发展到依赖概念。

第三，在思维方式上，儿童从直觉行动思维发展到具体形象思维，最后过渡到抽象逻辑思维。

（一）学前早期以直觉行动思维为主

学前儿童早期以直觉行动思维为主。直觉行动思维也称为动作思维，即依靠感知和动作进行的思维。儿童用手指掰着数数就是这种思维的体现。2～3岁儿童的直觉行动思维最为突出，3～4岁时也常有表现。直觉行动思维具有以下特点：

1. 直观性和行动性

直觉行动思维离不开对具体事物的直接感知和实际的动作。离开具体事物、具体情境和动作，思维就终止了。儿童在玩游戏时，如果没有了玩具，游戏就会中止或者转移。例如，儿童在玩医生看病的游戏时，如果拿走了听诊器，这个游戏也就停止了。

2. 缺乏行动的计划性和对结果的预见性

学前早期儿童的思维与感知和行动是同时进行的，通常表现为边做边想或先做后想。有人进行过这样一个实验，让小、中、大班的幼儿拼拼图，并要求他们在拼图前说出自己想拼什么。拼好后，再说明自己拼成了什么，以及是如何拼的。小班的孩子在拼图前往往说不出要拼什么。他们拿到拼图后立即开始摆弄。偶尔拼出一个图形时，就像发现新大陆一样惊呼：“哈！雨伞！我拼出了雨伞！”他们会根据拼出的形状说出自己拼了什么，却说不出是怎么拼成的。学前早期儿童在进行绘画、手工等活动时，也无法提前计划好要画什么或做什么。

案例分析

小班的谢老师今天组织了一节折纸活动。她精心准备了彩色卡纸、黏土、蜡笔、皱纹纸、海绵纸、剪刀、胶水等材料。活动开始时，谢老师给孩子们展示了许多折纸成品的图片，希望借此给孩子们一些启发。然而，活动开始后，孩子们拿着她准备的材料左看看、右摸摸，迟迟没有动手，甚至有的孩子开始用蜡笔在彩色卡纸上画画。

（二）学前中期开始以具体形象思维为主

具体形象思维是借助具体事物或其表象进行的思维方式。这种思维方式是直觉行动思维与抽象逻辑思维之间的过渡形式。例如，学前儿童在进行数学计算时，依靠的是头脑中的表象，而不是抽象的数学符号。比如，在计算 4＋3 时，学前儿童可能会想象出 4 个棒棒糖加上 3 个棒棒糖，通过这些具体的形象来进行计算。具体形象思维是幼儿期典型的思维形式，具有以下几个特点。

1. 思维动作的内隐性

随着学前儿童解决问题经验的逐渐丰富，他们不再依赖一次又一次的实际尝试来解决问题，而是开始利用在实践活动中获得的表象进行思维。思维的过程从“外显”转向“内隐”。

2. 具体形象性

具体形象思维虽然摆脱了思维与动作同步的局面，但仍未完全摆脱客观事物和行动的制约。客观事物在儿童头脑中形成的具体和形象的外部特征会影响他们的思考。学前儿童的思维内容是具体的。他们可以掌握代表实际事物的概念，如大象、老虎等具体的动物，但对于概括性、抽象性更强的词，如“动物”，儿童就难以掌握，还没有达到抽象概括的水平。

案例分析

今天老师给小朋友们讲了《红鞋子》的故事，主题与孤独、陪伴和友情相关。小朋友们一听到故事的名字，就齐刷刷地伸出脚，展示自己漂亮的小鞋子。“我的鞋子是黑色的！莉莉的鞋子是红色的！这个故事难道和莉莉有关？”有小朋友发出了疑问。故事讲完后，老师请小朋友们说说孤独是什么感觉。浩浩说：“孤独就是没有小朋友陪我玩。”萌萌说：“孤独就是感觉心里空空的，很难受，好像心脏还有点痛。”可可说：“孤独就是一个人，不知道应该干什么。”小朋友们你一言我一语，表达着对孤独的理解。

思维的具体形象性还会派生出其他特点。

（1）表面性

学前儿童的思维往往基于事物的表面现象，因此难以反映事物内在的本质联系，只能看到事物的表面联系。例如，在看图讲述活动中，孩子们通常只能对图中人物的外貌进行表面描述，如大大的眼睛、长长的头发、胖胖的身体等，而不能理解人物的内心活动。

（2）绝对性

由于思维的具体性和直观性，思维往往更容易把握事物的静态状态，而很难捕捉那些稍纵即逝的动态和中间状态，并且缺乏相对的观点。儿童在日常生活中表现出绝对性思维的例子有很多，比如对他人的评价非好即坏、对游戏规则的盲目遵从以及对权威的盲目遵从等。

3. 自我中心性

自我中心性在第二章中皮亚杰的理论中有提到，是学前儿童典型的思维特点。自我中心性还会有其他的表现：不可逆性、泛灵论及经验性等。经验性是指学前儿童会根据自己的经验进行思维。例如，问："天为什么黑了？"幼儿回答："因为我要回家了。"再问幼儿："球为什么从桌子上滚下来了？"幼儿回答："因为它不想待在上面。"他们总是根据自己的经验来做出解释。

（三）学前晚期抽象逻辑思维萌芽

抽象逻辑思维是指使用抽象的概念（词语），根据事物本身的逻辑关系进行的思维。抽象逻辑思维在学前晚期开始萌芽。也就是说，学前晚期的儿童其实尚未完全具备这种思维能力。例如，在给学前晚期儿童进行体积守恒实验时，有两杯同样多的水，将其中的一杯倒入另一个更高但更窄的杯子里，询问儿童哪个杯子里的水多还是一样多。在这个阶段，儿童能够说出水一样多，但对于原因，他们可能会说"还是原来那杯水"，"这杯子瘦了长了"，但不知道"底面积乘以高等于体积"的原理。可见，大班儿童能够摆脱形象的干扰，但其水平仍然很低，因此，抽象逻辑思维仍处于萌芽状态。此后，他们开始"去自我中心化"，逐渐获得守恒，开始理解事物的相对性。儿童通过三种方式认识到守恒：第一是可逆性，变化了的东西可以恢复到原来的形状；第二是补偿性，一方面的变化可以由另一方面的变化来补偿；第三是同一性，形状虽变，仍是原来的东西。

三、学前儿童思维形式的发展

思维主要有概念、判断和推理三种形式。

（一）学前儿童掌握概念的特点

概念是思维的基本单位，是人脑对客观事物本质属性的反映。概念是用词来表达的，词就是概念的名称。儿童获得概念的方式包括通过实例获得和通过语言理解获得。

学前儿童主要通过实例来掌握概念。在日常生活中，儿童会接触到各种事物，此时成人会向儿童进行介绍，例如："这是鸡，这是鸭，这是狗。"在"词＋实例"的基础上，儿童逐渐理解和掌握概念。儿童获得概念基本上都是通过这种方式，而这样获得的概念大多属于前科学概念。

科学概念的获得需要通过语言理解。在正规的学习过程中，成人通常通过讲解的方式帮助儿童掌握概念。然而，学前儿童对概念的掌握依赖于他们概括能力的发展。幼儿的概括能力主要处于形象水平，随着发展，逐渐向本质抽象水平过渡。由于他们的抽象概括水平和理解能力尚不足，学前儿童难以通过语言理解的方式完全掌握概念。因此，这种概括水平也决定了幼儿掌握概念的特点。

1. 以掌握具体实物概念为主，向抽象概念发展

儿童最初掌握的概念大多是日常生活中经常接触的各类事物的名称，比如人物、动物、玩具、生活用品等。根据抽象水平的不同，可以将儿童获得的概念分为基本概念、上级概念和下级概念。例如：树、植物、柳树三个概念。其中，"树"是基本概念，"植物"

是它的上级概念，而“柳树”则是它的下级概念。儿童一般最容易掌握的是基本概念。学前儿童的思维特点是具体形象性，上级概念对他们来说过于抽象，因此不容易掌握。而下级概念虽然十分形象具体，但由于信息量较大，会加重认知负担，所以也不容易掌握。

儿童在晚期阶段开始掌握生活中常遇到的抽象概念，如道德品质特征的概念。然而，儿童对这类概念的掌握仍受其思维水平的限制，无法脱离具体形象的支持。例如，他们对“坚强”的解释可能是“跌倒后自己爬起来”；对“爱心”的理解则可能是“给小动物喂食”。

2. 概念的内涵不精确、外延不恰当

内涵即含义，指的是概念所反映的事物的本质特征。外延指的是概念所反映的具体事物，即适用范围和实例。内涵与外延呈反比关系。

成人通常通过实例向幼儿介绍具体概念，这一做法虽然有助于儿童较快地获得概念，但典型实例容易导致消极定势作用。例如，幼儿可能认为老虎和狮子是动物，但对于在动物园中不常见到的蝴蝶、蚯蚓、蟑螂等，幼儿可能会认为它们不是动物；而当提到人是动物时，儿童就更难以理解了。这种仅通过典型实例向儿童介绍概念的方法，可能会阻碍儿童准确掌握概念的内涵。

（二）学前儿童判断的发展

判断是人脑凭借语言的作用，用以反映事物之间或者事物与其特性之间肯定或否定性联系的过程。例如，“兔子是动物”“鱼会游泳”“狗不吃草”等均属于判断。判断反映的是概念与概念之间的关系。

判断可以分为感知形式的直接判断和抽象形式的间接判断。直接判断不涉及复杂的思维活动，而间接判断的形成则需要通过推理。学前儿童判断能力的发展主要体现在以下几个方面：

1. 判断的形式逐渐间接化

学前儿童的判断以直接判断为主，间接判断则随着年龄的增长逐渐形成和发展。他们受知觉线索的影响，将直接观察到的事物的表面现象或事物间偶然的外部联系，当作事物的本质特征或规律性的联系。这在守恒实验、对自然现象和社会现象的认识以及道德判断等方面都有所体现。例如，在以下两个情境中：小明听见厨房里的妈妈大叫一声，赶忙跑进去查看，不小心撞到桌子，打碎了桌子上的十个杯子；小丽则想偷吃架子上的糖，打碎了架子上的一个杯子。询问学前儿童谁应该受到惩罚时，学前儿童，尤其是年龄较小的，往往会倾向于惩罚小明，因为他打碎的杯子比小丽多，而不会考虑小明的动机。

2. 判断的依据逐渐客观化

儿童对事物的判断常常依据自己的主观感受和生活经验，而不考虑事物本身的客观逻辑。例如，夜晚的天空没有星星，儿童认为是因为星星回家了；妈妈给孩子吃乌鸡爪，孩子问：“鸡爪关灯了吗?”；小班幼儿听完“孔融让梨”的故事后，老师问：“孔融为什么把大梨让给别人?”有的幼儿回答：“因为他小，吃不完大的。”

皮亚杰根据儿童的因果判断将其分为三个发展阶段：第一阶段，幼儿尚未认识到因果关系，只根据主观猜想和一些带有神秘色彩的事物进行判断；第二阶段，以自我为中心考虑因果关系；第三阶段，才开始根据事物的逻辑关系进行因果判断。学前儿童基本属于第一、二阶段。例如，当问儿童为什么球会从斜坡上滚到地面时，儿童可能回答："因为球不想待在上面了。"或者"因为球没有脚，站不住。"他们的回答明显带有"自我中心"的倾向，是根据自己的生活经验和主观感受做出的判断。到了学前晚期，儿童的论据逐渐开始客观化，开始"去自我中心"。例如，针对上一个问题，5～6岁的儿童可能会回答："球在斜坡上滚下来，是因为上面的斜坡高，球是圆的，所以它会滚下来。如果它不是圆的，它就不会滚下来了。"

3. 判断的论据逐渐明确化

儿童通常意识不到判断的依据。有时他们做出了判断，却说不出判断的理由，或者他们觉得根本不需要理由。当问小班儿童为什么做出这样的判断时，有的儿童说："不为什么，就是这样的。"有的儿童会说："我妈妈说的。""我爸爸告诉我的。"在儿童晚期，论据意识进一步加强，他们开始注重论据的合理性，并会不断修正自己的论据。例如，在"水的沉浮"实验中，有的大班儿童一开始认为物体漂浮的原因是"因为它小"或"它轻"，但当看到实验人员把更小更轻的铁钉放到水里后，马上说："小的铁的东西也会沉下去，铁的不行，木头的才行。"而当看到小铁船漂浮在水面上时，立刻开始怀疑自己的论据："对，大轮船也能浮起来，它也是铁的……可能因为里面有空气吧。"虽然儿童还做不到真正从科学的角度解释物体的沉浮现象，但从儿童自觉修正判断依据的表现中可以看出，其思维逻辑性在不断提高。

（三）学前儿童推理的发展

推理是人在头脑中根据已有的判断推导出新判断的过程，是判断与判断之间的联系。人在推理过程中所依据的已知判断称为"前提"，经过推理形成的新判断称为"结论"。例如，我们可以通过"琪琪上课没精神"推理出"她可能生病了"。

推理可以分为直接推理和间接推理。直接推理是由一个前提本身引出某一结论，例如，我们可以从"讲卫生的小朋友不随地吐痰"这一前提，得出"随地吐痰的小朋友不讲卫生"这个结论。而间接推理通常需要从两个或两个以上的前提中推导出某一结论。间接推理可以进一步分为归纳推理、演绎推理和类比推理。

1. 学前儿童推理发展的特点

幼儿在其经验范围内，虽然具备了一定的推理能力，但水平仍然较低，表现为抽象概括性较差、逻辑性较弱、自觉性较低等三个方面。

（1）抽象概括性较差

学前儿童的推理往往建立在直接感知和经验的基础上，其结论也通常与这些感知和经验相联系。年龄越小，这一特点越明显。例如，学前早期的儿童看到红色积木、黄色木球和小木棒会浮在水面上时，他们概括不出木头做的东西会浮在水面上，而只会说"红的""黄的""方的""圆的""小的"东西会浮起来。

（2）逻辑性较弱

学前儿童，尤其是年龄较小的儿童，其思维发展尚未达到能够准确推理的阶段。例如，新入园的儿童常常哭着要找妈妈。如果用"威胁性"的话语如"再哭就不带你找妈妈”来安抚，往往会适得其反，加剧他们的哭闹。原因在于，这一年龄段的儿童尚不具备从反面信息中推导正面解决方案（如“不哭就带你找妈妈”）的逻辑推理能力。随着儿童年龄的增长，年纪稍大的儿童似乎具备了一定的推理能力，但他们的推理常常不按照事物本身的客观逻辑或给定的逻辑进行。他们更倾向于依据自身的主观经验和感受，或者通过“拟人化”或“主观化”的方式来理解和解释世界。这些都是推理逻辑性较弱的表现。

（3）自觉性较低

学前儿童的推理有时不遵循一定的目的和任务，以至于思维过程常常偏离推论的前提和内容，表现为“各行其是”的状态。例如，老师问：“妈妈买了 4 个橘子，给哥哥 3 个，给你 1 个，还剩几个？”幼儿回答：“为什么给哥哥那么多？我怎么只有 1 个？”在处理类似上述例子的实际问题时，学前儿童的推理过程容易受到其主观认知的干扰，导致思维偏离正轨，难以达到预期的推理目标。

2. 学前儿童归纳推理的发展

归纳推理是从个别到一般的推理。通过考察个别事物或现象具有某种属性，进而推导出该类事物或现象普遍具有该属性。例如，根据桃花在春天开放、梨花在春天开放、月季花在春天开放，推理出花通常在春天开放，这就是归纳推理。

而学前儿童的推理方式会从一些特例推导到其他特例。这种推理方式被称为转导推理。儿童可能见过“种瓜得瓜，种豆得豆”，因此推测“种糖果得糖果”或“种下布娃娃，来年可以收获很多娃娃”。这是因为儿童尚未准确掌握类别概念，因此进行的是无逻辑的推理。只有当儿童的类别概念形成后，归纳推理能力才会逐渐发展。

案例分析

下雨天，走在被车轮碾过的泥泞路上，晓雪问：“爸爸，地上一道一道的是什么呀？”爸爸说：“是车轮轧过的泥地，叫作车道沟。”晓雪说：“爸爸脑门上也有车道沟（指皱纹）。”

3. 学前儿童演绎推理的发展

演绎推理是从一般到个别的推理。三段论推理是一种最简单而又典型的演绎推理方式。例如：男孩去老师那里拿午饭（大前提），明明是男孩（小前提），因此可以推理出明明要去拿午饭（结论）。

通过使用三段论推理研究儿童的演绎推理能力，发现儿童的演绎推理能力可以分为四个水平。

第一，自由联想型。此类水平的儿童所做出的回答与所提供的两个前提毫无联系，仅由前提中的个别词语引发某种联想。例如，当研究者问：“一切果实里都有种子，萝卜里面没有种子，所以萝卜怎么样？”有的幼儿会立即回答说：“萝卜是长在土里的”“我吃过萝卜”“我爷爷家种了好多萝卜”等。

第二，重复前提型。这类儿童在回答问题时，往往只会重复前提中的内容，不能推导出新的结论。比如，在回答刚才的问题时，儿童只能重复小前提“所以萝卜里面没有种子”，而不懂得正确答案应为“所以萝卜不是果实”。

第三，实际理由型。这一水平的儿童似乎懂得应该根据前提来推论，能够根据命题进行推理，但他们的个人经验和既有的认知模式仍然在很大程度上影响着推理过程。比如，“一切木质的东西在水中会浮起来，这个东西在水中不会浮”，儿童的回答是“它是石头的”或“它是铁的”。

第四，命题演绎型。此阶段的儿童能够根据两个已知前提之间的内在联系进行推理，得出与命题逻辑一致的结论。然而，当结论与他们已有的认识不一致时，他们可能会表现出怀疑和犹豫。例如，对于“鱼是用鳃呼吸的，鲸鱼不是用鳃呼吸的，所以鲸鱼……”这一问题进行推理，儿童可能得出的结论是“鲸鱼不是一般的鱼”或“鲸鱼是特殊的鱼”。这表明，儿童已有的非科学概念在一定程度上仍会干扰他们的推理活动。

普遍观点认为，学前儿童的演绎推理能力尚处于萌芽阶段，很少能达到命题演绎水平。然而，有实验证明，通过专门的教学，在儿童的经验范围内，学前儿童也可以掌握三段论逻辑推理。

4. 学前儿童类比推理的发展

类比推理是一种特殊的推理方式，它在某种程度上属于归纳推理，是对事物之间关系的发现和应用。这种关系可以是工具与功用关系、部分与整体关系、对立关系、并列关系、从属关系、因果关系。类比推理的测验材料可以是几何图形、实物照片、语词，也可以是数字。有研究者使用几何图形、实物照片、数字关系这三种材料，要求儿童通过选择进行类比推理。研究发现，3～6 岁儿童已经具备一定的类比推理能力，其发展水平可以分为以下五个等级。

第一，不会推理。选择错误。

第二，低水平。选择正确但不清楚理由。

第三，过渡水平。部分或根据外部特征理解关系。

第四，较高水平。基本理解关系，但不能用语言确切地表达出来。

第五，高水平。正确理解关系，语言表达比较概括、准确。

在另一项研究中，研究人员分别向 4 岁、5 岁和 9 岁的儿童呈现一系列图片，进行类比推理，如发现鸟与鸟巢的关系并寻找最佳的类比匹配（如狗与狗窝等）。研究发现，4 岁、5 岁和 9 岁的儿童准确率分别为 59％、66％和 94％。可见，儿童对图片的类比推理能力随着年龄的增长不断提高。

四、学前儿童思维过程的发展

思维的过程有很多，这里主要介绍学前儿童分类和理解两种思维过程的发展。

（一）学前儿童分类能力的发展

分类是将无规律的事物组织成有规律的，并根据事物的不同特点归类到一定的类别中。儿童在分类能力的发展中经历了四个阶段。

1. 习性分类或随机分类阶段（2～3 岁）

这一阶段的儿童在对物体进行分类时，既不能说出理由，也不能指出某一个具体特征。例如，学前儿童可能会将皮球和香蕉归为一类。当你问他为什么这样做时，他可能会摇头，或者回答："因为皮球可以玩，香蕉可以吃。"还有可能会说："我喜欢玩皮球，也喜欢吃香蕉。"这说明幼儿不能根据物体的某一特征来进行分类，但逐渐能够根据自己的喜好进行分类。

2. 知觉分类阶段（3～4 岁）

这一阶段的儿童根据物体的颜色或形状等外部特征进行分类。例如，儿童将茄子和葡萄放在一起，因为它们都是紫色的；将皮球和橘子放在一起，因为它们都是圆的。

3. 功能或主题分类阶段（4～6 岁）

这一阶段的儿童根据物体的功能或物体之间的关系进行分类。例如，儿童将洋葱和茄子放在一起，理由是它们可以一起做菜；将马和人放在一起，理由是人可以骑马。

4. 基于概念的分类阶段（6～9 岁）

这一阶段儿童的分类能力接近成人的水平，具有科学性和逻辑性。例如，儿童将桌子和床放在一起的理由是它们都是家具，而将手电筒和灯放在一起的理由是它们都是用于照明的工具。

（二）学前儿童理解能力的发展

理解是个体运用已有的知识和经验来认识事物的联系、关系乃至其本质和规律的思维活动。理解分为直接理解和间接理解。直接理解与知觉过程紧密联系，是一种不需要中介、能够立即实现的思维过程。而对事物本质的理解则是间接的，它需要经过一系列复杂的分析综合、判断推理的过程。幼儿由于知识和经验有限、思维发展受限，因此对事物的理解一般不深刻，主要以直接理解为主。但在正确的教育下，随着学前儿童语言的发展和经验的丰富，儿童理解的水平会不断提高。儿童理解的发展有如下趋势。

1. 从对个别事物的理解发展到理解事物间的关系

这一发展趋势可以从幼儿的看图讲述活动中直观感受到。小班儿童往往只理解图画中最突出的个别人物、人物形象、姿势和位置等。在成人的引导下，大一些的儿童能够理解主要人物或物体之间的关系。学前儿童在理解成人讲述的故事时，也是先理解其中的个别字句、情节或者行为，然后才理解具体行为产生的后果，最后才能理解整个故事的内容。随着幼儿已有知识经验的增加及思维的发展，大班时期的幼儿就能根据图画基本把握主题，甚至用一句话概括图画所反映的主题。

2. 从主要依靠具体形象来理解事物，发展到依靠语言说明来理解

儿童年龄越小，对直观形象的依赖性越大。由于言语和思维发展水平的限制，幼儿在初期常常依靠具体形象甚至实际行动来理解事物。例如，在讲故事活动中，为了帮助孩子更好地理解故事内容，教师在教学中需要借助挂图、手偶、视频等直观的教学形式；或者在表演故事时，教师也会在声音、动作、表情等方面表现得非常形象生动。随着儿童言语能力的提高，他们逐渐能够摆脱对直观形象的依赖，仅依靠语言描述进行理解。然而，在有直观形象的条件下，儿童的理解效果通常更好。

3. 从对事物作简单、表面的理解，发展到理解事物较复杂、较深刻的含义

幼儿在初期往往只能理解事物的表面现象，难以理解其内在联系。例如，在看图讲述

活动中，孩子们通常只能对图中人物的外貌进行表面描述，如“大大的眼睛”“长长的头发”“胖胖的身体”等，而无法理解人物的内心活动。他们也常常不能理解寓言故事、漫画等较为深刻的内容。因此，孩子们往往不理解教师所使用的“反话”。例如，在小班上课时，一个小朋友歪歪斜斜地坐着，老师讽刺地说：“某某小朋友坐得可真好看！”结果，很多孩子都模仿他的样子坐下。因此，对于儿童，特别是小班的儿童，不要使用反话，因为他们会当真。大班时期的儿童基本能够理解较为复杂和深刻的含义，但仍然不宜过于隐晦，否则大班幼儿也可能会出现“反话正听”的现象。

4. 从强烈的主观情感的理解，发展到比较客观的理解

儿童对事物的情感态度常常影响他们对事物的理解，这种影响在 4 岁前的儿童尤为突出。当幼儿被问到“爸爸打碎了 3 个杯子，你打碎了 2 个，一共打碎多少个？”这类问题时，他们很容易代入情境。有些孩子听后会直接哭起来，说“我没有打碎杯子！”这表明幼儿对该问题的理解掺杂了自身的主观情感，而没有从问题本身的客观逻辑出发进行理解。较大的幼儿开始能根据事物的客观逻辑来理解。

5. 从不理解事物的相对关系，发展到能初步理解事物的辩证关系

儿童对事物的理解常常是固定的或极端的，难以理解事物的中间状态或相对关系。对幼儿来说，不是生病就是健康；不是好人就是坏人。这种现象体现了他们思维的刻板性。还有，孩子学会“3＋4＝7”后，如果不经过进一步学习，可能仍然不知道“4＋3＝7”。对于“左右”这种相对性的概念，幼儿也很难掌握。然而，幼儿的思维中也包含辩证因素。儿童思维的辩证因素从掌握“你”“我”开始，“你”“我”本身就具有相对性。“我”对于自己来说是“我”，但对于对方来说就是“你”。同理，“你”也是如此。2～3 岁的儿童在生活实践中就能够掌握这种相互关系。随着年龄的增长，到大班时，孩子能够理解事物的辩证关系，如知道一个人虽然有缺点，但也有优点；虽然他以前表现不好，但现在有进步等。

第三节　学前儿童想象和思维的培养

一、学前儿童想象的培养

幼儿期是儿童想象力极为活跃的时期。想象不仅激发了儿童对周围世界的好奇心和探索欲，还为他们未来的学习和创造奠定了基础。

（一）丰富学前儿童的感性经验

想象的产生需要建立在具备稳定的记忆表象的基础上。表象是想象的原材料，在各种活动中，成人应注意帮助孩子积累各种知识和经验。陈鹤琴先生认为“大自然、大社会都是活教材”，他主张让孩子“多到大自然中去直接学习，获取直接的体验”。除了日常教学活动之外，成人还应组织儿童进行户外旅行，或者到公园、大自然中观察植物、动物、自然现象，参观博物馆、艺术馆、科技馆等，并让儿童融入社会生活，多与人接触交流。为

儿童提供多样化的玩具、图书、艺术材料等，让他们接触各种文学作品、科教电影、艺术表演等，都是直接建立表象的重要途径。

（二）启发鼓励学前儿童大胆想象

在日常生活和教学活动中，鼓励儿童通过说、画、演等多种形式表达自己的想象。例如，在幼儿绘画时不过多干预或评判，让儿童自由发挥；当他们遇到困难时，再进行语言指导和引导，激发他们的想象力。在与儿童互动的过程中，多提出一些开放性问题，如“你觉得这个故事的结尾会怎样呢?”或“如果你有一支魔法棒，你最想实现什么愿望?”这样的问题没有固定的答案，能够引导孩子们从不同角度思考问题，激发他们的想象力。同时，也要鼓励他们提出问题，因为提问的过程也是想象力和探索欲的体现。在鼓励儿童大胆想象的同时，要加以正确引导，使他们的想象符合客观实际。想象是创造的前提，要从小培养幼儿敢想、爱想的性格和习惯，不要打击想象的积极性。然而，对于他们过分夸张或以假当真的想象，应适当加以纠正。避免故意引导幼儿信口开河。

（三）在活动中训练学前儿童的想象力

游戏是学前儿童的主要活动，游戏本身就包含一定的虚构成分。可以说，学前儿童大部分的时间都是在自己想象的世界中度过的。成人积极组织和开展各种各样的游戏活动，让学前儿童使用玩具和各种游戏材料代替真实的物品，模拟生活中的各种角色，想象故事情节，以此促进他们想象力的发展。学前儿童的游戏离不开各种玩具和游戏材料。儿童在游戏时，成人可以提供多种玩法的材料，例如废旧的纸，可以揉、撕、折、卷，还可以裁剪，制作成不同的小玩意儿。

另外，文学艺术活动对学前儿童想象力的发展也有重要作用。学前儿童都喜欢听故事，教师可以在讲故事的过程中戛然而止，让儿童续编故事。此外，教师要抓住学前儿童模仿性强、活泼好动、爱表现等特点来开展语言活动，可以让学前儿童模仿所听故事中的人物形象及故事情节。模仿不仅可以让知识和形象重新呈现在儿童的头脑中，还可以发展他们的表演才能和想象力。在表演中，幼儿可以扮演任何人物或事物，教师可以提出各种问题、设置各种情境，充分调动幼儿的想象力。在美术活动中，可以通过提问或给定主题，让幼儿充分发挥自己的想象力，创造作品。在评价幼儿的美术作品时，不应以画得“像不像”“好不好”作为标准，而是要了解幼儿绘画内容的想法。在音乐活动中，教师要鼓励幼儿去听、去想、去感受、去思考，并引导幼儿欣赏、表达和创作。在组织文学艺术活动时，要注重多种教学方法和手段的结合使用。例如，在“秋天的树”美术活动中，教师可以提供各种树的照片，组织幼儿讨论，或者先组织幼儿观察幼儿园的树，再展开自己的想象，以激发幼儿的创意。

二、学前儿童思维的培养

思维的发展与儿童日后的智力成长息息相关。在构成智力的各个要素中，思维力是其支柱和核心，体现了智力发展的水平。为促进学前儿童的全面思维发展，我们应注意以下几点。

第一，思维是认知的核心。学前期是个体思维产生和迅速发展的时期，教育者和培养者应珍视这一阶段，为个体的发展奠定坚实的基础。

第二，思维的发展与感知和记忆的发展密切相关。感知和记忆是思维发展的基础，儿童的感性经验越丰富，思维的发展水平也就越高。因此，不能孤立地发展儿童的思维，而应与丰富感性经验、培养和发展感知及记忆能力结合起来进行。

第三，思维的发展与思维的积极性密切相关。儿童思维的积极性主要体现在他们的好奇心、爱提问的习惯，以及具有“打破砂锅问到底”的精神，喜欢动手动脚，热衷于探索活动等方面。成人应当保护并培养儿童的好奇心和求知欲，注意随时启发他们积极思考，使他们从小养成勤于动脑、善于思考的好习惯。这对于儿童思维的发展具有积极的促进作用。

第四，思维是在动手动脑解决问题的过程中发展起来的。成人应有意识地为儿童创设一些“问题情境”，让儿童学习独立地寻找答案，并帮助他们分析答案的合理性和可行性，同时给予思维方法方面的指导。

（一）学前儿童思维发展特点与幼儿园教育活动组织

1. 思维的直觉行动性与活动的组织

学前儿童的早期思维离不开直接的感知，他们开展活动需要借助直观的玩具、教具等材料。可以说，小班幼儿的活动效果在很大程度上取决于所提供的活动材料。因此，幼儿教师应根据活动的目标和学前儿童的思维特点，合理提供各种物质材料。例如，在小班科学活动“最先喝水的纸”中，教师为幼儿准备了宣纸、报纸、蜡光纸、牛皮纸，让幼儿通过观察、触摸、撕扯和折成小船放入水中，来观察四种纸的不同特性。对于小班幼儿来说，直观的实物比模型的效果更好，而模型的效果又优于图片；动态的教具比静态的效果更佳。

2. 创造可以活动和操作的条件和机会

幼儿初期的思维离不开直接的动作，因此，教师应充分给予幼儿活动和操作的机会，尽量让他们多看、多听、多闻、多尝、多动手，并鼓励学前儿童在操作中思考。例如，在小班的科学活动“猜猜哪杯是清水”中，教师准备若干贴有不同颜色标记的透明杯子（内装清水、白糖水、白醋、盐水和牛奶），充分调动幼儿的视觉、嗅觉和味觉等多种感官，让幼儿动起来，找出清水。在看、闻、尝的过程中，总结出清水是无色无味的。

3. 引导学前儿童由表象代替动作，逐步向具体形象思维过渡

在充分操作的基础上，教师引导幼儿根据自己的经验进行归纳和总结，由表象代替动作，逐步实现从直观行动思维向具体形象思维的过渡。例如，在组织小班“我们一起来玩水”活动时，教师首先与幼儿讨论水的用途及如何节约用水；接着，提供操作材料，包括各种能够沉浮的玩具、杯子、瓶子、勺子、叉子，以及各色颜料等，让他们分组进行自由操作活动，初步感知水的流动特性，观察水的颜色变化，感知水中物体的浮沉。随后，教师可以组织幼儿围绕“在玩水的过程中用了哪些东西?”“是怎么玩的?”“你发现了什么?”进行讲述；最后，教师进行总结。在活动中，教师根据小班幼儿思维直观行动性的特点，提供大量的操作材料，让幼儿充分探索后，引导他们根据自己的探索经验进行讲述，促使

幼儿将实际操作经验转化为表象，有助于学前儿童的思维从直觉行动性向具体形象性过渡。幼儿园开展的活动要坚持直观性原则。幼儿的思维特点决定了为幼儿提供活动时要尽可能做到具体、形象、直观，并要重视玩教具的形象性和生动性。

（二）思维的具体形象性与活动的组织

1. 丰富学前儿童的感性经验

具体形象思维是依靠表象进行的思维，也是学前儿童思维的主要特点。可以说，表象的丰富程度直接影响学前儿童的思维水平。感性认识和经验是儿童思维的起点。例如，老师组织“风的形成”活动时，问小朋友：“炎热的夏天，一位老爷爷挑着一担粮食走在路上，你能想出什么好办法帮老爷爷避暑吗?”城市的孩子主要有三种办法，如“开空调”“吹电风扇”和“吃冰激凌”；而农村的孩子会有很多不同的办法，如“扇扇子”“用冷水洗脸”“用草帽或树叶当扇子”等。通过感知和体验，儿童积累大量具体、生动的材料，经过大脑的分析、综合、比较、抽象、概括等思维过程，形成对客观世界概括的间接认识。

2. 选择适宜的活动材料和教学方法

教师应根据学前儿童具体形象化的思维特点，提供鲜明、形象、生动、直观的教具和活动材料。教学方法主要包括游戏法、观察法和操作练习法。例如，在组织《小熊过桥》诗歌活动时，如果能提供直观形象的图片，并设置独木桥的场景，让幼儿观察图片、体验走过独木桥时的心情，其效果要比单纯由教师讲解和幼儿背诵好得多。

3. 尊重和理解学前儿童的思维特点

学前儿童思维水平的局限性使他们的想法往往具有表面性和自我中心性，有时会做出令成人匪夷所思的事情，从而容易让他们面临一些“困境”。教师应予以理解和正面引导，而不是简单粗暴地批评他们。例如，有一位幼儿将开水倒入金鱼缸里，结果把金鱼烫死了。当老师了解原因后（该幼儿发现金鱼游得慢了，以为它们感冒了，希望它们快点好起来，想起妈妈曾告诉过他：“感冒了要多喝开水，病就会好得快。”），不仅没有责怪他，反而表扬他是一个有爱心的孩子，同时也给予正确的引导。

（三）促进学前儿童思维发展的策略

1. 发展学前儿童的语言能力

语言是思维的工具，通过语言中的词汇和语法规则，学前儿童才能逐渐摆脱对具体事物的依赖，抽象并概括事物之间的规律性联系。从这个意义上说，语言能力与思维能力的发展密切相关。然而，在幼儿期，儿童的词汇量尚不丰富，尤其是对抽象性和概括性较高的词掌握较少，内部语言还在发展中，因而思维能力受到了一定的限制。许多研究表明，学前儿童的概括能力较低，这不仅与缺乏感性经验有关，也与缺乏相应的概括性词汇有关。因此，在日常生活和学习过程中，教师应该有计划地不断丰富学前儿童的词汇，让他们在广泛的语言交往中，学习准确地运用词汇，并学习完整、连贯地表达思想。

2. 激发学前儿童的好奇心和求知欲

学前儿童对周围环境充满探索的渴望，善于主动发现和研究事物的特点。在不断获取知识和信息的过程中，他们的思维能力得以发展。

由于认知能力的限制，学前儿童在日常生活中经常会遇到许多未知的事物，并向成人提出各种问题。教师应耐心地以不同方式给予答复，以满足学前儿童的求知欲，保护他们的好奇心，使他们投入探索和发现新事物的活动中。例如，当孩子对星空感兴趣时，教师可以与他们一起观察星星、讲述星座故事、制作简单的天文模型等，既满足他们的好奇心，又激发他们的求知欲。

3. 教给学前儿童正确的思维方法

正确的思维方法是提高儿童思维能力的重要途径。教师应通过日常生活中的实例和游戏活动，潜移默化地教给孩子一些基本的思维方法，例如在遇到问题时，如何通过分析、综合、比较和概括，做出符合逻辑的判断和推理。例如，在整理玩具时，教师可以引导孩子将不同类型的玩具进行分类；在比较两个苹果的大小时，可以教他们使用“更大”或“更小”的词汇来描述；在讲述故事时，可以引导他们总结故事的主题和人物的特点。这些活动不仅让孩子们在玩乐中学习了知识，还培养了他们的思维能力。

4. 开展智力训练游戏

智力游戏趣味性浓厚，可以在活泼、轻松的氛围中，唤起学前儿童已有的知识经验，促使他们积极主动地进行分析、比较、判断、推理等一系列逻辑思维活动，从而促进其思维能力的发展。例如，教师可以组织孩子进行拼图比赛、搭建积木、解谜游戏等活动。这些游戏不仅能够锻炼孩子的动手能力和空间想象力，还能培养他们的逻辑思维和问题解决能力。同时，教师还可以根据孩子的年龄和兴趣特点设计一些新颖有趣的游戏活动，如角色扮演、科学实验等，让孩子们在游戏中提升思维能力。以下是几个学前儿童智力训练游戏：

小班幼儿游戏：小动物找朋友

游戏目标：增强幼儿对动物名称的认知，提高基本的听指令和反应能力。

游戏准备：准备多张各种小动物（如小猫、小狗、小兔、小鸟等）的图片或毛绒玩具，每种动物准备多个。

游戏方法：

(1) 选择1名幼儿作为“小领队”，站在前面。

(2)“小领队”拍手说：“喵喵喵，小猫在哪里?”其他幼儿需要快速找到小猫的图片或毛绒玩具，并举起它说：“喵喵喵，小猫在这里!”

(3)“小领队”轮流提问不同的动物名称，例如：“汪汪汪，小狗在哪里?”“呱呱呱，青蛙在哪里?”等。

(4) 第一个正确找到并回答的幼儿可以成为下一轮的“小领队”。

(5) 如果幼儿回答错误或未找到正确答案，则继续由当前的“小领队”提问，直到找到正确答案。

中班幼儿游戏：超市购物大挑战

游戏目标：加强幼儿对日常物品名称及数量的认知，提高其语言表达和简单计算能力。

游戏准备：模拟超市环境，准备各种商品（如苹果、香蕉、牛奶、面包等）的图片或模型，并为每种商品标注价格。

游戏方法：

（1）选定1名幼儿为“顾客”，站在“超市”入口。

（2）“顾客”手持购物篮，教师或另1名幼儿作为“收银员”。

（3）“顾客”进入超市，根据“收银员”提供的购物清单（如“购买3个苹果，2瓶牛奶”）挑选商品。

（4）挑选完毕后，“顾客”需要将商品放回购物篮，并告诉“收银员”：“我买了3个苹果和2瓶牛奶。”

（5）“收银员”检查商品的数量和种类是否正确。如果正确，则给予奖励；如果有误，则帮助纠正并重新尝试。

（6）轮换角色，让每个幼儿都有机会成为“顾客”和“收银员”。

大班幼儿游戏：小小故事家

游戏目标：培养幼儿的想象力、语言表达能力和逻辑思维能力，促进词汇量的提升。

游戏准备：准备几组词语卡片，每组包含若干相关联的词语（如“森林”“小兔子”“魔法棒”“宝藏”等），确保每组词语能够构成一个简单有趣的故事。

游戏方法：

（1）将幼儿分成几个小组，每组分配1组词语卡片。

（2）小组内成员共同讨论，利用这些词语编创1个简短的故事。

（3）每个小组派1名代表，向全班讲述他们的故事。

（4）其他幼儿和教师作为听众，可以给予掌声和鼓励，并提出小问题或建议，以促进故事的丰富和完善。

（5）最后，评选出“最佳创意故事奖”或“最受欢迎故事奖”，以激发幼儿的参与热情。

儿童心理探索：定势效应——跳出思维定势

心理“定势效应”是指人们在认知活动中用已有的知识经验——即“老眼光”来看待当前问题的一种心理反应倾向，也称为思维定势或心向。

一、为什么会出现“定势效应”

在教育领域，尤其是在父母与幼儿、教师与幼儿的互动中，“定势效应”是一种普遍存在的现象。

（一）父母与儿童教育中的“定势效应”

1. 父母的经验与期待

父母在养育过程中，常常基于自身的经验和期望，对孩子形成一种固定的看法。例如，父母可能认为自己的孩子在某些方面具有天赋或潜力，从而在教育中过分强调或忽视某些方面。这种基于经验和期望的“定势效应”可能会限制儿童的全面、均衡发展。

2. 父母的情感投射

父母在情感上往往会对儿童产生强烈的投射。他们可能将自己的愿望、梦想和遗憾寄托在孩子身上，希望孩子能够按照他们的期望成长。这种情感投射往往导致父母对孩子的行为和表现产生固定的期待和判断，从而产生“定势效应”。

案例2

晓晗的梦想

晓晗的妈妈曾是一位成功的舞蹈家，但在她职业生涯的巅峰期，由于一场意外不得不放弃舞台。这个遗憾和失落一直深埋在她的心底。晓晗出生后，妈妈便将这未能实现的梦想寄托在了她身上。

晓晗的妈妈不仅为她报名了各种舞蹈课程，还经常在家中亲自指导。每当晓晗表现出对舞蹈的厌倦或不足时，她的妈妈就会感到失望和焦虑，仿佛看到了自己曾经的失败。晓晗的妈妈一直对她强调：“舞蹈是你的梦想，站上舞台中央是你梦寐以求的事情！”

随着时间的推移，晓晗对舞蹈的热情逐渐消退，产生了抵触情绪，甚至故意从台阶上摔倒，以受伤为借口来躲避训练和演出。

3. 父母的权威与控制

在家庭中，父母通常扮演着权威和控制者的角色。他们可能通过制定规则、施加压力等方式来引导孩子的行为和思维。然而，这种权威和控制往往会使孩子感到束缚和压抑，导致他们难以展现自己的个性和潜能。同时，父母的权威和控制也可能导致他们在面对新事物时产生固定的思维模式，即“定势效应”。

（二）教师与儿童教育中的“定势效应”

1. 教师的专业背景与经验

教师在教育过程中，往往会受到其专业背景和经验的影响。他们可能会根据自身的知识和经验，对儿童的发展阶段、能力水平等方面形成固定的看法。这种基于专业背景和经验的“定势效应”可能会使教师在教育过程中忽视儿童的个体差异和潜力，从而影响教育效果。

2. 教师的教育理念与方法

教师的教育理念和方法会对儿童产生深远的影响。如果教师过于注重知识的灌输和应试技巧的训练，而忽视儿童主体地位和创新精神的培养，那么儿童可能会形成固定的思维模式和学习习惯，这就是所谓的“定势效应”。此外，教师的教学方法也可能导致儿童产生“定势效应”。例如，如果教师总是组织相同的活动和游戏，儿童可能会形成固定的活动模式，从而难以适应其他环境和新的要求。

3. 教师的评价与反馈

教师的评价和反馈是儿童成长过程中不可或缺的重要环节。然而，如果教师的评价和反馈过于单一或片面，可能会对儿童产生“定势效应”。例如，如果教师总是以“学得快”“做得像”“跳得好”等标准进行评价，那么儿童可能会过于关注速度和模仿，而忽视想象力和思维能力的发展。同时，教师的反馈也可能对幼儿产生“定势效应”。如果教师总是以肯定或否定的方式反馈儿童的表现，儿童可能会形成固定的自我评价和认知模式。

案例 3

阿西莫夫与修理工

阿西莫夫是世界著名的科普作家。有一次，一位汽车修理工对他说：“有一位聋哑人，想买几根钉子，就来到商店，对售货员做了这样一个手势——左手食指立在柜台上，右手握拳做出敲击的样子。售货员见状，先给他拿来一把锤子，聋哑人摇摇头。于是售货员就明白了，他想买的是钉子。聋哑人刚买好钉子，走出商店时，接着进来一位盲人，这位盲人想买一把剪刀。请问盲人将会怎样做?”阿西莫夫顺口答道：“盲人肯定会这样——他伸出食指和中指，做出剪刀的形状。”听了阿西莫夫的回答，汽车修理工笑着说：“盲人想买剪刀，只需开口说‘我买剪刀’就行了，他为什么要做手势呀?”

二、合理应用“定势效应”

1. 尊重儿童的个体差异和潜能

在教育过程中，父母和教师应该尊重儿童的个体差异和潜能，关注他们的兴趣和需求。例如，一些儿童可能在数学方面表现出色，而另一些儿童则可能在艺术或体育方面更具天赋。父母和教师应根据儿童的兴趣和特长为他们提供相应的资源和机会，以促进他们的全面发展。

2. 鼓励儿童的创新精神和探索精神

父母和教师应该鼓励儿童的好奇心和求知欲，引导他们积极思考和探索新事物。他们可以为儿童提供丰富的学习材料和实践活动，让他们在实践中学习和成长。同时，父母和教师应该给予儿童足够的自由和空间去探索自己的兴趣和爱好，不要过分干涉和限制他们的行为。

3. 更新教育理念和方法

父母和教师应该不断更新教育理念和方法，关注教育领域的最新动态和研究成果；注重培养儿童的综合素质和创新能力，采用多样化的教学方法和手段来激发儿童的学习兴趣和动力。例如，父母可以通过游戏、阅读等方式引导儿童培养语言和思维能力；教师可以采用项目式学习、探究式学习等方式培养儿童的实践能力和创新精神。

4. 建立多元化的评价标准和方法

父母和教师应建立多元化的评价标准和方法，注重儿童综合素质和创新能力的发展，并根据儿童的特点和需求制定个性化的评价方案，以促进儿童的全面发展。例如，在评价儿童的学习成果时，父母和教师可以综合考虑儿童在知识掌握、技能运用、情感态度等方面的表现；在评价儿童的创新能力和实践能力时，父母和教师可以关注儿童在实践活动中的表现和成果。

本章小结

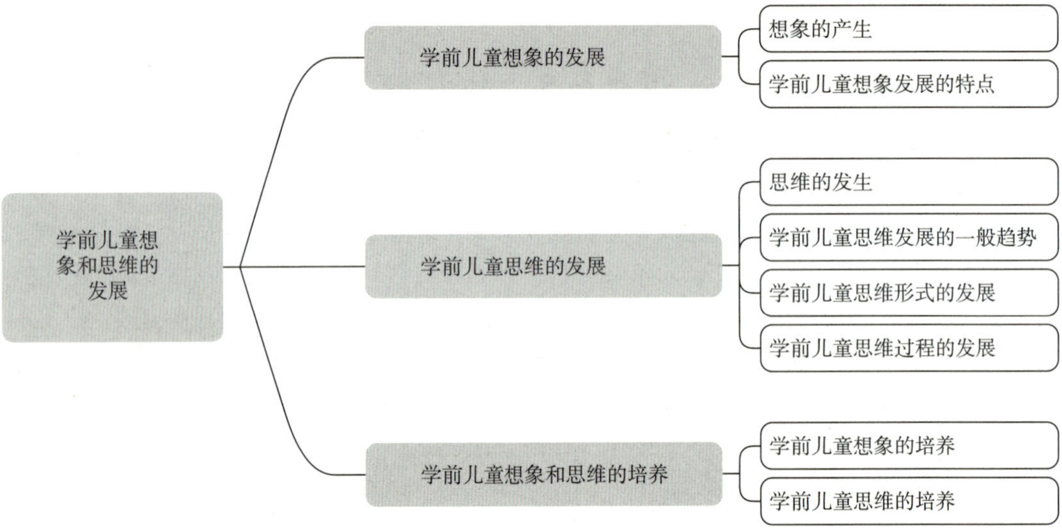

课后思考与练习

一、选择题

1. 想象产生的年龄为（　　）。

A. 出生时　　B. 1.5～2 岁　　C. 1～3 岁　　D. 3～6 岁

2. 一个 3 岁的幼儿在手工活动中，无意间用橡皮泥按出了一个圆形。他看了看，觉得像面包，高兴地说："这是我做的圆面包，真香，真好吃。"这说明幼儿（　　）。

A. 想象的内容零散，不系统　　B. 想象的主题不稳定

C. 想象无预定目的　　D. 以想象过程为满足

3. 小班幼儿在玩橡皮泥时，往往缺乏计划性。橡皮泥搓成团子就说是包子，搓成条就说是面条，长条橡皮泥卷起来就说是麻花。这反映了小班幼儿（　　）。

A. 具体形象思维的特点　　B. 直觉行动思维的特点

C. 象征性思维的特点　　D. 抽象逻辑思维的特点

4. 幼儿想象与现实混淆的原因包括（　　）。

A. 认识水平不高，有时会把想象表象和记忆表象搞混淆

B. 情绪对想象会产生影响。有些幼儿渴望的事情，经过反复想象，在头脑中留下了

深刻的印象，以至于这些事情似乎变成了记忆中的一部分

C. 由于知识经验不足，把假象的事情信以为真

D. 由于幼儿想象以无意想象为主

5. 幼儿园小班刚入学的孩子在画画时，常常事先没有明确的目的，即先做后想，或者边做边想，只有当他们把画画完之后才知道画的是什么。这说明(　　)。

A. 此时幼儿的直观行动思维占主导　B. 此时幼儿的具体形象思维占主导

C. 这时的幼儿情绪思维占主导　D. 这时的幼儿创造想象占主导

6. 明明把一颗小石头放进小鱼缸里，小石头很快就沉到了缸底。明明说小石头不想游泳了，想休息了。从这里可以看出明明思维的特点是(　　)。

A. 直觉性　B. 自我中心性　C. 表面性　D. 泛灵论

7. 抽象逻辑思维出现的时间是(　　)。

A. 2 岁左右　B. 学前初期　C. 学前中期　D. 学前晚期

8. 3 岁的东东找不到鞋子了，妈妈说："你可真行！"东东告诉爸爸，妈妈表扬他了。这说明幼儿理解事物具有(　　)的特点。

A. 概括性　B. 表面性　C. 形象性　D. 抽象性

9. 三山实验说明幼儿的思维具有(　　)的特点。

A. 自我中心性　B. 情绪性　C. 可逆性　D. 获得守恒

10. 幼儿观察到"水可以浇花使花生长"后，尝试用水来"浇"他的玩具车，期望玩具车能跑得更快，这反映了该幼儿(　　)的思维方式。

A. 演绎推理　B. 归纳推理　C. 类比推理　D. 转导推理

二、论述题

1. 请论述如何发展儿童的想象力。

2. 请结合幼儿阶段的思维特点，论述如何培养他们的思维能力。

三、案例分析题

在一节幼儿园的公开课上，小一班的李老师带孩子们到活动场地，想让他们练习向上跳、热热身。于是她对孩子们说："现在书架上有很多玩具，我们跳起来把它们拿下来，好不好？"孩子们不知所措，东张西望，满脸疑惑地问："李老师，玩具在哪里呀？我怎么没看见呢？"听课的老师们笑了。课后，李老师委屈地说："这个活动环节我以前在大班开展过，孩子们都会跟着老师跳上跳下，今天的孩子们竟然问玩具在哪里？明明是让他们想象的呀！"

问题：

(1) 孩子们为什么会提出"玩具在哪里"的问题？李老师错在哪里了？

(2) 从案例当中，你得到什么启示？

第八章　学前儿童言语的发展

本章要点

1. 熟悉学前儿童言语发展的过程，掌握言语发生发展的特点与规律；
2. 掌握培养学前儿童言语能力的原则；
3. 学会结合学前儿童言语发展的特点，培养其言语能力的方法。

导学案例

一个晴朗的下午，在幼儿园的混龄教育活动中，老师组织小班、中班和大班的孩子们举行了一次户外玩球活动。

活动一开始，阳阳（3 岁，小班）就迫不及待地拿起一个大皮球。他满脸兴奋地奔跑着，试图将球扔给其他人。他一边跑，一边用稚嫩的声音大喊：“球！大球！给你！”然后，他使出全身力气，将球扔向了旁边的华华（4 岁，中班）。

华华稳稳地接住了阳阳扔过来的球。她高兴地大喊：“我接到了！看，我传给你！”接着，她准确地将球传给了对面的小朋友。

与此同时，在不远处的草地上，小亮（5 岁，大班）和其他几个大班的孩子围坐在一起，热烈地讨论着接下来的游戏规则。小亮提议：“我觉得我们可以这样玩，每个人先拍三下球，然后传给下一个人，如果谁没接住或者拍错了次数，就出局。”其他孩子纷纷表示赞同，并按照小亮提出的规则开始了他们的游戏。

在这次混龄班的户外玩球活动中，我们观察到了不同年龄段孩子独特的言语特点。学前儿童的言语发展是一个有规律、连续的过程，而幼儿期是儿童言语能力发展的最佳时期。本章将详细介绍学前儿童言语发展的全过程及培养学前儿童言语能力的主要方法。

语言是一种人类用于沟通交流的符号系统。它以语音为物质外壳，以语义为内容，以音义结合的词汇为建筑材料，以语法为结构规律。作为一种社会性的符号系统，语言具有抽象性和稳定性。各民族都有其独特的语言系统，如汉语、英语、日语、法语等。语言不仅是人类重要的交际媒介，用于交流思想、表达情感和传递信息，同时也是思维活动的基础工具。

言语是个体运用语言来表达思想、进行交际与思维的过程，是语言的具体实践与运用。言语是一种心理现象，具有个体性和多变性。即便是同一个人，在不同的时间、地点、情境下，其言语表达也会呈现出较大的差异。

根据言语活动的表现形式不同，言语可以分为外部言语和内部言语。外部言语主要用于与他人进行沟通交流，如聊天、演讲、授课等，既可以是口头的也可以是书面的，具有直观且可感知的特点。内部言语则是无声的自我对话，是个体在思维过程中使用的语言，也是一种非交际性的言语活动，其特点是发音器官活动的隐蔽性和表达的高度精炼。

儿童言语发展，也称为言语习得，是指儿童逐渐掌握并理解其母语的过程。这一过程主要涉及儿童如何获得口头语言中的表达和倾听能力，即学会说话和听懂他人言语。

知识拓展

语言与思维的关系

语言与思维之间的关系一直是心理学领域探讨的焦点。是语言影响思维，还是思维影响语言？两位杰出的发展心理学家，皮亚杰和维果茨基，对此提出了各自独特的见解。

皮亚杰认为，思维先于语言，主张概念先行，并推动着语言的发展。例如，儿童要掌握“妈妈”这个词，首先需要具备“母亲”的心理图式或概念，才能学会。在某种意义上，先理解了“钉”这个概念，才催生了“挂”这个词。他还观察到，儿童早期的自言自语现象实际上是其自我中心性的体现，而随着儿童社会交往的增加，这一现象会逐渐减少。

与皮亚杰的观点不同，维果茨基强调语言对思维的促进作用。他提出，语言不仅有助于概念的构建，还帮助儿童学会调控行为，包括社会行为。在维果茨基看来，词汇是概念形成的催化剂。孩子一旦学会“妈妈”这个词，便会将与“妈妈”相关的安全、柔软、温暖、食物等多重元素与这个词紧密相连。他进一步指出，学前儿童的“自我中心”式讲话实际上是孩子塑造思想、控制行为的一种方式。通过自言自语，他们能在他人面前规划行动，发展自我控制，有效组织行为以实现目标。维果茨基认为，这种自言自语会让学前儿童的社交变得更活跃。有一些证据可以证实维果茨基的观点：儿童，尤其是聪明的儿童，在处理复杂任务或学习社交技能时，自言自语的行为尤为常见。

第一节　学前儿童言语的发展

学前儿童言语的发展是一个连续推进的过程，始于儿童大约 1 岁时能够说出并被理解的首批词汇，这意味着他们进入了一个言语迅速成长的阶段。依据儿童言语发展的特性，我们通常将学前儿童言语的发展过程划分为三个阶段：言语发生的准备期、言语形成期和言语发展期。

一、0～3 岁儿童言语的发生和形成

0～3 岁是儿童言语能力发展的关键时期。在这个阶段，儿童经历了从简单的声音模

仿到能够发出有意义的单词，再到组成简单句子的过程。他们开始学会倾听并理解他人的语言，尝试用语言表达自己的需求和情感。心理学研究表明，0～3 岁是儿童言语能力发展最快、学习效果最佳的阶段。随着生活环境的不断拓展和交往对象的日益增多，儿童从最初的咿呀学语到能够用语言与他人流畅交流，从一无所知到逐渐明白事理，其成长与进步的速度非常惊人。

（一）0～1 岁儿童言语准备期

0～1 岁是儿童的言语准备期，也被称为前语言阶段。在这一阶段，虽然儿童还不能说出清晰的话语，但他们已经开始为言语的发展奠定基础。儿童通过倾听周围的声音来感知语言，并对大人的话语产生反应。此时，儿童能发出一些简单的声音，如哭声、笑声和咿呀声，并逐渐学会用不同的声音来表达不同的需求和情绪，例如饥饿时的哭声与不舒服时的哭声会有所不同。此外，他们还会观察大人的口型和表情，为之后的言语形成打下基础。这一阶段是儿童第一语言习得的起始阶段，主要包括反射性发声阶段、咿呀语阶段及学话萌芽阶段。

1. 反射性发声阶段

反射性发声是 0～3 个月大婴儿的典型特征，是因生理需求或环境刺激引发的一种对身体不适的自然反射活动，其中以哭喊反射为主导。新生儿的第一次发声，即落地哭，标志着其发音器官已为语音的产生做好了基础的物质准备。

在此阶段，婴儿常以哭喊表达饥饿、疼痛、不舒适或寻求关爱等生理或心理上的需求，而成人则通过分析哭声的响度、持续时长、音调等来判断婴儿的不适原因。大约在出生后第 5 周，孩子在满足、安睡或愉快时，开始发出一些非哭喊的、零散的单音节声音，如“a—a—a”“e—e—e”“ou—ou—ou”“hei—hei”等。这些初期的发音活动对后续语言的发展起着至关重要的作用，是言语形成的必要阶段。由于婴儿的舌部和唇部运动能力尚未成熟，他们的哭声主要源自喉部，一旦开口，气流冲出，声音随之产生。这些发音是本能的反射行为，不具备任何符号含义，即便是先天性聋哑的儿童也能发出此类声音。

在反射性语言发展期，成人们能够通过一系列策略与儿童进行有效的言语互动。

首先，运用多样化的语音和音调来激发儿童的发音潜能，同时提供丰富的声音刺激以促进他们的听力发展，但需确保环境噪声不过于强烈。在与儿童进行身体互动时，持续进行简单而一致的对话，这对儿童的语言习得至关重要。

其次，频繁的肢体接触，如拥抱和抚摸，有助于建立亲子间深厚的情感纽带，为儿童营造安全的情感环境。通过面对面的交流，儿童可以学会将声音与动作同步，增强他们以非语言方式与人沟通的能力。

再次，利用摇篮曲等音乐元素可以训练儿童的定向听力，刺激其听觉器官，进一步促进大脑功能的发育。此外，选择适合儿童年龄的早期阅读材料，如背景简洁、色彩鲜明的图书，或突出主体的图形和人脸，能够激发他们的阅读兴趣。

最后，亲子游戏在训练儿童听力和发音技能方面也起着关键作用。例如，命名游戏、发音游戏和触摸识别游戏等，都能有效促进这一过程。

知识拓展

婴儿出生几天就能分辨母语

由意大利和法国的联合研究小组研究发现，婴儿出生几天后就能分辨母语。

研究人员以出生 2～5 天的意大利婴儿为对象，进行了三种实验：①听普通的意大利语；②将意大利语语序颠倒、不表达任何意义的录音；③不听任何声音。结果发现，婴儿在听意大利语时，左耳上部被称为语言区的大脑区域活动加剧，血流增加。在听语序颠倒不表达任何意义的录音时，语言区的大脑区域没有明显变化，血流增加不多。而在不听任何声音时，婴儿大脑血流没有变化。研究人员认为，这一结果说明，新生婴儿对母语有很强的分辨能力。

姆恩、科波和费勒比较了刚出生 1 天的婴儿对母语和另一种语言的偏好程度。婴儿的母亲的母语为西班牙语或英语，实验者让他们听几段由一位西班牙妇女和一位英国妇女朗读的课文录音。结果发现，婴儿会通过改变对奶嘴的吸吮方式，使机器更长时间地播放更多的母语录音内容。这表明，刚出生几个小时的婴儿就能识别自己的母语。

2. 咿呀语阶段

随着发音连续性的增强，儿童的发音相较于反射性发声展现了新的特性，表现为从单音节发声转变为重复音节发声，如由“a－a－a”过渡到“ba－ba”“da－da”“ma－ma”等。这种发音与真实词汇的发音颇为相似，通常被称为“咿呀语”或“呀呀语”。我们常说的“咿呀学语”阶段正是指这一阶段，它主要在儿童 4～9 个月时出现。

在这一阶段，儿童的发音活动显著增多，尤其体现在“b”“p”“f”“g”“n”等声母及“ong”“eng”等韵母的使用上。大约在 9 个月时，儿童的咿呀语频率达到顶峰。此时，他们一方面需要淘汰那些不符合母语和环境需求的声音，另一方面又要习得适应性语音，不断增添符合母语和环境要求的声音。在 7～8 个月时，儿童开始根据语言情境做出相应的动作反应，显示出社会交往的倾向。

总体而言，这一阶段的重要性不在于儿童学会某个具体事物的发音，而在于他们学会如何调节和控制发音器官的活动。因此，这一阶段的核心并非教授具体词汇的发音，而是培养幼儿对发音器官的调控能力，为其日后的语言学习奠定基础。

案例分析

这说明了什么？

在一项实验中，研究人员向 8 个月大的婴儿展示“大象”和“兔子”的图像。每当展示“兔子”的图像时，他们以柔和的语调说：“兔子，兔子，这是可爱的小兔子。”而展示“大象”的图像时，他们则采用严肃的声调说：“大象，大象，这是庞大的大象。”经过一系列这样的互动后，当研究人员以柔和的语气询问：“兔子呢？

兔子在哪里?”婴儿会准确地指向兔子的图片。相反，如果问题以严肃的口吻提出，婴儿则会指向大象的图片。值得注意的是，当研究人员打破常规，以严肃的语调问：“兔子呢？兔子在哪里?”时，婴儿立即反应，坚定地指向大象的图像。

在婴儿的咿呀语阶段，成人的积极参与至关重要。

(1) 要持续性地运用语言来激发孩子的听力和模仿能力，使用温和的音调并配合多样化的手势，确保每次的词汇和声调都与对应的手势相匹配，以增强孩子的记忆力，帮助他们更好地吸收和学习。

(2) 采用积极的反馈策略，如微笑和爱抚，鼓励儿童的每一次发音尝试，这能有效刺激他们发出更多语音，加速语言学习的进程。

(3) 结合动作和实物来建立语音与实际概念之间的紧密联系也非常重要。在日常互动中，成人可以通过配合动作来教授语音，或者在婴儿发出声音时及时指向相应的物体，这样可以帮助他们建立起语音和物体之间的联系。

(4) 亲子阅读也是这一阶段必不可少的活动。将孩子抱在膝上，共同欣赏书中的图画，通过“点读”的方式训练他们的手眼协调能力和专注力，为他们树立早期的阅读习惯，培养对书籍的兴趣和爱好。

(5) 亲子游戏也是提升儿童听力和发音技能的有效途径。例如，镜子游戏能让孩子在游戏中模仿发音，感受语言的韵律和节奏；而指认物体的游戏则能帮助他们建立语音与物体之间的直接联系。

这些互动方式不仅充满趣味性，还能在轻松愉快的氛围中促进孩子的语言发展。

3. 学话萌芽阶段

学话萌芽阶段，也称为语言的发生阶段，主要发生在儿童出生后的9个月至1岁。在这一阶段，儿童的发声开始与周围具体的对象建立联系。例如，当他们看到爸爸、妈妈或其他亲人时，会发出“ba－ba”“ma－ma”等声音；听到汽车的声音时，则会模仿发出“wu－wu”“du－du”的声音。同时，他们还能够理解并执行成人的简单指令，建立相应的动作联系，并能立即对成人的命令做出反应。比如，当成人说：“跟爸爸再见!”儿童就会挥挥小手。这表明，这一时期的儿童对某种“交际信号”已经形成了比较稳定且牢固的印象。然而，此时的儿童语音仅与具体的、个别的实体相联系，尚不具备概括性。他们会用经常重复的发音来表达特定的意思，如指着转动的汽车说“呜呜”，以此告诉成人这是一辆汽车。这说明，这一阶段的儿童已经具备了初步的交际能力，但由于他们尚未真正掌握词汇，这种交际能力仍处于萌芽状态。

在这一阶段，成人可以采取以下措施促进儿童的言语发展。

(1) 通过听觉、视觉、触觉、味觉、嗅觉等多种感官体验方式，如听音乐、看图画、触摸物品、品尝食物、闻香味，让儿童直接感知周围的生活环境，以此丰富他们的语言环境，使儿童在丰富的环境中自然习得语言，从而提升他们的语言理解与表达能力。

(2) 以积极的方式鼓励儿童尝试新的语音，例如通过鼓掌、亲吻、抚摸等非语言反馈，帮助他们在反复练习中巩固语音技能。

（3）为儿童设立专门的阅读时间和空间，引导他们建立早期的阅读习惯，这不仅有助于词汇积累，还能培养他们的注意力和理解能力。

这些互动方式能够为儿童创造一个支持性且充满爱的语言环境，使他们在愉快的体验中逐步开启语言世界。

（二）1～3 岁儿童言语形成期

在出生后的第一年里，儿童已经做好了充分的语言准备，不仅能模仿发音，还能听懂成人的简单言语，并初步展现了语言交流的倾向。大约在 1 岁时，儿童开始进入正式学习语言的阶段。其中，1～3 岁是婴儿学习语言的第二个关键期，是儿童语言真正形成的时期，也是儿童语言迅速发展的时期，主要包括“单词句”阶段、“双词句”阶段和“简单句”阶段。

1. “单词句”阶段

在儿童语言发展的早期阶段，即 1～1.5 岁期间，我们称之为“单词句”阶段。在此阶段，孩子们开始掌握一系列基本词汇，涉及物体名称（如椅子、苹果）、物体属性（如大、圆）、物体的运动状态（如跑、跳、飞）、物体数量、空间概念（如桌上、下面）以及否定表达（如不是、没有）等。这些“单词句”尽管简洁，却已展现出初步的交际功能，儿童用它们来表达需求、命令和愿望。

然而，值得注意的是，“单词句”并不涉及句法结构，它们仅由单个词组成。因此，有些学者将其视为非句法规则的初步言语形式。这一阶段的儿童言语发展具有以下特点：

（1）词汇含义模糊，存在过度泛化或扩展不足的现象。儿童常常用一个词来表达比该词本身更为丰富或狭隘的意义，所使用的词汇主要是他们生活中常见的名词或动词。例如，儿童最初说出的“mama”可能代表各种请求，具有广泛的用途，而不仅仅是呼唤自己的母亲。随着年龄的增长和认知的发展，他们才会逐渐意识到“mama”仅指“自己的妈妈”；同样，他们可能会将“gougou”一词用来泛指狗、兔子、猫等其他四条腿、毛茸茸的动物。

（2）以词代句。这一阶段的儿童常用一个词来代表整句话的意思。例如，当儿童说“溜溜”时，可能表示“我要出去玩”或者“有人在外面玩”等多种含义；儿童说“娃娃”时，这个词可能表示“拿娃娃给我玩”或“把娃娃拿走”等不同的意思，这取决于当时的情境和儿童想要表达的具体内容。

（3）以音代物。此时，儿童正处于语言学习的初期阶段，对物体和声音之间的关联表现出浓厚的兴趣。对于能发出声音的物体，儿童会首先抓住其声音特征，用物体发出的声音来代替物体的名称。例如，他们可能会把猫叫作“喵喵”，因为猫的叫声是“喵喵”；把狗叫作“汪汪”，因为狗发出的声音通常是“汪汪”；把电话叫作“嘟嘟”，因为电话拨号时发出的声音类似“嘟嘟”。

（4）重叠音，即单音的重复，是儿童言语发展过程中的一个普遍现象。在这个阶段，儿童开始主动说出一些词语，并且倾向于重复同一个音节或单词，如“车车”“饭饭”“猫猫”等。重叠音的使用不仅数量多，而且范围广，涉及名词、量词、动词等多种词类。然而，通常情况下，名词的重叠现象最为常见，并且持续时间最长。这种“单音重叠”现象的出现，主要是因为在这个年龄阶段，儿童的大脑发育尚不完全成熟，发音器官也还在发育和学习过程中。重复前一个音节，保持同一声调，对于儿童来说相对容易发出，因为不需要改变发音器官（如舌、唇等）的位置和动作。

（5）具有最初的概括性。随着词汇量的日益丰富、生活体验的不断深入以及认知能力的提升，1.5 岁左右的儿童使用的词汇不再仅限于具象物体，而是能够体现词语的抽象概念。以孩子拿着空杯子说“没”为例，这并非单纯表示杯中无水，而是他们在理解并表达“空”这一状态，这是对物体状态的一种概括和抽象。他们开始能用词来描绘和理解世界的各种现象。

此外，此阶段的儿童语言尚不具备对词性的区分，且常与动作紧密结合。因此，这一阶段语言教育的重点是为儿童提供丰富的词汇，并以儿童能够理解的方式帮助其理解词义，以促进语言能力的发展。

2. “双词句”阶段

“双词句”阶段，也常被称为“电报句”阶段，是儿童在 1.5～2 岁时语言能力显著提升的体现。这一阶段的孩子热衷于表达与提问，表现出强烈的表达和探索欲望，他们的语言能力进入了飞跃式进步的阶段。此时儿童的语言发展呈现两个显著特点：

一是双词句成为主导，偶尔也会出现三词组合的尝试。双词句，顾名思义，是由两个单词组成的简短句子。它们之间的连接方式多种多样，可以是“主语……谓语”“谓语……主语”，或者是“宾语……谓语”“谓语……宾语”。例如，“宝宝……饿”或“要……狗狗”等。双词句的出现不仅意味着儿童的语言发展迈入了新的阶段，还代表着他们开始能够用更完整、更确切的方式表达思想，并初步运用了简单的语法结构。

二是词汇量急剧增长。在这一阶段，儿童的词汇量出现了爆发式增长。从出生后 10～15 个月开始，孩子们平均每月能掌握 1～3 个新词；到 18 个月时，他们经常使用的词汇数量已接近 20 个；到 19 个月时，词汇量迅速攀升至约 50 个；到 20 个月时，这一数字更是激增至 100 个；而在 20～24 个月间，儿童的词汇量更是达到了惊人的 300 个左右。这些词汇中，名词占据了绝大多数，其次是动词和形容词；同时，他们也开始掌握了一定数量的代词、数词、副词和感叹词等，显示了语言的丰富性。

尽管“双词句”尚未构成完整的句子结构，但它已初具句子的形态，所传达的信息比单一词汇更为清晰。这一阶段的语言发展对儿童后续的语言学习至关重要。

这一阶段，成人可以通过多种方法帮助孩子提高言语能力。

第一，使用简短的话语，帮助儿童掌握新词、扩大词汇量。如果儿童发音不准确，不要批评或打断他，也不要让儿童一遍又一遍地跟着念，这样做可能会降低他学说话的兴趣。可以反复地正确说出这个词，为他下次模仿做准备。

第二，多与孩子交谈。主动地向孩子介绍周围的生活，分享日常的感受和见闻，激发孩子的表达欲望。当孩子接触新事物、体验新情感时，要教他说相关的词语，与他交流他看到、听到和做到的事情。还可以给孩子讲故事，并在故事结束后鼓励孩子进行复述，这有助于孩子理解和记忆故事内容，同时锻炼其语言表达能力。

第三，引导孩子阅读。可以自制或购买图书，培养儿童的阅读兴趣，提高他们的阅读能力。同时，鼓励孩子在阅读时复述故事内容，以锻炼其语言表达和记忆能力。成人可以根据故事内容提出一些问题，引导孩子回答，从而锻炼其语言表达和思维能力。此外，还可以选择适合孩子年龄和兴趣的文本，鼓励孩子每天朗读，建议朗读时间为10～20分钟。

第四，开展语言游戏。通过玩成语接龙、连词成句、你画我猜等互动性强的语言游戏，为孩子提供安全且有趣的语言环境，提高孩子对语言的兴趣，锻炼其语言组织和表达能力，同时为胆怯和寡言的孩子提供说话练习的机会。

3. “简单句”阶段

“简单句”阶段主要是对儿童1.5～2岁这一时期的语言发展情况的概括。在此阶段，儿童的语言中主要包含表示周围事物的名词，简单的动词、形容词，少量的数词、连词，以及“不”“再”“都”“没”等副词。这一时期是儿童语言发展最迅速的阶段。“简单句”阶段的儿童语言发展特点如下：

第一，以简单句为主。这里的简单句指的是句法结构完整的单句，常见的句式有“妈妈抱”“车车跑”等简单的主谓句，“宝宝喝水”“爸爸吃饭”等简单的主谓宾句，以及“不要宝宝了”等简单的谓宾句。此时的儿童变得特别喜欢说话，有的已经能用简单的复合句来表达意愿，如“风大，宝宝咳嗽”等。但这时的复合句多为省略关联词的简单句的组合，结构松散且情境性较强。

第二，句子不完整，缺少语法成分。此阶段的孩子虽然已经能说出不少句子，但所说的句子往往缺字漏字，如“妈妈，痛痛”（妈妈，我的肚子痛）；“爸爸，球球”（爸爸，快拍球）；“爸爸，班班”（爸爸去上班了）等。

第三，词序颠倒。1.5～2岁孩子所说的句子，时常会出现词序颠倒的情况。例如，“不对起”（对不起）；“不拿动”（拿不动）。问一个孩子：“你有一只耳朵，还是有两只耳朵?”他答道：“一只有耳朵（有一只耳朵），两只耳朵没有（没有两只耳朵）。”

第四，词类逐渐丰富。在这一时期，儿童所掌握的词汇中，仍以名词和动词为主，但它们所占的比例相比“双词句”阶段有所下降。相对而言，比较抽象的形容词、代词和副词的比例则有所上升。同时，儿童掌握的词汇量也逐渐增加至1000个。

第五，语言理解能力逐渐提高，语言表达能力需要恰当引导。在这一时期，儿童对词义的理解不断加深，能够理解一些具有概括性的词汇，如“水果”“玩具”等；他们还能够根据成人较为复杂的语言指令来调节和支配自己的行为。例如，对于“把你掉在地上的玩具捡起来放在沙发上”这样结构复杂的句子，儿童能够做出正确的反应。然而，他们尚不能用已掌握的词汇按照语法规范将自己的想法有条理地表达出来。也就是说，此时儿童的语言表达能力与其语言理解能力并不同步，思维速度往往快于表达。当儿童的表达能力赶不上思维时，就可能出现不连贯、语序不合理等情况。

在“简单句”阶段，儿童语言教育的重点是引导儿童说完整的话，提高他们运用句子进行表达的能力。

一是用丰富的面部表情、变化多样的语调、规范正确的发音，以及丰富而准确的用词造句，为儿童提供良好的语言榜样和示范。

二是对儿童的提问和讲述要正确对待，避免随意打断、斥责或敷衍，应耐心回答，认真对待，激发儿童的求知欲，保护他们的好奇心。

三是倾听文学作品，观看儿童美术片或动画片，并根据具体情况让儿童复述故事的大致内容，以提高他们的学习兴趣。

四是继续开展早期阅读指导，创造条件让儿童学会独立阅读，可以要求他们一边看一边讲述图书或图片上的内容。

五是在游戏中进行词语练习，如词语接龙、小喇叭。

（三）"复合句"阶段

2～3 岁是学前儿童基本掌握口语的阶段。在这一阶段，他们在语音、词汇、语法和口语表达能力方面较之前有明显进步。虽然他们说出的句子仍然以简单句为主，但复合句已开始发展。这一时期的复合句通常是由两个简单句组合而成，还不会使用连词。此时的句子明显加长，大部分句子已有 6～10 个字。他们开始逐步用复合句来表达自己的需要和情感，并用语言来调节自己的动作和行为，基本上能够用语言与他人交往。语言成为这一阶段儿童社会交往和思维的一种工具。

1. 词汇量突飞猛进

2～3 岁的孩子学习新词的积极性非常高，词汇量增长十分迅速，几乎每天都能掌握新词。此时，儿童的好奇心也非常强，经常指着某种物体问："这是什么?""那是什么?"当成人把物体的名称告诉他们时，他们便学会了一个新词。如果进一步扩展，即成人不仅教新词，还说明该词与某人、某物、某种经验的联系，那么就不仅教会孩子一个新词，还使他们学到更多的东西。到 3 岁时，孩子已能掌握约 1000 个单词。

2. 会说完整的简单句，出现不少复合句

这一阶段的孩子除了能够用简单句表达自己的意思外，还会说一些复合句。2.5 岁以后，孩子很少再使用叠音词，逐渐能够说出由各种词类构成的较长、复杂的句子。在言语所表达的内容方面，也发生了质的变化。儿童从只能以眼前的事物为话题，发展到具备回忆过去和谈论未来的能力。在与成人的一问一答的交谈中，2～3 岁的孩子可以用句子表达事物之间比较简单的关系，他们已经开始理解事物之间的因果关系，并用自己的语言进行表达。至此，儿童的言语活动已基本形成。

在此阶段，成人可以：①让儿童多看、多听、多说、多练。②鼓励儿童进行同伴间的自发模仿和相互交谈。同伴间的自发模仿和相互交谈会带给孩子许多乐趣，并提供相互间语言交往和学习的机会。③利用角色游戏进行练习，如玩扮家家等。

二、3～6 岁儿童言语的发展

（一）学前儿童口头言语的发展

3～6 岁是儿童口头语言发展和教育的关键时期。这一时期，儿童口头语言的发展与教育主要表现在语音、词汇和语句三个方面。

1. 3～6 岁儿童语音的发展

3～6 岁是儿童掌握语言的关键时期。在这一时期，通过正规的教育，儿童能够掌握

母语的全部语音，这是语音可塑性最大的时期。相关研究表明：①3～4 岁是儿童语言发展最快的时期，儿童几乎掌握了全部语音；②4 岁以上的儿童一般都能掌握语音；③4～5 岁是儿童进步最快、发音错误最少的时期。例如，在 4 岁儿童声母发音的正确率中，城市儿童达到 97%，农村儿童达到 74%；韵母发音的正确率中，城市儿童达到 100%，农村儿童达到 85%。

可见，儿童语音教育的重点和难点在于为儿童提供良好的语言教育环境。

(1) 3～4 岁儿童语音的发展

3 岁是儿童语音发展的飞跃期，他们基本上掌握了本地区语言的语音。然而，由于儿童的听觉和发音器官尚未发育完善，加之对唇、齿、舌等口腔部位的控制能力较弱，他们在实际说话时常常出现发音不准、吐字不清的现象。例如，在发辅音时，儿童的唇和舌的运动不够有力，下颚不够灵活，因此说出来的音往往介于两个语音（如“zh”和“z”）之间。另外，吐字不够有力也会导致发音不准，如在发纯辅音“f”时，有的儿童无法用牙齿咬住下唇，只能通过移动下颚来发音。

小班儿童在语音发展过程中，常常出现以下几种情况。

第一，用舌尖前音“z”“c”“s”或舌面音“j”“q”“x”代替难发的翘舌音“zh”“ch”“sh”“r”，如把“吃饭”说成“期饭”，把“老师”说成“老西”等。

第二，以舌尖中音代替舌根音，如将“大哥哥”说成“大的的”。

第三，当遇到平舌音与翘舌音相结合的词语时，常常会出现顾此失彼或同时发错音的情况，如把“狮子”说成“狮志”“西即”或“私子”等。

第四，发音容易受到环境和方言的影响，出现声母“n”和“l”不分，前鼻音和后鼻音不分，以及平舌和翘舌不分等发音不准确的现象。例如，在湖南地区，人们容易将“老奶奶”说成“老来来”，把“玲玲”说成“宁宁”；在西北地区，容易出现用后鼻音代替前鼻音的情况，如将“看门”说成“看蒙”；在江浙地区，会出现用前鼻音代替后鼻音的情况，如将“朦胧”说成“门龙”；在东北地区，会出现平舌和翘舌不分的情况，如将“昨天”说成“卓天”，把“春天”说成“村天”。如果不能及时纠正和教育，这种地域影响可能会一直延续至成年时期。

(2) 4～5 岁儿童语音的发展

中班儿童的发音和听音器官的发育相比小班儿童更加完善，具备了控制发音与听音的生理条件。此时，儿童对语音的学习和掌握速度较快。如果能够配合普通话教学，并用科学的方法让儿童进行反复的语言实践，他们就能掌握汉语的全部语音。然而，有个别儿童在发音相似的语音上，如“n”“l”“r”“y”等，仍存在困难。例如，他们常将“男生”“女生”说成“兰生”“吕生”，将“草绿了”说成“草玉了”或“草绿呢”等。这需要教师恰当地引导儿童反复练习，将正音工作融入学前儿童教育活动和日常生活的各个环节中，同时取得家长的支持与配合，以帮助儿童区分这些相似的音。

(3) 5～6 岁儿童语音的发展

大班儿童的言语器官已经发育成熟，具备了正确发出所有音节的生理条件。特别是随着语音意识的发展，儿童能够意识到自己和他人在语音上的差异，并随时调整和纠正自己及他人语音中的错误。

这一时期的儿童在成人的教育下，能够做到吐字清晰、发音准确，分辨出阴平、阳平、上声、去声四种声调，能够自如地调节声音的强弱，还能够用富有感染力和表现力的语言进行表达。例如，当成人赞美儿童的美术作业时说："呀，真漂亮！这是谁画的小房子?"画房子的那个儿童就会回答："是我——画的!"在说到"我"时，他会特别提高和拉长声音，以表达内心的喜悦和自豪。

如果在大班阶段，个别孩子通过正规教育后仍存在发音不准或口齿不清的情况，建议到医疗机构进行专门的检查和矫正。

2. 3～6 岁儿童词汇的发展

词汇量是儿童智力发展的标志之一，因为词汇与概念密不可分，而概念需要通过词汇来表达。因此，儿童的智力水平越高，其词汇量就越丰富。

3～6 岁是儿童词汇量增长最快的时期。在此阶段，他们掌握的各类词汇的内容范围不断扩大，对词义的理解也变得更加准确和深入。儿童不仅能够掌握词的一种意义，还能理解词的引申义。

(1) 3～4 岁儿童词汇的发展

小班儿童对词义的理解较为肤浅，他们首先掌握的是生活中最常用的一些词汇。其中，以名词和动词居多，还有一些表示事物性质或形态的词，如"大""小""软""硬""长""短""方""圆"等。但由于儿童的分辨能力和词的使用频率等原因，常常会出现用词不准确的情况，比如用"大"来代替"长"或"高"，用"小"来代替"短"或"矮"等。

由于汉语中量词较多，还有一些固定搭配，这使得儿童掌握量词的难度增大，经常出现错用的情况，如"一个小花""一只玩具"等。数词的掌握与儿童数的概念的发展有关。虽然儿童能够数到 100，但是他们实际能理解和掌握的数的概念为 5 以内的数。随着自我意识的发展，小班儿童除了掌握"这""那"等表示方位的代词外，还学会了使用"你""我""他"等人称代词，以及"不""再""都""又"等副词和"啊""吧"等感叹词。

(2) 4～5 岁儿童词汇的发展

中班儿童所掌握的词汇数量不断增加，但仍以名词、动词和形容词为主。他们还逐渐掌握一定数量的反义词，如"多少""大小""长短""上下"等。由于受思维水平发展的限制，儿童对比较抽象的、表示时间概念的词语掌握较困难，经常会用错，例如"我明天去过奶奶家了"。总体来看，儿童对"昨天""前天"等词语的理解比较模糊，远不及对"今天""明天"的理解和运用。同时，他们对数词和量词的掌握仍然比较困难。

(3) 5～6 岁儿童词汇的发展

随着生活范围的扩大和知识经验的增加，大班儿童掌握的词汇已经相当丰富，掌握的词类也逐渐增多。同时，随着抽象思维的发展，儿童的概括能力明显提高，能够逐步掌握一些概括性较强的词，如"水果""玩具""动物""蔬菜"等。此外，他们还能注意到事物之间的联系，掌握了一些关联词，如"因为……所以……"等。

3. 3～6 岁儿童语句能力的发展

儿童对语法规则的掌握是在与成人的交往中逐渐发展起来的。因此，成人的语法规则非常重要。有的地区存在状语后置的表达现象，如把“你先吃”说成“你吃先”；还有的地区有宾语前置的表达现象，如将“你做饭了吗”说成“你饭做了吗”。因此，教师在进行语言教育的过程中，要遵循儿童语句发展的特点，避免使用方言，采用正确规范、符合语法结构的句子，引导儿童反复实践，形成良好的语言习惯。3～6 岁儿童的语句发展具有以下特点：

（1）从不完整句到完整句

儿童最初的句子结构是不完整的，常常缺漏主语或宾语等句子成分，比如将“妈妈，我要喝水”说成“妈妈，喝水”，或者将“爸爸在家”说成“爸爸，家”等。资料显示，2 岁儿童所说的简单句中，完整句约占 64%；到了 6 岁左右，完整句约占 99%。

（2）从简单句到复合句

简单句指的是结构完整的单句。2 岁以后，儿童能够说出的简单句逐渐增多。小班的儿童偶尔也能说出复合句，但数量极少。随着年龄的增长，到了大班以后，儿童能够使用的复合句数量才逐渐增多。资料显示，儿童所说的句子中，简单句的比例逐年下降。3 岁时，复合句占所有句子的 3.8%，而且常常缺乏关联词；到 6 岁时，这一比例上升为 19.1%，并且关联词的运用也较为频繁。

（3）从陈述句到其他句型

在儿童简单句的发展过程中，句子形式主要是陈述句。到 3 岁时，陈述句仍占 33%左右，之后逐渐出现了疑问句、祈使句、否定句和感叹句等。不过，这些句式主要在具体情境中使用较多。例如，儿童看到电视里的人时，可能会问：“为什么电视里的人变得那么小?”经过玩具店的橱窗时，会说：“好大的奥特曼呀!”在被命令去做一些不愿意做的事情时，会说：“我不去。”

（4）从无修饰句到有修饰句

儿童最初说出的句子是没有修饰语的，如“汽车走了”“宝宝喝水”等。虽然偶尔会出现一些带有修饰语的形式，如“大娃娃”“小白兔”等，但实际上他们将修饰语和被修饰语视为一个整体词组来使用。资料显示，2 岁儿童在使用句子时，带有修饰语的句子仅占 20%；3 岁儿童则占 50%；3～3.5 岁是儿童复杂修饰语数量增长最快的年龄阶段；到了 4 岁，带有修饰语的句子开始占优势。

（二）学前儿童早期阅读能力的发展

早期阅读能力的发展主要包括三个方面：早期识字行为的发展、早期图书阅读行为的发展和早期书写行为的发展。

1. 早期识字行为的发展

识字是素质教育的重要内容和手段，也是全面素质教育必须经历的过程。成人可以通过培养儿童的早期识字行为，发展其注意力、记忆力和观察力。

儿童早期识字行为的发展分为萌发阶段、初期阶段和流畅阶段三个时期。萌发阶段儿童的特点是：对书籍有兴趣，注意环境中的文字，能够辨认自己的名字，喜欢有重复句子的童谣。初期阶段儿童的特点是：愿意为周围的人念书，开始理解文字的意义，喜欢认读熟悉的字。流畅阶段儿童的特点是：能够独立阅读各种文字，能够根据文字内容和风格以适当的语速、语音和语调进行朗读。3～6 岁儿童的早期识字行为主要处于萌发阶段和初期阶段。

2. 早期图书阅读行为的发展

早期图书阅读行为是儿童早期阅读能力发展的一个重要方面。研究表明，使用汉语的儿童在图书阅读行为上可以分为三个阶段：看图未形成故事、看图形成故事和尝试阅读文字。

3. 早期书写行为的发展

发展儿童早期书写行为的目的是使儿童获得早期书写经验，并提高其空间和思维认知水平。儿童的书写行为的发展经历了尝试和探索的过程。虽然目前关于汉语儿童书写能力的研究结果尚未出现，但有学者研究发现，英语儿童书写行为的发展经历了六个阶段：画图、涂写、类似的书写、连串似的书写、发明的书写和真正的书写。

儿童的书写与绘画是紧密联系在一起的，可以说他们早期的书写就是一种绘画。大多数儿童在 18 个月大时就能拿起笔在纸上随意涂画。儿童最初的书写具有随机性，水平参差不齐，主要以涂鸦为主，这反映出他们缺乏良好的协调和控制能力。

儿童常常在书面文字中夹杂图画来表达思想。例如，一名儿童在 6 岁时画的第一幅故事画是四个颜色鲜艳的人物画像，每一个人物旁边分别写着四个成人的名字。在这幅画的下面，这名儿童写道："他们正在路上走。"

第二节　学前儿童言语能力的培养

在儿童的成长过程中，言语能力具有举足轻重的地位。它不仅是人际交往的桥梁，也是情感和思维表达的重要工具。言语能力的培养对儿童的社交技巧、认知发展、情感表达及学业成就具有深远影响。增强言语能力可以让孩子自信地展现自我，建立稳固的人际联结，并在学业上也会有所助益。此外，良好的言语能力还能激发孩子的思维能力，培养创新思维和解决问题的能力。因此，家长和教育者应重视儿童言语能力的培养，以促进他们全面的发展，更好地应对未来的挑战。

一、学前儿童言语能力培养的原则

（一）遵循学前儿童言语发展的自然规律

学前儿童的言语发展具有其内在的逻辑性和阶段性，包括语音、语法、词汇和口语表达能力的逐步发展，每个年龄段都有其独特的发展特点。因此，在培养学前儿童的言语能力时，我们应当充分尊重并顺应这一自然规律，以循序渐进的方式进行引导，避免急功近利，确保儿童能够在适宜的环境中自然、健康地发展其言语能力。

（二）尊重并鼓励学前儿童言语表达的兴趣倾向

学前儿童由于家庭背景、生活经验和生活环境的不同，以及性格特点的多样性，使得他们在言语发展水平和发展速度上存在显著的个体差异。这些差异也体现在他们的兴趣倾向上。例如，男孩子可能更倾向于讨论机器人、变形金刚等话题，而女孩子可能更喜欢谈论公主、王子等主题。作为教育者，我们应当尊重和鼓励不同儿童的兴趣倾向，避免以自己的主观意愿限制儿童的思维和言语表达，让他们能够在自由、宽松的环境中表达自己的兴趣和想法。

（三）赏识并倾听学前儿童的言语表达

在瑞吉欧·艾米里亚中，有一句至理名言："接住孩子抛的球！"这深刻地揭示了教育者与儿童之间的互动关系。教师，作为孩子们的成长伙伴，应当敏锐地洞察他们丰富多彩的内心世界，深入了解并欣赏儿童的"一百种语言"，倾听他们的声音，理解他们的思想和行为。然而，在现实中，我们有时不自觉地以成人的标准衡量儿童，忽视了他们的儿童本位。这样的视角偏差往往导致教育方式的失当。常见的情况是，成人会强制性地纠正孩子的言语，比如："你不该这样表达，应该那样说。""再重复一遍，每个字都要准确无误。"这些做法不仅没有尊重儿童言语发展的自然进程，还剥夺了他们自我表达的机会和成就感。因此，对于学前儿童的言语培养，我们应当深入领会赏识教育的精髓，耐心倾听孩子的心声，理解他们的所思、所想、所为，走进他们的内心世界，欣赏他们的奇思妙想，并给予他们适时的鼓励和支持。

二、学前儿童言语能力培养的方法

学前阶段是儿童言语能力发展的关键期，而家庭和幼儿园是这一阶段儿童成长的主要环境。家长和幼儿园教师应对此给予足够的重视，并采取有效策略促进儿童言语技能的提升。

（一）在日常生活中培养

日常生活是学前儿童言语学习的丰富资源，非正式的教育方式往往能更自然地促进言语习得。家长和教师可以有意识地引导儿童对周围环境进行细致的观察，无论是家庭中的日常琐事，还是幼儿园的各类活动，都应鼓励儿童用言语进行描述，激发他们表达自我的感受，如分享他们的喜悦、疑惑或想象。在此过程中，成人应全神贯注地倾听，对儿童的表述给予积极的反馈，适时帮助他们完善不完整的语句，以提升他们的言语组织能力。同时，对儿童的每一次成功表达，都应给予及时的肯定和赞扬，以增强他们的言语自信心和积极性。

【场景再现】

老师带领小班幼儿饭后散步。正值哈尔滨的五月，丁香花盛开，香气沁人心脾。老师说："小宝贝们，快闻一闻，你们闻到了什么？"小朋友们抢着说："香味！香味！"老师问："谁闻到了香味？你能说完整吗？""我闻到了香味！"老师说："真好！你说得真完整！大家学学她，也来完整地说一说。"小朋友们争先恐后地学说完整句子。老师接着问："这香味是从哪里来的？""我知道，那儿。"一个小朋友边说边用手指着不远处的丁香花。老师带领小朋友走到丁香花树下，“这是什么花?”“迎春花。”“丁香花。”“丁香花。”“是呀，这——是——丁——香——花。”老师有意放慢语速，引导小朋友跟着学说句子。老师见小朋友对丁香花兴趣颇浓，于是接着带领大家观察丁香花并提问：“丁香花是什么颜色的?”

（二）创设良好的言语环境

言语环境在幼儿言语习得过程中起着举足轻重的作用。在幼儿的成长阶段，言语不仅是他们认知世界、解读社会的钥匙，也是他们表达情感、交流思想的桥梁。一个优质的言语环境能有效促进幼儿言语能力的发展，显著提升他们的表达与理解水平。丰富多彩的言语氛围能激发幼儿对言语的热爱，点燃他们自我表达的欲望，进而推动其言语能力的全面提升。同时，良好的言语环境也为幼儿提供了大量模仿和学习的范本，助力他们精准掌握语音、语调和语法的运用。

1. 营造积极的家庭言语环境是关键

家庭是幼儿言语启蒙的摇篮，家长在这一过程中的角色至关重要。他们应当重视与孩子的日常交流，使用丰富、生动的词汇，为孩子提供生动的言语模仿和学习材料。此外，亲子共读和家庭游戏等活动也能有效增强孩子对言语的兴趣和感知能力。

2. 优化幼儿园的言语教育环境是必不可少的

作为幼儿言语学习的重要基地，幼儿园的言语环境对于提升孩子的言语能力具有举足轻重的作用。教师可以通过设计寓教于乐的教学活动、开展形式多样的游戏以及营造轻松愉快的课堂氛围，进一步激发幼儿对言语学习的热情。同时，幼儿园应提供充足的图书、绘本以及音像资料，为幼儿打造丰富的言语输入环境。

3. 加强家园之间的紧密合作是推动幼儿言语发展的关键环节

家庭和幼儿园作为幼儿言语发展的两大阵地，双方之间的密切沟通与协作对于促进幼儿言语能力的全面提升具有重要意义。家长和教师应保持常态化的交流，共同关注孩子的言语发展动态，并制订个性化的教育方案。同时，家长也应积极参与幼儿园的教育活动，与孩子一起参与各类游戏和阅读活动，共同促进幼儿言语能力的全面发展。

（三）言语榜样示范

幼儿的学习过程本质上是一种观察和模仿的过程，这一观点在班杜拉的社会学习理论与维果斯基的社会文化发展理论中得到了深入的阐述。他们都强调，幼儿的学习离不开良好的榜样。成人良好的言语示范可以为幼儿提供可供效仿的榜样。

1. 正确的言语示范

在幼儿的言语教育过程中，成人的言语示范起着至关重要的作用。示范时应做到咬文嚼字、发音准确，并注意语速、语调和音量。在日常生活中，有些幼儿在语言学习的初期发音不标准，可能会出现诸如将“扣子”误读为“透子”，或将“小狗”念成“小抖”等现象。然而，有些成人出于好玩，模仿幼儿的这些非标准发音，与他们互动。殊不知，这实际上无意中强化了幼儿的错误语音认知，妨碍他们自我识别和纠正错误发音的能力，这对幼儿正在发展的语音意识是不利的。因此，成人应以正确的发音为幼儿树立榜样，以促进他们言语学习的进程。

2. 丰富的词汇示范

成人应充分利用日常生活中的各种物品，向幼儿介绍其名称、功能、质地和使用方法等，以此帮助他们学习丰富的名词、精准的动词和多彩的形容词。例如，在日常互动中，成人在请求幼儿取物时，应该使用准确的方位名词指明物品的位置，或用诗意的语言描绘周围环境，这些都能为幼儿的语言学习提供生动的实例。此外，成人在叙述中恰如其分地使用连词，能够有效提升语言表达的逻辑性，进而潜移默化地帮助幼儿构建其语言表达的逻辑框架。这样的言语示范不仅能直接提升幼儿的言语技能，还有助于培养他们的思维能力。

3. 文明礼貌用语示范

成人良好的语言示范不仅体现在细心聆听他人的言辞，充分尊重每个人表达的完整性，避免无礼地打断，还在于积极自觉地采用文雅且得体的措辞。在公共场合，成人应当保持语调平稳适中，避免使用不雅或粗鄙的言辞。此外，掌握并践行适当的交际礼仪至关重要，例如对长者恭敬有礼、访客到访时热情问候、接受帮助后诚挚道谢等。这些具体的语言行为示范，无疑为孩子们营造了一个积极、规范的语言学习环境。

（四）创造言语交往的条件

幼儿的言语能力是在不断交流和运用中逐步发展起来的。研究显示，当母亲花费更多时间与 1～1.5 岁的儿童进行共同活动时，儿童能够掌握更丰富的词汇量。因此，积极为幼儿创造交往环境，对于促进儿童言语能力的发展具有举足轻重的作用。

在幼儿园中，教师可以通过设立多样化的社交活动，如角色扮演、团队协作游戏以及小组讨论等，来激发幼儿的积极参与。同时，教师也可以鼓励孩子们多与同伴进行沟通，分享各自的想法与经历，从而锻炼他们的语言表达能力。

教师应当营造一个宽松、自由、民主的交流氛围，以此激发儿童的表达欲望。在这样的环境中，孩子们将更加自信地开口表达，乐于用语言分享自己的想法，这无疑会极大地促进他们言语能力的提升。

此外，教师可以利用绘本和故事来引导幼儿进行角色扮演和讨论。这种方法不仅能激发孩子们对语言学习的热情，还能在模拟情境中教会他们如何更好地与人交往，从而提高他们的言语表达和理解能力。

当然，家长与教师的紧密合作也是不可或缺的。家长可以在家中为孩子创造更多的交流机会，如邀请小伙伴来家里玩耍，或带孩子参与社区活动等。鼓励孩子多与家人分享想法和感受，也是提升其语言能力的重要途径。

值得注意的是，每个孩子都拥有独特的个性和语言发展水平。因此，教师需要关注每个孩子的个体差异，为他们提供量身定制的指导和支持。特别是对于那些性格内向、不擅长表达的孩子，教师应给予更多的鼓励和引导，帮助他们克服心理障碍，勇敢地走出自己的小世界，与他人交流。

（五）形式多样的言语训练

形式丰富多样的言语训练有利于培养和提升幼儿的语言表达与理解能力。成人可以设计一些参与性强、儿童喜爱、有意义的活动来促进儿童言语的发展。

1. 朗读活动

可以挑选适合儿童年龄阶段的儿歌、童谣或简短故事、绕口令等，引导他们大声朗读。朗读不仅能够培养儿童的语感，帮助他们准确发音，还能锻炼儿童的听力，提升口头表达能力。

2. 故事讲述

鼓励儿童分享他们听过、看过或创作的故事，以帮助他们锻炼语言组织能力，同时激发他们的想象力和创新思维。

3. 角色扮演

通过模拟真实情境，让儿童扮演各种角色并进行互动对话，丰富他们的语言，深入理解言语交流，增强其对话技巧和社交能力。

4. 绘本阅读

引导儿童仔细观察画面，结合他们的经验理解画面内容，有条理地进行描述，帮助他们学习建立画面与故事内容的联系，从而提升他们的观察力和语言组织能力，丰富其词汇量。

5. 小型讨论会

针对儿童的兴趣点，设置讨论主题，引导他们提出问题并表达个人观点。这种方式能够培养儿童的逻辑思维和批判性思维，提高他们的言语表达水平。

资料阅读

让孩子自由成长——叶圣陶

叶圣陶（1894 年 10 月 28 日—1988 年 2 月 16 日），生于江苏苏州，原名叶绍钧，字秉臣、圣陶，现代作家、教育家、文学出版家和社会活动家，有“优秀的语言艺术家”之称。

作为一位文学家和教育家，叶圣陶的创作涵盖了小说、诗词、戏剧、童话、散文、评论等多个领域。他的作品不仅展现了他文学艺术的深刻理解和精湛技艺，更体现了他教育事业的执着追求和无私奉献。他参与发起的文学研究会，推动了中国文学的发展。1923 年，他出版了中国第一部童话集《稻草人》，开启了中国现代童话创作的先河。

叶圣陶不仅以其卓越的文学成就和深厚的学术造诣闻名于世，还以其独特的教育理念为后世留下了宝贵的财富。他深信，每个孩子都拥有自己独特的天赋和潜能，而教育的本质就是为孩子提供一个自由、宽松的环境，让他们能够按照自己的节奏和方式，自由地成长和探索。

在叶圣陶的教育理念中，“让孩子自由成长”是核心所在。他从不强迫孩子们学习，而是鼓励他们根据自己的兴趣和爱好去阅读、写作。他相信，只有在自由、宽松的环境中，孩子们才能真正发挥自己的潜能，培养出自律、自觉、自学的精神。他教导孩子们要为他人着想，这不仅是一种为人处世的原则，更是一种人生境界的体现。

叶圣陶的家庭教育也充满了“自由成长”的精神。他并不直接传授孩子们写作和编辑的技巧，而是通过引导他们进行阅读、写作和讨论，让他们在实践中学习和成长。他营造了自由、宽松、和谐的家庭氛围，使孩子们在潜移默化中养成良好的学习习惯和品格。在他的教导下，孩子们学会了独立思考和勇于创新。

叶圣陶一生追求真、善、美的精神，这种追求也深深影响了他的家庭和后代。他给三个孩子取名为至善、至美、至诚，寄托了他对孩子们的美好期望。在这种理念的熏陶下，他的子女们始终坚守自律、自觉、自省，努力追求至善、至美、至诚的人生境界。

叶圣陶的“让孩子自由成长”的教育理念强调尊重孩子的个性和兴趣，注重培养学生的独立思考和创新能力，体现了他对现代教育理念的深刻洞察和独到见解。这种教育理念不仅影响了他的家庭和后代，还对后世的教育事业产生了深远的影响。

儿童心理探索：南风效应——与人善言，暖于布帛

南风效应，又称为“温暖法则”，其核心论述在于人际关系和交流交往的处理方式。南风效应源自法国作家拉·封丹的寓言故事，这个寓言讲述了南风和北风的一次比赛。南风和北风约定，谁能够让行人脱掉自己的大衣，谁就更强。北风吹出刺骨的冷风，呼啸着从行人身上刮过，结果行人们为了抵抗寒冷反而将大衣裹得越来越紧；而南风徐徐吹动，带来了温暖和煦的轻风，微风飘过，舒适宜人，行人们感到暖意而脱下了大衣。因此，南风效应认为，在处理人际关系和进行沟通时，温和、尊重、关怀和理解的方式往往比强硬、冷漠或命令式的方式更为有效。通过温暖和委婉的沟通方式，能够赢得他人的好感、信任和合作，进而促使他人自愿采取行动或改变态度。

让我们从一个实际案例剖析南风效应。

案例 1

陶行知先生的“四块糖果”

陶行知先生曾担任过一所小学的校长。一天，他在校园里看到一名男生正准备用砖头砸另一名同学。陶行知及时制止了这一行为，并要求这个学生放学后到自己的办公室去。

放学后，陶行知回到办公室，发现那名男生已经在等着。他没有立即批评或训斥学生，而是拿出第一颗糖递给学生，说：“这是奖励你的，因为你很准时，比我先到了。”这一举动让学生感到意外。

接着，陶行知又拿出第二颗糖，说：“这也是奖励给你的。我不让你打人，你立刻就住手了，说明你很尊重我。”

陶行知继续拿出第三颗糖，说：“据我了解，你打同学是因为他欺负女生，这说明你

有正义感。”

男生此时已经泣不成声，他承认了自己的错误。陶行知随即掏出第四颗糖，说：“因为你正确地认识了错误，我再奖励你一颗糖。我的糖分完了，我们的谈话也结束了。”

陶行知先生的“四块糖果”分别激励了四种行为：守时守约、尊师重长、见义勇为、知错能改。在整个沟通过程中，陶行知先生始终保持着对学生的尊重与理解。他没有直接批评学生的错误行为，而是通过表扬学生的优点和良好动机来引导学生自我反思。同时，他循循善诱，利用正面激励的言语和“糖果”，帮助学生逐步认识到自己的错误并自觉改正。

一、“北风”的弊端

（一）自卑

在南风效应中，“北风”的严厉与强制往往以批评、指责甚至惩罚为主要手段，这种教育方式对学前儿童的心理发展有着深远的影响。学前儿童正处于自我认知形成的关键时期，他们对外界评价极为敏感，尤其是来自父母和老师的评价。当“北风”式的教育频繁出现时，学前儿童会不断接收到否定的信息，如“你怎么这么笨”“你这样做不对”等。这些话语如同寒风般刺骨，让他们感到自己无能、不被接受，进而产生自卑心理。

自卑心理一旦形成，会严重阻碍学前儿童的成长。他们可能会变得畏缩不前，害怕尝试新事物，担心因再次失败而受到批评。在社交场合中，他们也可能因为自卑而不敢表达自己，从而错失与他人建立友谊的机会。长此以往，这种自卑感会深入骨髓，影响他们的一生。

（二）压抑个性

学前儿童正处于个性发展的关键期，他们渴望探索世界，表达自己的想法和感受。然而，“北风”式的教育方式却像一把无形的枷锁，束缚了他们的个性发展。在这种教育模式下，学前儿童被要求遵守严格的规则和纪律，稍有偏差就会受到惩罚。这种强制性的管理方式忽视了学前儿童的天性和需求，迫使他们压抑自己的个性和创造力。

长期受到“北风”的压制，学前儿童可能会变得沉默寡言，缺乏主见，甚至产生逆反心理。他们可能会觉得自己的想法和感受不被重视，进而对周围的人和事物产生抵触情绪。这种个性上的压抑不仅会影响学前儿童的心理健康，还会限制他们在未来社会中的发展。

案例 2

爱画画的小楠

今天的绘画活动中，周老师带领小朋友们一起装饰母亲节的贺卡。小楠特别开心，终于等到了他喜欢的绘画活动，他一连画了三张贺卡。在欣赏环节，周老师看着小楠的贺卡，大声问道：“今天我们的主题是母亲节，给妈妈的贺卡，小楠，你画的这是什么呢？”

小楠小声回答："大炮和坦克。"周老师严肃地问："这是送给妈妈的吗？"小楠沉默不语。

下午离园时，周老师向小楠的妈妈讲述了今天绘画活动的情况。小楠的妈妈在回家路上生气地责备小楠："你每天就画那些大炮和坦克，有什么用呢？别的小朋友都给妈妈准备了漂亮的贺卡，我看到有妈妈的画像、鲜花、蛋糕，还有衣服、城堡、小猫小狗。只有你，整天画画，就只画坦克坦克坦克，我看你一点长进都没有！"小楠感到很难过，低着头小声嘀咕："妈妈，我喜欢大炮和坦克，也喜欢画画……"妈妈打断了小楠的话："有用吗？画出来了什么？连贺卡都不会画！你还会什么！"

（三）关系破裂

亲子关系和师幼关系是学前儿童成长中不可或缺的重要部分。然而，"北风"式的教育方式却常常成为这些关系破裂的导火索。在这种教育方式下，家长和老师往往以权威自居，对学前儿童进行严格的控制和管理。这种高压态势让学前儿童感到压抑和不安，进而对家长和老师产生抵触情绪。

当学前儿童感受到来自家长和老师的否定和批评时，他们可能会选择关闭心扉，不再愿意与家长和老师沟通交流。这种沟通障碍会进一步加剧亲子和师幼关系的紧张程度，最终导致关系破裂。一旦关系破裂，学前儿童将失去来自家长和老师的重要支持和帮助，这对他们的成长极为不利。

二、"南风"的优势

（一）良性沟通

在教育过程中，信任是沟通的基础。南风效应强调温和、友善的沟通方式，有助于建立和维护师幼或亲子之间的信任关系。当儿童感受到来自教师或家长的尊重和理解时，他们更愿意敞开心扉，分享自己的想法和感受。这种信任与亲近感为教育沟通提供了良好的氛围，使教育信息能够更有效地传递和接收。相反，强硬、直接的沟通方式往往容易引发儿童的抵触和防御心理。他们可能因为感受到威胁或压力而采取对抗或逃避的态度。

（二）换位思考

南风效应还有助于学前儿童学会换位思考。通过模仿南风顺应人的内在需求的方式，家长和教师可以引导儿童在与他人交往时，尝试从对方的角度思考问题，理解对方的感受和需求，并表达自己的立场和观点。这种换位思考的能力对于儿童的社交和情感发展至关重要，能够帮助他们更好地与他人建立和谐关系，解决冲突和矛盾。

在实践中，养育者和教师可以通过角色扮演、故事讲述等方式，让儿童体验不同角色的情感和需求，从而培养他们的同理心和换位思考能力。

（三）言传身教

南风效应还强调了言传身教的重要性。养育者和教师在教育儿童时，不仅要通过言语传递知识和价值观，更要通过自身行为进行示范和引领。只有当养育者和教师自身能够展现出温暖、理解、尊重和包容的品质，才能有效地将这些品质传递给儿童，使他们在潜移默化中学会这些技能。

因此，养育者和教师在日常生活中应注重自己的言行举止，以身作则地展现南风效应的精神内涵。例如，在面对困难和挑战时，家长和教师应保持积极乐观的态度，使用积极的语言来鼓励和支持儿童；在面对他人的错误和缺点时，养育者和教师应采取宽容和理解的态度，以温和的方式指出问题并引导改正。这样不仅能够为儿童树立良好的榜样，还能够激发他们内在的学习动力和自我提升的愿望。

案例3

岩岩的“篮球梦”

岩岩是一个性格比较内向的孩子。在幼儿园的各种活动中，他总是难以全身心投入，经常躲在一旁默默观察。

一天，户外活动的赵老师邀请篮球队的大哥哥们给小朋友们带来了一场别开生面的篮球表演赛，岩岩看得目不转睛，非常认真。赵老师发现后，轻声问岩岩：“等会儿会有教学，岩岩要不要试一试和大哥哥一起投篮呀?”岩岩怯生生地低下了头，没有回答。

在教学中，赵老师一直观察岩岩的表情。在自由活动时，赵老师拿着篮球走向岩岩，说道：“老师在这么多球里挑了一个好球！来帮老师试试这个球是不是像老师想的那么好呀!”岩岩接过球看了看，伸手还给赵老师：“老师，我……我……我不知道。”赵老师接着问：“那你帮老师拍一拍好不好呀?”岩岩尝试了好几次，球总是拍不到三个就滚到旁边，赵老师激动地说：“哇！岩岩，你的动作真标准！马步扎得真稳呀!”岩岩抿了抿嘴，继续拍起了球。

之后的活动中，赵老师发现岩岩的进步越来越快。

在作为教育者，我们应当如何在不同的教育场景中应用南风效应呢？在具体使用时，又应掌握哪些方法呢?

三、南风效应的应用方式

（一）轻轻地“吹”——温和、委婉的交流方式

在与儿童交流时，应使用温和、委婉的语言，避免使用过于严厉或指责性的词汇。当儿童偶尔出现问题时，可以说：“我注意到这次你做得有些不同，我们可以一起看看怎么改进。”

尝试站在儿童的角度理解他们的感受和需求，用同理心与他们沟通。当儿童遇到挫折并感到沮丧时，可以适时激励他们。当儿童努力并取得进步时，及时给予正面的反馈和鼓励。即使儿童的表现并不完美，也可以找到其中的闪光点进行表扬。

（二）慢慢地“吹”——有计划有目标的沟通

在教育中，教师和家长不能指望一蹴而就，而是需要设定目标，逐步引导，持续跟进。

教师与养育者可以与儿童共同设定清晰、可实现的目标，并分阶段实施。这样可以帮

助他们逐步建立自信，避免因一蹴而就产生挫败感。在遇到问题时，采用逐步引导的方式，让儿童逐渐理解并接受观点和建议。不要急于求成，要给儿童足够的时间和空间去思考和成长。同时，及时给予指导和支持，不断为儿童提供信心和动力。

（三）长久地“吹”——将抱怨变为期待

教育是一个长期的过程，需要教育者具备足够的耐心和毅力来陪伴儿童成长。即使遇到困难和挑战，也要保持坚定的信念和积极的态度。面对儿童的不足和错误时，要将抱怨和指责转变为期待和鼓励，用积极的语言表达对儿童的期望和信任，以激发他们的内在动力。

（四）坚定地“吹”——坚定温柔宽容的教育方式

在教育过程中，应保持教育方式的一致性和稳定性。不要今天温柔，明天粗暴，以免让儿童感到无所适从。在面对一时的错误和失败时，要给予儿童改正错误的机会和时间，相信他们有能力变得更好。

本章小结

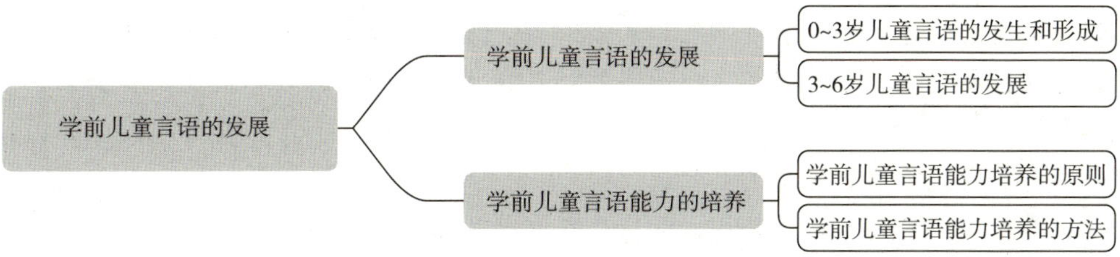

课后思考与练习

一、单选题

1. 儿童语言形成的现实条件是(　　)。

A. 环境　　B. 遗传素质　　C. 语言模仿　　D. 语言强化

2. 儿童学习语言的关键期是(　　)。

A. 0～3 岁　　B. 1～3 岁　　C. 3～6 岁　　D. 5～6 岁

3. 1.5～2 岁左右儿童使用的句子主要是(　　)。

A. 单词句　　B. 电报句　　C. 完整句　　D. 复合句

4. 3～6 岁的儿童掌握的词汇数量迅速增加，先后顺序通常是(　　)。

A. 动词、名称、形容词　　B. 动词、形容词、名称

C. 名称、动词、形容词　　D. 形容词、动词、名称

5. 教师在运用游戏法进行教学时应注意的问题是(　　)。

A. 应仔细观察儿童的语言表现，妥善运用强化手法

B. 明确游戏的目的，制定游戏规则

C. 适当创设游戏情境，增强游戏的趣味性

D. 明确目标，循序渐进

二、简答题

1. 请简述《幼儿园教育指导纲要（试行）》中语言教育的指导要点。

2. 试述如何运用表演法培养学前儿童的言语能力？

三、案例分析题

雯雯今年4岁，非常喜欢玩娃娃。她经常把娃娃当作自己的小伙伴，与它们进行各种互动。在和娃娃玩耍时，雯雯会对娃娃说话，给它们下达指令，仿佛娃娃真的能听懂并做出回应一样。例如，当雯雯想去公园玩时，她会拿起娃娃说："我们一起去公园玩吧。"当她觉得该休息时，她又会说："你该睡觉了，要乖乖的哦。"不仅如此，雯雯还会模拟日常生活中的场景，比如给娃娃梳头、讲故事等，并在这些活动中与娃娃进行言语交流。

雯雯的父母和幼儿园老师都注意到了她的这一特点，并积极鼓励她与玩具娃娃进行互动，认为这有助于她的言语发展。经过长期观察，他们发现雯雯的言语表达能力在不断提升。她不仅能够用更丰富的词汇来描述事物，还能更准确地表达自己的情感和需求。

思考：

（1）此阶段儿童的言语发展有什么特点？

（2）雯雯与娃娃的互动对她的成长有什么积极作用？

（3）教师和家长应如何更好地支持和促进儿童言语的发展？

四、技能训练题

根据本地区方言与普通话发音的差异，调查本地幼儿的听音和发音情况，分析本地幼儿易发错的音节和易混淆的音节，并设计一个针对幼儿易错音和易混音的训练活动方案。

第九章　学前儿童情绪情感的发展

本章要点

1. 了解学前儿童情绪情感发展的一般趋势；
2. 明白学前儿童基本情绪和高级情感的特点；
3. 掌握学前儿童情绪情感培养的方式方法。

导学案例

小班的昕昕在玩玩具时，喜欢把所有玩具都丢在地上慢慢挑选，其他小朋友也想选玩具，但昕昕不同意。张老师想和昕昕谈一谈这个问题，但刚起了个话头，昕昕就开始哇哇大哭。

小卉和妈妈一起去商场，路过玩具店时看到了一只巨大的毛绒熊猫。小卉想要把熊猫带回家，但妈妈认为家里已经有类似的玩具，不同意她再买一只。小卉伤心地大哭，妈妈轻声对她说："商场这么大，我们再看看还有什么好玩的东西，好吗？如果逛了一圈后你还喜欢这只熊猫，我们再把它带回家！"小卉抽泣着同意了，便和妈妈开始逛商场。商场里有漂亮的衣服、有趣的滑梯和甜美的冰激凌，不一会儿，小卉就快乐地沉浸其中了。

大班的子豪活泼好动，但总是在户外活动时不小心伤到自己或其他小朋友。王老师生气地批评了他，子豪则愤怒地大喊大叫，手舞足蹈，以此表达自己的不满。在一次户外活动中，子豪因用球砸到了小朋友，再次受到王老师的批评，他愤怒地用球将小朋友们搭建的城堡全部砸毁。此后，再进行户外活动时，子豪经常大喊大叫，随意打断其他小朋友的游戏。对此，王老师感到非常头疼。

从上述的案例中，大家发现了学前儿童情绪情感的什么特点呢？针对不同的情境，我们应该如何正确对待学前儿童并培养其良好的情绪情感呢？

第一节　学前儿童情绪情感的发展

一、学前儿童情绪情感的发生与分化

新生儿的哭闹、叫喊和肢体动作可以视为最原始的情绪情感表达，这种天生的情绪情感表达基本上与生理需求是否得到满足有关。

(一) 原始的情绪反应

行为主义创始人华生认为，婴儿的原始情绪种类主要包括怕、怒和爱。这些情绪被认为是人类天生具有的，是与本能活动相联系的情绪反应。

1. 怕

华生认为新生儿的怕主要受到两个重要因素的影响：大声和失去支持。当新生儿处于较为舒适和安静的环境中时，突然在其耳部附近敲击金属会导致新生儿肌肉猛然收缩，并转而大声哭泣；当新生儿身体突然失去支持，例如突然松手或剧烈抖动其身下的毛毯，新生儿会出现大哭、呼吸急促、四肢舞动、发抖等反应。

2. 怒

怒是由于限制婴儿运动引起的。例如，用毯子把婴儿紧紧裹住，不让其活动，婴儿会感到怒。他可能会挺直身体，或手脚乱蹬。

3. 爱

爱可以通过抚摸、轻拍或触及身体的敏感区域产生。例如，抚摸婴儿的皮肤或是柔和地轻拍他，能使婴儿安静下来，产生一种广泛的松弛反应，甚至展开手指和脚趾。

随着行为主义的兴起，关于新生儿具有三大基本情绪的推论也随之流行起来。然而，后来的研究并未能证实华生对原始情绪的划分。美国心理学家谢尔曼曾尝试通过四种不同的情境来刺激新生儿的情绪反应，包括用针刺刺激新生儿、在固定时间段内不喂养新生儿、使新生儿突然失去支撑以及束缚新生儿的手脚运动。随后，他邀请医生和学生进入房间观察新生儿在受到刺激后的反应。观察结束后，谢尔曼要求他们陈述新生儿哭闹的原因。但陈述后发现医生和学生对新生儿表现出的情绪情感及其原因的分析各不相同，无法达成一致。因此，一些学者认为新生儿的情绪状态是笼统的。

(二) 布里奇斯的儿童情绪发展理论

美国心理学家布里奇斯于 1932 年提出了一个新的观点：初生婴儿的情绪反应是笼统的、未分化的，通常表现为皱眉和哭泣。然而，随着时间的推移，婴儿的情绪逐渐开始分化，如图 9－1 所示。

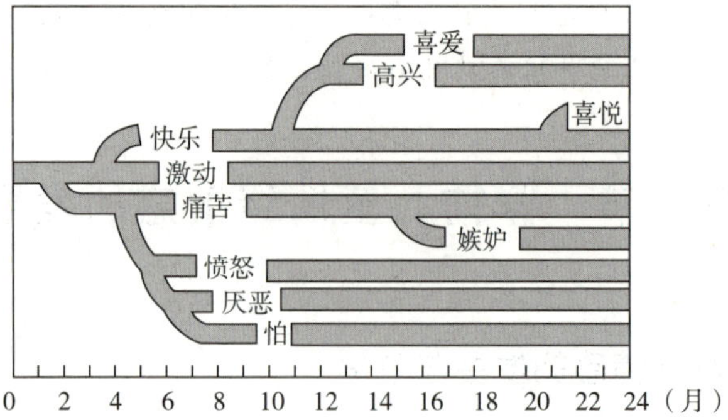

图 9－1　布里奇斯的 0～2 岁儿童情绪发展模式

具体来说，布里奇斯认为，3个月的婴儿，其初生的原始激动开始分化为快乐和痛苦两种情绪。到了6个月时，痛苦情绪进一步分化为愤怒、厌恶和害怕这三种情绪。到了12个月，快乐情绪又分化出高兴和喜爱。到了18个月时，快乐情绪中分化出喜悦，而痛苦情绪中分化出嫉妒。

（三）林传鼎的儿童情绪发展理论

我国心理学家林传鼎亲自观察了500多个出生1～10天的新生儿的动作变化。他认为，新生儿已具有两种可以明确区分的情绪反应。一种是愉快的情绪反应，代表生理需要的满足（如吃饱、温暖和舒适等）。愉快的反应是一种积极生动的反应，它表现为某些自然动作的增多，尤其是四肢末端的自由动作增加，并且动作不僵硬。另一种是不愉快的情绪反应，代表生理需要的未满足（如饥饿、寒冷、疼痛等），其表现为自然动作的简单增加，如连续哭叫、脚蹬手刨等。

林传鼎认为儿童情绪情感分化分为以下几个阶段。

1. 泛化阶段（0～1岁）

在泛化阶段，儿童的情绪反应相对笼统，且主要由生理需要引发。

0.5～3个月时，儿童会表现出欲求、喜悦、厌恶、忿急、烦闷、惊骇这六种情绪，但这些情绪并不是高度分化的，只是在愉快与不愉快的基础上增加了一些面部表情。4～6个月时，儿童开始出现由社会性需要引发的喜欢、忿急等情绪。

2. 分化阶段（1～5岁）

进入分化阶段，儿童的情绪开始变得多样化。从3岁开始，他们陆续产生同情、尊重、爱等二十多种情感；同时，一些高级情感，如道德感和美感，也开始萌芽。

3. 系统化阶段（5岁以后）

在系统化阶段，儿童的情绪和情感达到高度社会化。在这个时期，道德感、美感、理智感等多种高级情感得到进一步发展，与世界观形成相关的情绪和情感也初步建立。

（四）伊扎德的儿童情绪发展理论

美国心理学家伊扎德的情绪动机分化理论在心理学领域具有广泛影响力。该理论的核心观点是，情绪是人格系统的核心动力，并且情绪是分化的，存在具有不同体验的独立情绪，这些独立情绪都具有动机特征。他提出了10种基本情绪，如兴趣、愉快、惊奇、悲伤、愤怒、厌恶、轻蔑、恐惧、害羞和胆怯，这些情绪不仅存在于成人中，也在儿童的情绪体验中有所体现。这些基本情绪在儿童的成长过程中逐渐分化和发展，成为他们动机系统的重要组成部分。

伊扎德认为婴儿出生时具有五种基本情绪：惊奇、痛苦、厌恶、最初步的微笑和兴趣。4～6周时，婴儿出现社会性微笑；3～4个月时，出现愤怒和悲伤；5～7个月时，出现恐惧；6～8个月时，出现害羞；6～12个月时，表现出依恋、分离焦虑和对陌生人的恐惧。在18个月左右，婴儿开始表现出羞愧、自豪、骄傲、焦虑、内疚和同情等情绪。

二、学前儿童情绪情感发展的一般趋势

（一）情绪情感的社会化

随着年龄的增长，学前儿童的情绪情感逐渐与社会规范、道德习俗等相联系。他们开始关心他人的感受，并学会通过表达自己的情绪来与他人建立联系。这种社会化过程使儿童逐渐理解并遵守社会规则，更好地融入社会。学前儿童情绪情感的社会化主要体现在以下三个方面：

1. 情绪情感中社会性交往成分不断增加

随着年龄的增长，儿童逐渐从自我中心的状态中走出来，开始更多地关注他人，并愿意与他人进行互动和交往。

（1）社会性微笑

有研究表明，儿童的微笑可以分为三个阶段：对自己的微笑、对教师的微笑和对同伴的微笑。其中，对教师和对同伴的微笑属于社会性微笑。研究认为，在 1 岁左右，儿童的微笑主要是对自己的，即非社会性的微笑占比较多。当他们看到新奇事物或抓拿物品时的快乐，都会产生对自己的微笑；而在 3 岁左右，儿童对教师和对同伴的微笑逐渐增加，即开始从非社会性微笑转变为社会性微笑。这种社会性交往的增加在儿童的日常生活中表现得尤为明显。例如，他们开始愿意分享自己的玩具和食物，愿意帮助别人，也愿意寻求他人的帮助。在交往中，他们不仅学会了合作、分享和等待等社交技能，还学会了如何理解和应对他人的情绪，以及如何表达自己的需求和感受。

（2）依恋

依恋是婴儿与主要抚养者（通常是母亲）之间最初的社会性联结，也是婴儿情感社会化的重要标志。

依恋主要包含四个阶段。第一阶段是无差别的社会反应阶段（0～3 个月），此时婴儿对人的反应没有明显的区别。第二阶段是有差别的社会反应阶段（3～6 个月），婴儿开始对母亲、熟悉的人和陌生人的反应有所区别和选择，他们往往更偏爱母亲，并减少对陌生人的反应。第三阶段是特殊的情感联结阶段（6 个月～2 岁），此阶段婴儿对母亲产生依恋，并形成专门的情感联结。最后一个阶段是目标调整的伙伴关系阶段（2 岁以后），婴儿能够理解母亲的情感、需要和愿望，并能接受母亲离开一段时间或距离，将母亲视为交往的伙伴。

根据鲍尔比和艾斯沃斯等人的研究，婴儿依恋通常被分为以下三种类型。

① 安全型依恋

安全型依恋儿童将母亲视为“安全基地”，母亲的存在使他们感到足够的安全，因此能够在陌生的情境中积极地探索和操作。他们对母亲的离开和陌生人的出现不会产生强烈的不安全感，有时甚至会尝试接近陌生人并表示友好。

安全型依恋是一种积极的依恋类型，这类儿童在成年后通常具有较高的自尊，容易获得他人的信任，并能够维持长久的人际关系。他们善于寻求社会支持，并具有良好的分享能力。

② 回避型依恋

回避型依恋儿童往往与母亲之间并未形成特别亲密的感情联结，对母亲是否在场表现

得“漠不关心”。当母亲离开时，他们不会表现出伤心或不安；而当母亲再次回来后，他们会选择缓慢接近，或者选择回避母亲，不愿意与其有亲密互动。

回避型依恋属于消极依恋，儿童成年后在社会适应行为上也会表现出消极倾向。

③ 反抗型依恋

反抗型依恋儿童通常缺乏安全感，时刻警惕母亲的离开，对她的离开表现出极度反抗和非常苦恼。当母亲离开后再回来时，这类儿童既渴望接触又反抗母亲的安抚，表现出矛盾的态度。

反抗型依恋同样属于消极依恋，此类型儿童在社交中可能存在困难。

（3）陌生人焦虑

陌生人焦虑通常出现在孩子 6 个月～3 岁的年龄段，尤其是在 8～10 个月时最为严重，1 周岁以后强度逐渐减弱。由于儿童与主要抚养者之间的依恋逐渐形成，他们已经能够分辨主要抚养者和陌生人。在面对陌生人时，孩子会表现出明显的回避倾向，减少视线和肢体接触，产生紧张不安的焦虑情绪，甚至出现哭闹、大叫等反应。

（4）分离焦虑

分离焦虑是指婴幼儿在与有亲密情感联系的人（如母亲或主要抚养者）分离时，产生的焦虑、不安、不愉快的情绪反应。最普遍的分离焦虑常见于幼儿入园时，儿童会因此产生入园焦虑。

学前儿童的分离焦虑行为表现多样，包括反抗阶段（号啕大哭、又踢又闹）和失望阶段（仍然哭泣但断断续续，不理睬他人，表情迟钝）等。分离焦虑不仅影响儿童的心理健康，还可能引发一系列生理反应，如免疫力下降、饮食和睡眠问题。例如，一些儿童可能因为分离焦虑而反复感冒、腹泻、拒绝上床睡觉，甚至出现梦魇等情况。

学前儿童的分离焦虑是儿童心理发展过程中的一种正常现象，反映了儿童对主要照顾者的深厚情感依恋和对分离的抗拒心理需求。教育者和抚养者应该理解并尊重儿童的情绪反应，通过提供稳定、安全的情感支持，以及逐步引导儿童适应分离等方式，帮助他们克服分离焦虑，促进心理健康发展。

2. 情绪情感反应的社会性因素不断增加

随着年龄的增长，儿童的情绪情感反应不再局限于满足基本的生理需求，而是越来越多地与社会性需求和情境相联系。儿童逐渐开始理解和感知他人的情绪和意图，这使得他们的情绪情感反应更多地受到他人行为和态度的影响。在幼儿园的小班，我们常常可以看到一个孩子因为想家而小声啜泣，这种情绪会带动整个班级的孩子大声哭泣。这种情况说明学前儿童的情绪情感反应容易受到他人影响。

学前儿童逐渐开始参与更多的社会性活动，如同伴游戏、集体活动等。在这些活动中，他们可能会体验到更多的情绪情感反应，如成功时的喜悦、失败时的失落、被排斥时的伤心等。这些情绪情感反应都与社会性交往和情境密切相关。

随着学前儿童认知能力的发展，他们开始理解和认识社会规范、价值观和道德准则。这些认知因素也会影响他们的情绪反应。例如，当儿童意识到自己的行为不符合社会规范时，可能会感到内疚或羞愧；看到他人做出善举时，可能会感到敬佩和尊重。

3. 表情日趋社会化

情绪和情感是非语言沟通的重要组成部分。表情是传递情绪和情感信号的主要媒介，一般可分为面部表情、肢体表情和言语表情。

（1）面部表情

眼睛是心灵的窗户，在传达和观察个体情绪情感时，它是一个非常重要的部位。生气或愤怒时的怒目而视、侧目而视，激动时的热泪盈眶、喜极而泣，都是通过眼睛来表现情绪情感。愁眉苦脸、喜笑颜开、咬牙切齿、面如死灰，这些词语则是通过面部表情传达情绪情感。

知识拓展

面部表情是先天具有还是后天习得?

日常生活中，我们经常会使用面部表情。关于面部表情究竟是与生俱来的，还是后天模仿学习得到的，学者们有不同的见解。

达尔文在其著作《人类与动物的表情》中定义了六种反映基本情绪的面部表情，它们分别是愤怒、厌恶、惊讶、喜悦、悲伤和恐惧。他在观察自己的儿子时发现，婴儿会做出一些类似于“鬼脸”的表情。随后，有学者对偏远部落和多个国家进行系统研究后，验证了达尔文的结论：“微笑”代表喜悦，“哭泣”代表悲伤，其他基本情绪的面部表情亦是如此。

但在美国心理学家丽莎·费尔德曼·巴雷特的实验中，他们发现，每个人对于面部表情的理解并不相同。即使面对同一张照片，每个人描述的情绪也可能大相径庭。

学者们认为，面部表情的形成是一个复杂而曲折的过程，它既受先天因素影响，也受后天因素影响。

（2）肢体表情

肢体表情主要指除面部表情之外，头部和四肢的情绪情感表达。例如，抓耳挠腮、蹑手蹑脚、垂头丧气、昂首挺胸等状态，都是通过肢体来表现当下的情绪情感。在日常生活中，我们欣赏舞蹈时，便是肢体表情表达情绪情感的一种形式。随着舞蹈演员动作的变换，配合着音乐的演绎，我们能够从中体会到不同的喜怒哀乐、对亲人的不舍以及对爱人的留恋等情绪情感。

（3）言语表情

言语表情通常指通过言语表达中的语调、音量、语速等语言特征的变化来展现情绪和情感。当处于较为激动的情绪中时，个体可能会语速加快、音量提高、语调上扬，通过言语表情的明显变化来展现激动的情绪。在日常生活中，我们也经常能够经历言语表情的表达场景，比如在听小说或场景配音时，当即将进入一个充满悬念的场景或画面时，配音通常会明显改变语速，突然停顿或拉长语调，以营造神秘的氛围。

学前儿童的表情日趋社会化，这主要体现在其成长过程中。他们逐渐学会理解并使用面部表情与他人交流，同时，他们的表情也逐渐受到社会规范和文化背景的影响。

随着学前儿童认知能力的发展，他们开始能够识别和理解他人的面部表情。学前儿童逐渐学会通过观察他人的眼神、眉毛、嘴唇等面部特征来判断他人的情绪状态，并据此做出相应的反应。这种对他人表情的识别和理解的能力，使儿童能够更好地适应社交环境，与他人建立良好的互动关系。

学前儿童的表情也逐渐受到社会规范和文化背景的影响。在不同的社会和文化背景下，人们对表情的解读和期望可能存在差异。学前儿童在成长过程中，会不断接触和学习这些社会规范和文化期望，并将它们融入自己的表情表达中。

（二）情绪情感的丰富和深刻化

学前儿童的情绪情感体验逐渐变得丰富而深刻。他们开始体验更多种类的情绪情感，如尊敬、怜悯、同情、羡慕、羞愧、骄傲和嫉妒等。同时，他们对情绪情感的理解也更加深入，能够更准确地识别和理解自己及他人的情绪情感。

1. 情绪情感的日益丰富

情绪情感的丰富化主要体现在情绪情感类型的逐步发展、情绪情感过程的分化，以及引发情绪情感的事物不断增加。在婴幼儿时期，饿了就哭、开心就笑。婴幼儿对自己和成人的一些行为和言语并不会做出相应的情绪情感反应，如尿床、呕吐等。但随着情绪情感逐渐分化，到学前儿童阶段，儿童尿床可能会产生害羞、愧疚等情绪情感。而随着情绪情感过程的不断分化，儿童期会逐渐出现许多高级社会性情感。

学前儿童的情绪情感丰富，受到认知能力发展的影响。随着注意力、记忆力和思维能力的提高，他们能够更好地理解和记忆过去的情绪情感体验，并能够在新的情境中运用这些经验。这种认知能力的发展进一步丰富了学前儿童的情绪情感。例如，儿童第一次进入医院时，由于对医院的认知不足，没有对应的记忆和相关情绪情感体验，可能不会产生强烈的情绪情感反应。但随着去医院的次数增多，儿童的记忆点和情绪情感反馈逐步加深，他们可能会体验到害怕、恐惧等情绪情感。

2. 情绪情感的深刻化

情绪情感的深刻化是指向事物性质的变化，从指向事物的表面到指向事物更内在的特点。在日常生活中，我们常听到类似“不要出门，警察叔叔会来抓人”或“别去河边，水底有妖怪”这样的语句。两岁以后的儿童听到并记住后，可能会产生害怕和恐惧的情绪情感。随着想象力的逐步发展，儿童可能会出现晚上无法独自入睡或对光线较暗的环境感到恐惧的情况。这是情绪情感深刻化的一种表现形式。

案例分析

情绪情感的深刻化与哪些认知活动相关联？

小蕊和妈妈去宠物店时，轻轻地抚摸了一只小兔子，她兴奋地对妈妈说：“好软啊！兔子！”在接下来的一个小时里，小蕊不停地抚摸小兔子的毛，嘴里不停地念叨：“好软啊……好软啊……”

过了一会儿，小蕊抱着一只小兔子，小声地说："妈妈哄你睡觉哦，你乖乖的。"没多久，小兔子真的在小蕊的怀里睡着了。妈妈发现后，给小蕊和小兔子拍了照片。照片中的小蕊一脸自豪，骄傲地看着小兔子。妈妈见她实在喜欢，就买了一只小兔子带回家一起养。

有一次在去幼儿园的路上，小蕊激动地对爷爷说："小白的朋友们！"爷爷一头雾水，四处张望了半天，终于发现购买小白的宠物店就在旁边。小蕊兴奋地手舞足蹈地和爷爷讲述她和小白朋友们第一次见面的场景，开心地蹦蹦跳跳。

就在这时，路边经过了一位阿姨，小蕊沉浸在回忆中，一时没注意，手伸出去正好拍在了阿姨的胳膊上。"哎哟！"小蕊听到阿姨的惊呼，感到不安，抱着手臂，慢慢挪到了爷爷的身边。爷爷看着小蕊，轻轻地问："阿姨可能受伤了，你应该怎么做呢？"小蕊绷着小脸，嘴角耷拉着，想了半天，握紧小拳头，走到阿姨的身边，说："阿姨，对不起，我不是故意的。我可以给您吹吹，揉一揉吗？"阿姨看着小蕊那闪着泪花的眼睛，忍不住笑了，温柔地说："没关系。"然后便离开了。

1. 与感知觉相联系的情绪情感

小蕊触摸兔子毛时，因柔软蓬松的触感而感到兴奋和快乐，这是因为儿童的情绪情感与感知觉相联系。例如，鞭炮礼花的声响和雷电的声响都会对儿童造成刺激，导致他们产生害怕、恐惧等情绪。

2. 与记忆相联系的情绪情感

小蕊经过宠物店时，手舞足蹈地向爷爷描述第一次看见小兔子的场景，这是因为儿童的情绪情感与记忆相联系。例如，在婴幼儿时期，婴儿会对陌生人感到恐惧，这是因为随着记忆的发展，婴儿面对陌生人时，由于没有相关的记忆，便会产生惊恐的情绪。

3. 与想象相联系的情绪情感

小蕊把自己想象成兔子妈妈，哄小兔子睡觉，并因此感到自豪和满足感。这是因为儿童的情绪情感与想象力密切相关。例如，面对柜子等物品时感到害怕，可能是因为儿童想象柜子打开后会有坏人藏在里面，从而产生恐惧等情绪体验。

4. 与自我意识相联系的情绪情感

小蕊不小心拍到了阿姨的胳膊时，感到愧疚和害怕等情绪。她意识到因为自己的失误给他人带来了伤害，这表明儿童的情绪情感与自我意识是相关联的。

此外，学前儿童的情绪情感还与思维相联系。例如，当他们通过思考和解决一些简单的数学问题后，可能会因为解决问题的成就而感到自豪和满足。这种情感是基于他们的思维能力和问题解决能力。

（三）情绪的自我调节化

学前儿童的情绪情感具有易冲动性、外露性、不稳定性、易传染性和易受暗示的特性。学前儿童情绪的自我调节化是一个逐步发展和成熟的过程。随着儿童的成长，他们逐渐学会控制自己的情绪，使其适应不同的环境和情境，主要有三个特点。

1. 情绪的冲动性逐渐减少

在幼儿期，由于大脑皮质神经活动的兴奋容易扩散，以及皮质对皮下中枢的控制能力发展不足，儿童常常表现出强烈的情绪冲动性。他们容易受到外界刺激的影响，迅速进入高度兴奋、激动的情绪状态，甚至失去理性，难以自控。随着年龄的增长，学前儿童开始意识到自己的情绪，并尝试对其进行控制，情绪冲动性逐渐减少。起初，这种控制可能是被动的，即在成人的要求或指导下进行。然而，随着时间的推移，儿童逐渐发展出主动的情绪调节策略，减少情绪的冲动性，例如通过思考、注意力转移等方式来控制情绪的强度和持续时间。此外，集体活动和集体生活的要求也有助于儿童逐渐提升调节自己情绪的能力。在集体环境中，儿童需要学会遵守规则、尊重他人，这都能够有效促进儿童情绪调节能力的提升。

2. 情绪的稳定性逐渐提高

学前儿童的情绪往往容易受到外界环境的影响，他们的情绪状态可能会在短时间内发生较大变化。在幼儿园小班中常见到“破涕为笑”的现象：刚刚还在大声哭泣、想回家的孩子，一转眼就被旁边的玩具吸引，开心地玩了起来。

学前儿童的情绪容易受到他人的影响和暗示。他们可能会模仿他人的情绪表达，或者因为听到某些话语而产生相应的情绪反应。例如，当家长抱着正在大笑的孩子经过房门，假装用手磕到门框后急切地询问：“痛不痛呀？撞到哪儿了呀？”尽管孩子并没有撞到，但可能会突然大哭。这个例子很好地证明了，由于家长的言语带有暗示性，孩子的情绪受到影响后迅速改变了状态。

大脑的发育为学前儿童情绪稳定性的提高奠定了基础。随着大脑皮质的成熟，儿童对情绪的调节和控制能力逐渐增强。他们开始能够更好地处理来自外部环境的刺激，减少情绪的过度反应。

言语的发展也促进了情绪稳定性的提高。儿童逐渐能够用言语来表达和沟通自己的情感，这使得他们能够更好地理解和处理自己的情绪。通过言语的交流，儿童可以从家庭、学校和社会交往等途径学习更多的情绪调节策略，从而进一步提高情绪的稳定性。

此外，社会经验的积累也对提高情绪稳定性起到了重要作用。随着儿童与周围人的互动增多，他们逐渐学会在不同情境中调整自己的情绪表达。通过观察和模仿他人的行为，儿童学习到如何更好地调节自己的情绪，以适应社交需求。

3. 情绪从外露到内隐

学前儿童情绪从外露到内隐的发展，反映了他们对外界环境和他人反应的适应和认知的深入。

在幼儿早期，由于认知能力和社会经验的有限，情绪表达往往比较直接和外露。他们可能会通过大哭、大笑、大叫等方式来表达情绪，而这些情绪表达通常是直观且易于理解的。随着儿童年龄的增长和经验的积累，他们逐渐意识到情绪表达需要考虑他人的感受和需求，因此开始学会控制自己的情绪表达，使其更加内敛和含蓄。随着儿童对周围世界认知的逐渐深入，他们开始能够理解和分析复杂的情绪状态，并通过更高级的语言和认知策略来调节和表达情绪。这种内隐化的情绪表达方式不仅有助于儿童更好地适应社交环境，还有助于培养他们的同理心和社交技能。

第二节　学前儿童情绪情感的培养

一、学前儿童积极情绪的培养

（一）营造良好的环境氛围

儿童的情绪具有易传染性和暗示性。因此，教育者和养育者应积极营造良好的环境氛围，让儿童体验温馨、和谐、支持性的情绪环境，使他们感受到无条件的爱与接纳，从而增强自尊和安全感。

（二）提供多样化的情绪体验

情绪本身没有对错之分，儿童在生活中展现的喜怒哀乐都有其存在的理由。教育者和养育者应通过日常活动、游戏、故事等方式，为儿童提供多种情绪体验的机会，鼓励儿童参与社交活动，正确引导他们进行积极的情绪管理，帮助儿童认识情绪、体验情绪、表达情绪、控制情绪，并合理地宣泄情绪。我们不应谈“哭”色变或谈“怒”色变。

（三）积极的教育态度

在教育过程中，教育者和养育者应以身作则，树立榜样，通过自身的积极情绪和行为为儿童提供示范，帮助儿童学习处理和表达情绪。同时，教育者和养育者应展现出对情绪的自我管理能力，让儿童看到积极应对情绪的方法和效果，从而在潜移默化中帮助儿童建立情绪管理的信心。

每个儿童的情绪发展都有其独特性，教育者和养育者应关注儿童的个体差异，根据他们的特点和需求制定个性化的情绪培养策略。对于情绪发展较慢或存在情绪问题的儿童，应给予更多的关注和支持，帮助他们逐步建立积极的情绪态度。

（四）建立良好的交往关系

亲子之间的情感连接对学前儿童的情绪发展至关重要。父母及其他养护者应增加互动时间，在陪伴的基础上，充分理解与接纳儿童，关注并及时回应儿童的情绪需求。父母及其他养护者对儿童的欣赏、鼓励、表扬和认可，能够帮助儿童消除恐惧感，建立安全感，提升自我价值，使儿童感受到爱，并在充满爱的环境中实现自我成长。

师幼关系是儿童情绪发展的重要影响因素之一。尤其在儿童入园初期，他们可能会出现哭闹、沉默、难以适应等焦虑反应，主要是因为感到安全感缺失或情感依恋增强。在此阶段，教师可以通过游戏、情感教育活动、非课程教育互动、环境创设等方式，帮助儿童建立对教师及幼儿园的信任感，增强适应能力，转变消极情绪。

二、学前儿童高级情感的培养

（一）道德感

道德感是人类特有的一种高级情感，是一个人对自己或他人的动机、言行是否符合社会道德行为准则而产生的一种内心体验，包括荣誉感、羞耻感、义务感、责任感、正直感、尊严感等。经典儿歌中唱道："我在马路边，捡到一分钱，把它交给警察叔叔。"其中"拾金不昧"便是道德感的一种表现形式。学前儿童的道德感发展可以从以下三个方面进行培养。

1. 以身作则，树立榜样作用

儿童道德感的发展离不开认知的发展，道德感的发展方向来源于儿童的认知变化。儿童会从以自我为中心逐渐转变为服从法则和维持秩序。然而，如果法则与秩序不符合道德规范，儿童则难以正确培养道德感。例如，轩轩在幼儿园时，看到有小朋友摔倒或磕碰，总会哈哈大笑。教师多次观察后，询问轩轩为什么要发出笑声，轩轩解释说："之前在公园玩时，有一个大叔摔跤，周围的人都哈哈大笑，我也觉得很好笑。"轩轩可能在最初并不理解摔倒与大笑的联系，但在习得这种行为后，已形成习惯，导致其同理心未能良性发展。因此，为了培养儿童的道德感，教育者应以身作则，树立榜样作用。

2. 即时反馈，激励道德行为

正向反馈能够帮助儿童加深对道德行为的记忆。当儿童表现出道德行为时，教育者应及时给予肯定和奖励。这不仅可以增强儿童的自信心，还能让他们清楚地认识到道德行为是值得赞扬和鼓励的。奖励可以包括语言表扬、物质奖励或提供更多的自主权等。

3. 提供机会，创造使用环境

通过故事、角色扮演、分享经历等方式，可以帮助儿童理解他人的感受和需求，培养他们的同理心。积极组织社会交往和集体活动，通过与他人合作、解决冲突等方式，锻炼儿童的道德实践能力。实践是检验道德行为的最佳方式，也是培养儿童道德行为的有效途径。

（二）理智感

理智感是在智力活动中，因认识、探求或维护真理的需要是否得到满足而产生的情感体验。它是人们学习科学知识、认识和掌握事物发展规律的动力。理智感在人的思维活动、探索未知以及追求真理的过程中起着关键作用，使人们对未知领域保持好奇和热情，对错误观念持怀疑和批判态度，并对科学真理产生热爱和追求。学前儿童的理智感发展可以从以下两个方面进行培养。

1. 满足求知欲，提供多样的探究环境

儿童对周围的世界充满好奇，他们渴望了解事物的运作原理，探究问题的答案。教育者应该耐心回答他们的问题，鼓励他们持续探索和学习。同时，应创造机会让儿童动手动脑，积极自主地探索世界，从而激发他们的兴趣和好奇心。

2. 广泛的阅读，帮助儿童思维发展

儿童在阅读过程中，无论是教育者或养育者的讲述联想，还是自己阅读绘本时的图片联想，都是思维的过程。在从大量语言或图片中抓取信息的过程中，能够更好地帮助儿童提升思维能力。同时，阅读也是提升儿童认知的良好途径。儿童可以从各类知识型书籍或故事型绘本中，提取日常生活的常识、物品的名称、处事的方法等内容。

（三）美感

美感是审美主体对客观现实美的主观感受，即人类的审美意识。在审美活动中，美感表现为对美的主观反映、感受、欣赏和评价。不同时代、阶级、民族和地域的人，以及文化修养、个性特征等的不同，会形成美感的差异性。美感包括自然美感、社会美感和艺术美感三类。

教育者可以通过创设良好的艺术环境，如使用鲜艳的色彩和美观的物品等，以激发儿童对美的感知和兴趣。同时，可以开展多样的艺术活动，如组织绘画、手工制作、音乐、舞蹈等，让儿童通过亲身参与感受艺术的魅力。在这些活动中，教育者应鼓励儿童自由发挥，表达自己的想法和感受，以培养他们的创造力和艺术鉴赏力。

教育者还需要引导儿童欣赏自然美，认真观察生活中的美好事物，如美丽的花朵和多变的天空等，以培养他们对自然美和生活美的敏感性和欣赏能力。

三、学前儿童情绪调控的方法

（一）帮助学前儿童控制情绪的方法

1. 转移法

当儿童因某件事情而情绪激动时，教育者可以有意识地转移他们的注意力。例如，当儿童大哭时，教育者可以引导他们去观察一些有趣的事物，或者做一些他们喜欢的事情，从而帮助他们摆脱负面情绪。

2. 冷却法

当儿童情绪非常激动时，教育者可以采取暂时置之不理的方法，让儿童自己慢慢冷静下来。例如，当儿童因争执产生矛盾导致情绪波动较大时，教师可以先将儿童分开，静观其变，待儿童情绪逐渐平静后再与其沟通。这种方法可以帮助儿童学会自我控制。但需要注意的是，情绪冷却后应及时与儿童进行情感交流，以避免让他们感到被忽视或冷落。

3. 消退法

消退法主要用于针对儿童某些不良行为，通过消除其影响因素来减少不良行为的发生。例如，当儿童通过大喊、躺地、哭闹等方式达到自己的目的时，教育者应坚持原则，切勿让儿童形成通过不良行为达到目的的习惯。

（二）教会学前儿童调节情绪的方法

1. 反思法

反思法是指在儿童经历情绪起伏后，冷静思考自己当时的情绪表现是否合适，寻找更恰当的处理方式，从而帮助儿童从经验中学习，逐渐提高他们的情绪管理能力。

案例分析

林则徐“制怒”

林则徐性情刚烈、脾气急躁，其父林宾日亲笔写下“制怒”二字，悬挂于林则徐的书房，并为其改名“则徐”，意思是要他控制脾气，处事舒缓。为官之后，林则徐牢记父亲的教诲，亲自书写“制怒”二字的牌匾，挂在书房和厅堂，用以时时警醒自己。

《观微子》中有言，涵养之人“能忍人所不能忍，容人所不能容，处人所不能处”。易怒暴躁之人通常意志薄弱，容易丧失自我管理和控制能力，小事生烟，大事冒火，不仅于事无补，还易铸成大错。

古人说：“小不忍则乱大谋。”凡成功者，一般都能像林则徐那样，有着超乎常人的意志力，“三思方举步”，善于控制自己的情绪，绝不因愤怒而做出决定或采取行动。

2. 自我说服法

当儿童因某些事情感到伤心或害怕时，可以教他们对自己说一些鼓励的话，例如“我是勇敢的”“我不害怕”等。这种方法可以帮助儿童建立积极的自我认知，提高他们的自信心。在成长过程中，我们经常使用这样的策略，例如在坐过山车时大喊“我不害怕”以释放压力，或在黑暗环境中大声唱歌以缓解焦虑。

3. 想象法

当儿童面临困难或挫折时，可以引导他们想象自己是一个勇敢的人或一个英雄人物，从而激发他们的勇气和信心，帮助他们从内心深处找到力量，更好地应对挑战。

知识拓展

“酸葡萄”与“甜柠檬”效应

伊索寓言里有一段小故事：从前有一只狐狸想吃葡萄园里的又大又圆的葡萄，但葡萄架子太高，它够不着。它自我安慰说：“葡萄是酸的，既然是酸的，那就没有什么好吃的了。”于是狐狸平静地走了。因为没有吃到葡萄，它饥肠辘辘，便走到柠檬树旁摘柠檬吃，边吃边说：“这个柠檬是甜的，正是我想吃的。”故事中的狐狸为了安抚自己的情绪，用“酸葡萄”和“甜柠檬”来进行自我暗示。这就是心理学上“酸葡萄效应”和“甜柠檬效应”的由来。

这两种效应都是个体在面对消极情绪时的心理防卫机制，有助于减轻心理压力，但过度依赖可能导致对现实问题的回避，阻碍个人成长。因此，在运用这种心理机制时，应保持理性，不要掩盖自己的真实需求，正视消极情绪和现实，积极寻求解决问题的办法。

儿童心理探索：野马效应——做情绪的主人

野马效应源自非洲草原上的一种独特现象，即吸血蝙蝠与野马之间的特殊关系。草原上有一种吸血蝙蝠常以野马的血液为食。它们会悄悄接近野马，叮在野马的腿上吸血。对于野马来说，这种被叮咬的感觉虽然不痛不痒，就像夏天的蚊虫，总是纠缠在身边。因此，野马会陷入暴怒和狂奔的状态，试图摆脱这些吸血蝙蝠。然而，蝙蝠的动作非常迅速，它们可以在野马身体的各个部位间快速移动。这导致野马因无法摆脱蝙蝠的叮咬而不断暴怒狂躁，最终因体力不支而死亡。

简而言之，野马效应描述的是因小事而大动肝火，最终因他人的过失而伤害自己的现象。它揭示了人们在面对小刺激时，由于失控而产生的过度反应。

案例 1

阿维森纳的羊羔实验

古代阿拉伯学者阿维森纳曾进行过一个著名的实验，他将一胎所生的两只羊羔置于不同的环境中生活。

一只小羊羔随羊群在水草丰美的草地上快乐地生活，生活平静而安逸；而在另一只小羊羔旁边拴着一只狼，它总是感受到眼前这只野兽的威胁，处于持续的惊恐状态中。旁边有狼的小羊羔在极度惊恐的状态下，根本无法进食，不久就因恐慌和营养不良而死去。

这个实验生动地展示了野马效应。小羊羔虽然没有受到狼的实际伤害，但由于目光所及之处总是存在压力和刺激，导致了严重的过度反应。作为教育者，我们应如何防范野马效应呢？

一、野马效应的成因

（一）情绪认知的局限

情绪认知是情绪管理的基础。由于年龄的限制，儿童的认知和思维发展尚不全面，因此在情绪认知方面存在局限。这可能导致他们对情绪的理解出现偏差，从而陷入野马效应。

儿童可能对自己的情绪缺乏准确的认知。在面对一些刺激或挑战时，他们可能会产生过度反应，将小事看得过于重要，从而陷入情绪失控的状态。由于他们对自己的情绪缺乏准确的认知，难以客观评估自己的情绪状态，容易导致情绪处理不当。例如，当两名儿童一起搭积木时，一名儿童改变了其中一块积木的位置，另一名儿童因为位置的改变感到生气和愤怒。这时，他可能并不理解生气和愤怒的情绪含义及处理方法，而是选择直接推开他人并乱丢积木。

除此之外，由于情绪认知的限制，儿童也缺乏对他人情绪的理解。在上述案例中，被推开的儿童感到委屈、生气和愤怒，因为之前的同伴不愿意与他分享。于是，他直接走向另一组儿童，强行加入他们的游戏，并根据自己的想法改变了积木的搭建内容。由此案例可见，这名儿童只关注自己的感受和需求，忽视了其他儿童的感受。当自己的需求未得到满足时，他便肆意侵占他人的空间和时间。

（二）情绪管理的欠缺

情绪管理能力是指个体在面对情绪时，能够有效识别、表达和调节情绪的能力。由于语言系统需要逐步发展，早期儿童在情绪表达上存在很大不足，难以与他人顺畅沟通交流。儿童无法清晰表达自己的感受和需求，在婴幼儿期甚至只能通过哭闹、尖叫、拍打等行为引起他人注意，以表达需求。随着语言能力的发展，儿童逐渐能够表达情绪，但在面对负面情绪时，由于能力不足或缺乏经验，他们可能会采取逃避、压抑或过度发泄等方式来处理情绪。这些方式往往无法真正解决问题，反而可能加剧情绪的失控。

（三）情绪压力的积累

教育者或养育者在情绪认知和管理方面经历了长久的发展，积累了丰富的经验。然而，他们的情绪压力也在逐步增加。首当其冲的是工作压力、生活压力和社会责任等，这些因素导致情绪的积压。如果不及时释放，可能会导致难以挽回的损失和严重的后果。

案例 2

坏掉的闹钟

早晨，小蔓在妈妈的惊呼声中被吵醒。原来小蔓最喜欢的蘑菇闹钟今天没有按时响铃，等妈妈醒来时，发现已经七点半了。

妈妈一直在催促小蔓动作快点，穿衣洗漱赶去幼儿园。路上，妈妈生气地说："早就告诉你这个闹钟修了也不一定能用，你偏要用。你看看，今天差点迟到！要不是我突然醒来，看了一眼时间，你说怎么办！我今天还有一个重要的项目汇报，本来起床就晚，你还一直磨磨蹭蹭。你看看这路上……"小蔓没有作声，只是喝着牛奶，一路无话。

晚上回家时，爸爸和小蔓刚到家，就听见妈妈的声音："我这个项目准备了大半年，要不是你这个破闹钟！我今天肯定能拿下！你这个孩子就是倔，说什么都不听！每天都在捡破烂，弄得家里乌烟瘴气，我今天一定要把你房间的垃圾全都扔出去！"说着，她便走进了小蔓的房间。

妈妈在小蔓的房间待了一会儿，拎着一大堆东西：蘑菇闹钟、水晶球、卡通相框、毛绒小熊、长颈鹿小台灯……小蔓见状，猛地扑向妈妈，想把自己的物品夺回来。妈妈生气地推开小蔓，把东西全扔在了大门口。小蔓哇地一声大哭起来。

二、野马效应的应对措施

野马效应不仅是一种情绪化的表现，更是一种心理反应模式。它源于个体对外界刺激的过度敏感和情绪调节能力的不足。基于此，我们需要从正视、调节、放松等多个方面来应对野马效应。

（一）正视情绪，理性分析

负面情绪是正常且自然的心理反应。当我们的需求没有得到满足或期望未能实现时，负面情绪就会“拉响警报”来提示我们。正视情绪是解决问题的第一步。

1. 承认情绪的存在

当情绪来临时，不要试图压抑或否认它。只有勇于承认情绪的存在，才能进一步处理它。

2. 分析情绪的来源

找出引发情绪的根本原因，这有助于更好地理解情绪，从而找到解决问题的方法。

3. 理性思考

在情绪高涨时，我们往往容易失去理智，做出冲动的决定。常常在情绪来临时，会说出伤人的话语或做出令自己后悔的事情。因此，保持冷静和理智的思考，才能更好地分析问题的本质，找到最佳的解决方案。

（二）舒缓压力，适当发泄

在面对压力时，适当发泄可以释放负面情绪，避免情绪积压导致更严重的后果。

1. 运动锻炼

运动是常见且常用的解压方式，也是缓解压力的有效途径之一。在运动过程中，身体会分泌激素，帮助缓解紧张情绪。同时，适当的锻炼可以帮助我们保持健康的身体状态，在压力来临时，拥有更强的抵抗能力。

2. 沟通交流

与他人沟通交流是缓解压力的重要方式。人不是一座孤岛，我们可以选择向信任的朋友、亲近的家人、亲密的爱人或专业人士倾诉。在倾诉中，不仅可以释放压力，还可以获得他人的理解和支持，共同商讨解决办法，从而缓解情绪。

3. 娱乐休闲

适当的娱乐项目或休闲活动也是缓解压力的有效途径。看一场爆笑的电影，进行一次彻底的大扫除，玩几局对战游戏、进行一次徒步运动、体验刺激的高空项目等，寻找能够释放自我的方式，给负面情绪一个出口。

4. 寻求专业帮助

如果负面情绪无法自我排解，甚至已经开始对身体健康产生影响时，务必寻求专业的帮助。心理咨询和心理治疗都能够帮助我们以正确的方式应对情绪、缓解压力。

案例 3

坏情绪垃圾桶

西西正在搭积木，他左手拿着一块三角形积木，右手拿着一块平板积木，嘴里念念有词：“我要搭一座高高的宝塔，搭世界上最高的宝塔。”眼看着西西就要成功了，宝塔只剩下最后一块塔尖时，弟弟北北晃晃悠悠地走过来，想找哥哥一起玩。北北一时没注意，宝塔一下子全倒了。西西的心跳顿时加快，生气得想把积木都扔到天上去！

西西冲进自己的房间，钻进小帐篷里，抱着一个大圆桶，对着里面说：“我太生气了！

我的宝塔只差一点就成功了！”不一会儿，他冷静了下来。走出房间，西西找到弟弟：“北北，你和我一起搭一座高塔好不好？”

晚上妈妈回家时，西西自豪地和妈妈说起了白天的事情，开心地喊道：“妈妈，我把坏情绪都装进了垃圾桶，我现在一点都不生气了！”

（三）身心放松，平稳心态

除了即时的应对，我们还需要培养长期稳定的情绪，提升情绪应对能力。

1. 深呼吸

深呼吸是一种简单而有效的放松方法。在电影中，我们经常能看到在生产时，医生或助产士对孕妇不断呼喊：“深呼吸！吸气！呼气！”这是因为通过深呼吸，身体能够得到充分的氧气供应，从而缓解紧张和焦虑的情绪。在面临压力和挑战时，我们可以尝试进行深呼吸练习，使自己保持冷静和镇定。

2. 冥想

冥想是一种通过专注于呼吸或某个对象来放松身心的方法。通过冥想，我们可以让思维得到放松和清空，减轻心理压力和焦虑。在冥想的过程中，我们可以尝试将注意力集中在呼吸上，感受气息在鼻腔中流动的感觉，使思维逐渐平静下来。

3. 培养兴趣爱好

夜深人静时，是人最脆弱的时候。在万籁俱寂的时刻，人容易无限制地放飞思维和想象。因此，我们要找到目标，充实自我，增强生活的乐趣和满足感。

除了以上措施，我们还应该学会调整自己的期望值。很多时候，野马效应的产生是因为我们的期望值过高，而现实却未能如愿。通过调整期望值，我们可以更加客观地看待问题，减少不必要的情绪波动。

本章小结

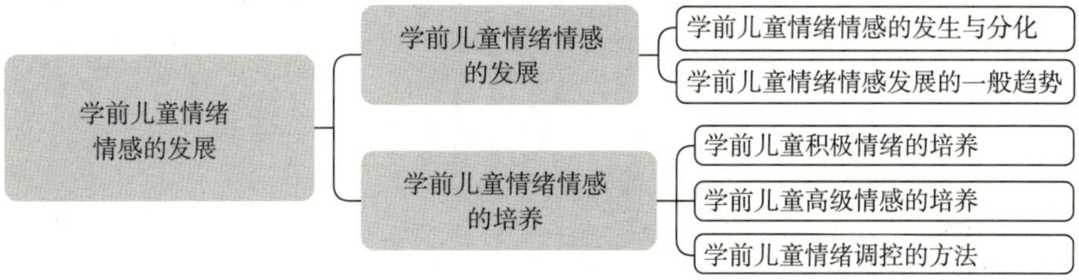

课后思考与练习

一、单选题

1. 考试时看到同学作弊感到非常可耻，属于（　　）。

A. 道德感　　B. 理智感　　C. 应激　　D. 美感

2. 伊扎德认为新生儿出生时带有痛苦、惊奇、最初步的微笑、厌恶和(   )。

A. 愤怒　　B. 悲伤　　C. 兴趣　　D. 害羞

3. 爸爸关掉电脑后，贝贝又哭又闹，爸爸没有理会。过了一会儿，贝贝慢慢地平静下来。爸爸采用的方法是(   )。

A. 转移法　　B. 自我说服法　　C. 冷处理法　　D. 反思法

4. “破涕为笑”现象在学前儿童身上较为常见，这反映了他们的情绪具有(   )。

A. 易冲动性　　B. 外露性　　C. 社会性　　D. 不稳定性

5. 情绪的表达方式不包括(   )。

A. 肢体语言　　B. 思维活动　　C. 面部表情　　D. 言语表达

6. 甜甜上幼儿园时，看见奶奶走了就难过地哭起来，旁边的小朋友看见也跟着哭起来，这一现象反映幼儿的情绪具有(   )。

A. 冲动性　　B. 外露性　　C. 科学性　　D. 传染性

7. 随着年龄的增长，孩子的脾气也见长，孩子的情绪往往“繁复而杂乱”，他们远没有成熟到有能力去辨析自己复杂的感受。关于应对暴怒情绪的孩子，下列做法恰当的是(   )。

A. 暂时搁置，冷静后再进行处理

B. 直接指出孩子的错误，树立规则和家长权威

C. 尽快想出办法来开导或疏解孩子的愤怒，让他没有负面情绪

D. 永远积极理解和认同孩子的感受，建立良性沟通

8. 以下与学前儿童情绪发展特点不符的是(   )。

A. 情绪的不稳定性　　B. 情绪的易冲动性

C. 情绪的多样性　　D. 情绪的外露性

9. 下列属于儿童原始的情绪反应具有的特点是(   )。

A. 是出生后适应新环境需要的产物　　B. 与生理需要是否满足有直接关系

C. 天生具有系统化、社会性的特点　　D. 新生儿的情绪和间接动机相联系

10. 中班幼儿喜欢告状，这所体现的学前儿童情感是(   )。

A. 理智感　　B. 道德感

C. 美感　　D. 实践感

二、简答题

1. 请简述学前儿童情绪发展的一般趋势。

2. 请简述学前儿童情绪的特点。

三、案例分析题

阳阳特别喜欢吃零食。有一天，临睡前他坚持要吃零食才能睡觉。妈妈生气地说：“现在不睡觉，以后再也不给你零食了!”阳阳听后不仅没有停止吵闹，反而大哭起来，还在床上打起了滚。

思考：

（1）这个案例中妈妈的做法是否正确？为什么？

（2）根据案例，分析引导儿童控制情绪的正确方法。

四、技能训练题

请分享能够发展学前儿童道德感的活动材料（如故事、绘本、歌曲、儿童剧等）。

第十章　学前儿童社会性的发展

本章要点

1. 掌握良好亲子关系、同伴关系的引导策略；
2. 掌握构建良好师幼关系的策略；
3. 了解学前儿童亲社会行为、攻击性行为的特点；
4. 明确学前儿童性别角色的发展。

导学案例

阿睿从幼儿园回家时，常常会带一些小物件，比如折纸飞机、小发卡、小积木等等。妈妈问阿睿这些东西是从哪里来的，阿睿回答说是老师和小朋友送给她的。

过了没多久，老师联系了阿睿的妈妈。沟通过后，阿睿的妈妈才知道，这些小物件是阿睿自己偷偷拿的，然后带回家的。老师反馈说，阿睿在幼儿园时难以和其他小朋友和平共处，常常在活动时发生争执；争执过后，阿睿便会偷偷拿走其他小朋友的物品。妈妈说她和阿睿的爸爸工作很忙，早出晚归。阿睿从小是家里的小公主，想做什么都会有人支持，如果发生不顺心的事，她就会到处摔砸物品、发泄情绪。家里人怕她伤着自己，只要她稍有脾气，就会满足她的要求。但爸爸妈妈认为这样会影响她性格和习惯的养成，所以会严加管教。妈妈表示，阿睿在家已经不怎么发脾气，也不太会摔东西了，没想到在幼儿园会发生这样的事情！

阿睿为什么会出现行为问题呢？该如何解决呢？

第一节　学前儿童的人际交往

一、学前儿童的亲子交往

亲子交往是指儿童与其主要抚养人（通常是父母）之间的互动。亲子关系是儿童早期生活中最重要的社会关系，对他们的心理发展具有重要意义。

（一）亲子关系的类型

基于父母的教养态度和方法，亲子关系通常被分为四种类型：民主型、专制型、放任型和忽视型。

1. 民主型

民主型亲子关系也被称为权威型亲子关系，父母的教养态度虽然威严，但友好。在抚育和教养过程中，父母尊重、爱护、支持孩子，能够根据孩子的气质类型、性格、能力、需要等，设置相应的合理规则。在这样的教养态度和方式下，孩子通常与父母关系融洽，能够发展正确的行为观念和内在行为标准，具备一定的独立性、自主性，具有较强的自信心和充足的探索欲，并且能够与他人友好相处。

2. 专制型

专制型父母在养育儿童时，通常采取严厉监督的方式，进行严格的控制与干预。在养育过程中，这类父母无法给予儿童充分的尊重、关爱和支持，养育方式较为简单粗暴。在这种方式下，儿童可能难以形成独立的思考能力，心理常被父母的要求所压抑，通常表现为顺从、忧郁，或是自我、狂妄。在专制型父母的养育下，儿童在社交关系中较为被动，难以主动接纳他人，不擅长也不喜欢与他人交往。

3. 放任型

放任型父母对儿童的态度通常表现为过度放纵或过度保护，包括过度的关心和随意的娇惯。在生活中，他们过于顺从孩子、较为溺爱，对孩子的行为进行较少控制，以保护和迁就为主。放任型父母的教养态度是消极的，缺乏沟通意识，可能会任由孩子自我发展，或者对孩子的发展过程给予过度关注。这类孩子可能缺乏基本的规则意识，基本上以自我为中心，独立性和自控能力较低，生活中可能表现为贪图享乐、自私自利、自命不凡或自视甚高。

由于过度的自由和放任，在放任型父母的教养下，儿童可能会发展出较强的自主性和高创造力，但这并不意味着放任型亲子关系是健康、积极或理想的。

4. 忽视型

忽视型父母与儿童的沟通基本缺失，几乎不参与儿童的成长过程，表现为漠不关心或拒绝建立亲子关系，缺乏在儿童成长过程中必要的支持与鼓励，使儿童无法从亲子关系中获得足够的情感支持。忽视型父母可能导致儿童自卑、孤独、焦虑，甚至可能出现行为问题、学习困难、情绪情感障碍等。

（二）亲子交往的影响因素

1. 家庭因素

（1）教育方式

教育方式直接决定了亲子互动的模式和质量。过于严厉或过于宽松的教育方式都可能导致亲子关系出现问题。适度的关爱、引导和支持有助于孩子形成健康的心理和行为习惯，从而维护良好的亲子关系。

（2）家庭环境

家庭氛围和父母的婚姻关系等因素可能对亲子关系产生深远的影响。一个温暖和谐的家庭环境有助于建立良好的亲子关系，而家庭成员间的冲突、矛盾和漠视等不利因素则可能破坏亲子关系的稳定性。

另外，家庭经济条件和家庭成员的受教育程度等因素都可能对亲子关系产生影响。经济条件较好的家庭，父母可能更有能力为孩子提供丰富的教育资源和活动，增进亲子之间的交流和互动，从而加深亲子关系。受教育程度较高的父母通常更容易理解和接受新的教育理念和方法，更注重与孩子的沟通、理解和尊重，倾向于采取民主、开放的教育方式。

2. 儿童因素

每个儿童都有其独特的性格、兴趣和需求，这些因素会影响亲子关系的建立和发展。例如，内向的儿童可能更需要父母的耐心和理解，而外向的儿童则可能更需要父母的引导和规范。自尊心强的儿童能够承受更多的压力，迎接更多的挑战，但自信心不足的儿童可能需要来自教育者和养育者更多的支持和帮助。

儿童的健康状况直接影响他们的情绪和行为，进而影响亲子关系。例如，体弱多病或患有慢性疾病的儿童可能更加依赖父母的照顾，这会增加亲子互动的频率，但也可能因为孩子的健康状况导致父母产生额外的压力和焦虑。生长发育迟缓的儿童可能需要父母更多的指导和支持，而早熟的儿童则可能更早地寻求独立。

3. 遗传因素

遗传因素对亲子交往的影响是多方面的，包括基因与行为的相关性、遗传性疾病的潜在影响，以及对亲子互动关系的直接遗传影响。然而，遗传因素并不是唯一的决定因素，环境、教育和个人经验等因素同样对亲子交往产生重要影响。教育者和抚养者需要关注儿童的个性特点，尊重他们的差异，提供个性化的教育和支持，以预防或减轻相关问题。

4. 社会环境因素

社会文化背景、社区环境、教育资源等因素也会对亲子关系产生影响。例如，现代社会的竞争压力和生活节奏可能增加父母的焦虑感，从而影响亲子关系的稳定性。

在信息飞速发展的现代社会，儿童接触外界信息的渠道变得更加多元化，网络的发达使得儿童对世界的认知更加复杂。由于获取信息的来源和成长环境存在巨大差异，亲子沟通可能会产生一系列问题。父母需要更加开放和包容，与儿童进行深入的沟通和交流，以理解并引导他们的成长。

（三）构建良好的亲子交往方式

1. 端正父母的教养态度与教养方式

在建立亲子关系的过程中，父母的教养态度和方式起着至关重要的作用。父母需要保持平和的心态，避免将个人情绪带入与孩子的互动中。同时，父母应该树立正确的育儿观念，尊重孩子的个性和需求，避免过度溺爱或过于严格。在教养方式上，父母应采用民主、开放的方式，鼓励孩子表达自己的意见和想法，给予他们足够的自由和选择权，同时也要给予必要的引导和支持。

为了更好地改善父母的教养态度与方式，父母可以适当参加育儿知识讲座或亲子活动，与其他父母交流育儿经验，学习先进的育儿理念和方法。此外，父母还可以通过阅读育儿书籍或观看育儿视频等方式，不断提升自己的育儿能力。

2. 形成亲子间安全的依恋关系

安全的依恋关系是良好亲子关系的基础。为了建立这种关系，父母需要给予孩子足够的关爱和支持，让他们感受到父母的存在和陪伴。当孩子遇到困难或挫折时，父母应及时给予安慰和鼓励，帮助他们建立自信心和勇气。同时，父母也要尊重孩子的独立性和自主性，不要过度干涉他们的行为和选择。

为了建立亲子间安全的依恋关系，父母可以在日常生活中多陪伴孩子，参与他们的成长过程。例如，父母可以陪孩子一起阅读、玩游戏、参加户外活动等，也可以通过亲密的身体接触，如拥抱、亲吻等方式，表达对孩子的爱意和支持。

3. 了解与尊重儿童的成长规律

儿童的成长是一个复杂而漫长的过程，每个阶段都有其独特的规律和特点。为了建立良好的亲子关系，父母需要了解并尊重儿童的成长规律，包括了解他们的生理和心理发展特点、兴趣爱好和个性特点等。通过了解儿童的成长规律，父母可以更好地理解儿童的行为和需求，给予他们更合适的关爱和支持。

在尊重儿童成长规律的同时，父母应避免将自己的期望强加给他们，而应鼓励他们追求自己的梦想和目标。同时，父母也要关注儿童的兴趣和爱好，帮助他们在自己喜欢的领域获得更好的发展。

4. 要保证亲子沟通的时间与质量

亲子沟通是建立良好亲子关系的重要途径。父母需要确保与孩子的沟通时间和质量，让他们感受到父母的关注和重视。在沟通时，父母应该采用平等、尊重的方式，让孩子敢于表达自己的意见和想法；同时，父母也要认真倾听孩子的想法和需求，给予他们积极的反馈和建议。

为了保证亲子沟通的时间和质量，父母可以设定固定的亲子沟通时间，比如每天晚上睡前与孩子交流一段时间。此外，父母还可以利用周末或节假日，与孩子一起参加一些有意义的活动，以增进彼此的了解和感情。

5. 开放儿童自主活动的时间和空间

儿童需要充足的自主活动时间和空间来发展自己的能力和兴趣。父母应该尊重儿童的自主性和独立性，给予他们充分的自由度和选择权。在儿童的活动过程中，父母可以提供必要的指导和支持，但不应过度干涉儿童的行为和选择。

为了增加儿童自主活动的时间和空间，父母可以提供多样化的玩具和活动材料，让他们自由选择自己感兴趣的活动。同时，父母也可以与孩子一起制订活动计划，让他们参与计划的制订和执行过程，从而培养他们的自主性和责任感。

6. 开展形式多样的亲子游戏

亲子游戏是增进亲子感情和促进亲子沟通的有效途径。父母可以通过开展形式多样的亲子游戏，让孩子在游戏中感受到父母的关爱和支持。这些游戏可以包括简单的身体接触游戏、智力游戏、户外探险游戏等。

为了开展形式多样的亲子游戏，父母可以根据儿童的年龄和兴趣选择适合的游戏类型。同时，父母也可以与儿童一起创造新的游戏方式和规则，使游戏更具趣味性和挑战性。在游戏过程中，父母应给予儿童足够的支持和鼓励，让他们在游戏中感受到快乐和成就感。

案例拓展

《曾子杀猪》

曾子之妻之市，其子随之而泣。其母曰："女还，顾反为女杀彘。"

妻适市来，曾子欲捕彘杀之。妻止之曰："特与婴儿戏耳。"

曾子曰："婴儿非与戏也。婴儿非有知也，待父母而学者也，听父母之教。今子欺之，是教子欺也。母欺子，子而不信其母，非所以成教也。"遂烹彘也。

"其身正，不令而行；其身不正，虽令不从。"承诺不仅是对他人的承诺，也是对自己品格的承诺。曾子通过履行自己的诺言，展示了一个负责任的个体如何尊重自己的言语。诚信不仅塑造个人的品格，还能显著影响周围人的行为和态度。曾子的诚信行为能够潜移默化地影响孩子，使他们意识到守信的重要性。这种通过行动而非仅仅言语的教育方式，对孩子的影响更为深远和持久。

二、学前儿童的同伴交往

同伴关系是指年龄相同或相近的儿童之间通过共同活动和相互协作建立的一种关系。这是一种在同龄人之间或心理发展水平相当的个体之间，通过交往过程而建立和发展的特殊人际关系。

同伴关系具有多种类型和形式，可以是同龄同伴关系，也可以是异龄同伴关系。根据同伴交往性质的不同，可划分为垂直关系和水平关系。前者指那些比儿童拥有更多知识和更大权力的成人（主要包括父母和老师），后者指儿童与那些和他们具有相同社会权利的同伴之间形成的一种关系。异龄同伴关系也属于水平关系，但具有其自身的特点。例如，婴儿期的异龄同伴关系指的是婴儿与年龄相差超过一岁但非成年个体之间，在交往过程中建立和发展起来的一种人际关系。

（一）学前儿童同伴交往发生发展的阶段

1. 0～3岁儿童同伴交往

（1）物体中心阶段

儿童在此阶段的注意力大部分集中在玩具或周围的物体上，对其他儿童的注意力较低。例如，在传递玩具时，两个儿童并没有语言交流和眼神对视，他们更专注于探索物品。这一阶段大致对应于儿童发展的早期阶段。

（2）简单的相互作用阶段

儿童在此阶段开始进行简单的相互作用，对同伴的行为会做出反应，可能通过拍打、呼喊等方式吸引同伴的注意。儿童对同伴的观察和行为，标志着其社会性交往兴趣的产生。这个阶段通常发生在儿童1～1.5岁。

（3）互补的相互作用阶段

儿童与同伴之间的社会性互动行为逐渐增多并复杂化，他们开始模仿他人的行为，扮演互补的角色。例如，在常见的儿童传统游戏中，"老鹰抓小鸡"会有追逐方和躲避方，

“过家家”会有照顾方与被照顾方等。这一阶段大致从 1.5 岁持续到 3 岁，标志着儿童社交技能的进一步发展，他们开始更深入地理解并参与到与同伴的互动中。

2. 3～6 岁儿童同伴交往

(1) 初步建立阶段（约 3 岁）

儿童开始表现出对同伴的明显兴趣，他们愿意与同伴一起玩耍，但主要的游戏形式仍是平行游戏，即儿童各自玩自己的玩具，互不干扰。此时，儿童尚未形成明确的友谊概念，他们与同伴的关系主要基于共同的兴趣和活动。

(2) 联合游戏阶段（约 4 岁）

进入联合游戏阶段后，儿童开始表现出与同伴的合作和互动，他们会一起玩同一个玩具，或者共同进行某种活动。此时，儿童开始懂得分享和等待，他们的游戏开始具有一些简单的规则和目的。儿童也开始主动结交一到两个好朋友，并表现出对好朋友的偏爱和依赖。

(3) 简单合作阶段（约 5 岁）

儿童的同伴关系进一步发展，他们开始进入简单的合作游戏阶段。在游戏中，儿童会有明确的分工和合作。他们共同制定游戏规则，并遵守这些规则。此时，儿童开始懂得关心和帮助同伴，在游戏中表现出一定的责任感和同理心。

（二）学前儿童同伴交往的类型

1. 帕顿的研究

帕顿根据儿童在游戏中的社会性参与程度，将学前儿童的同伴关系分为六种类型。

(1) 无所事事

儿童在游戏中没有明确的目标或活动，表现出一种无目的、散漫的状态。

(2) 旁观

儿童大部分时间在观察其他儿童玩耍、听他们谈话或向他们提问，但始终没有参与到游戏中。

(3) 独自游戏（单独游戏）

儿童经常独自玩游戏或玩具，他们的玩具与周围其他儿童的玩具不同。

例如，一个儿童玩洋娃娃，另一个儿童玩小汽车，彼此不理会对方在玩什么。

(4) 平行游戏

儿童在此阶段仍然是独自玩游戏，但与之前不同的是，他们所玩的玩具与周围儿童的玩具相似。不过，他们只是坐在同伴旁边玩，并没有真正与同伴一起互动。例如，两个儿童都在搭积木，一个在构建堡垒，另一个在拼搭飞机，彼此之间并不交流各自的内容和想法。

(5) 协同游戏（联合游戏）

儿童开始与同伴一起玩游戏时，会谈论共同的话题。在活动中，他们偶尔会有借东西、相互追随模仿、短暂交谈的行为，但仍然没有围绕具体目标进行游戏。每个儿童依然根据自己的兴趣来玩，因此此时的兴趣还不属于集体的。例如，3～4 个儿童在沙区玩耍，他们会互相借用或轮流使用玩沙工具，偶尔也会互相泼沙，但整个游戏没有固定的规则与目标，大家都是按照自己的想法进行游戏。

（6）合作游戏

儿童开始有了集体的共同目标，在游戏中表现出互相合作、分工、规则意识，并努力达到目的。例如，在攀爬区，五名儿童共同组建“搬运队”，他们约定好一个人负责轮胎区，一个人负责爬板，一个人负责中途调度，两个人分别在起始点搬运和卸货。今天的搬运目标是 50 个小木桩。

帕顿的研究数据表明，2～5 岁儿童参与协同和合作游戏的次数在增加，而独自游戏、旁观和无所事事的行为在减少。

2. 庞丽娟的研究

我国学者庞丽娟的研究主要聚焦于学前儿童的同伴关系类型。庞丽娟采用“同伴现场提名法”，将学前儿童的同伴关系分为四种基本类型，每种类型都反映了儿童在同伴互动中的不同特点和社会适应状况。

（1）受欢迎型

这类儿童在同伴中非常受欢迎。他们通常具备积极的交往技能，善于与同伴沟通合作，乐于助人，因此在同伴中拥有较高的地位。他们能够轻松融入群体，享受与同伴共同游戏的乐趣。

（2）被拒绝型

被拒绝型儿童和受欢迎型儿童在交往技能上表现出一定的相似性，他们都喜欢交往，并且在交往中显得活跃、主动。然而，被拒绝型儿童的交往方式通常是不友好的。他们可能因为攻击性行为、自私或缺乏交往技巧而难以被同伴接纳，比如强行加入他人的活动、抢夺玩具、大声叫喊、推打他人等。这些行为使得被拒绝的儿童可能因此感到孤独和沮丧，并且在同伴中地位低下，关系紧张。

（3）被忽视型

这类儿童在同伴中往往被忽视。他们可能性格内向、害羞，不善于表达自己的需求和情感。他们常常独处或独自活动，在交往中表现得退缩或畏缩。他们很少对同伴表现出友好、合作的行为，也很少表现出不友好或具有侵犯性的行为。

（4）一般型

这类儿童在同伴中表现一般，既不过于积极，也不过于被动。他们可能既没有被广泛接纳，也没有被明显排斥，处于同伴关系的中等水平。

庞丽娟的研究为我们理解学前儿童的同伴关系提供了多样的视角。她通过对不同类型同伴关系的分类描述，揭示了儿童在社交互动中的差异和多样性，为教育工作者和家长提供了针对性的指导和建议，有助于促进学前儿童的社会适应和心理健康发展。

（三）学前儿童同伴交往的影响因素

1. 学前儿童自身的特征

学前儿童的身心特征一方面影响着同伴对他们的态度和接纳程度，另一方面也决定着他们在交往中的行为方式。这些特征主要包括个性、情感、能力、气质等方面，它们共同塑造了儿童在同伴关系中的行为和态度。比如，一名性格开朗、善于表达的儿童更容易与同伴建立良好关系。情绪稳定、积极向上的儿童更容易与其他儿童建立友好关系，而情绪波动大、易冲动的儿童则可能在交往中引发冲突。语言表达能力强的儿童能够更好地与其他儿童沟通，增进彼此的了解；而社交技能强的儿童则更懂得如何与他人相处，避免冲突，建立良好的同伴关系。

2. 早期亲子交往的经验

学前儿童在与父母的交往过程中，不仅实际练习社交方式，还能意识到自己的行为可以引起父母的反应，从而获得一种最初的“自我肯定”概念。这种概念是学前儿童未来自信心和自尊感的基础，也是他们同伴交往积极、健康发展的先决条件之一。良好的亲子关系能够为儿童提供安全感和信任感。这种安全感和信任感是儿童在同伴交往中表现出积极、主动和友善态度的基础。通过与父母的互动，儿童学习表达情感、理解他人以及解决冲突等社交技能。这些技能对于他们在同伴交往中的成功至关重要。

3. 家庭因素

父母的背景因素、家庭居住环境和家庭结构等都会对儿童交往能力的发展产生影响。例如，父母学历较高、家庭关系和谐以及父母鼓励交往等因素都有助于儿童建立良好的同伴关系。频繁的家庭冲突可能导致儿童在同伴交往中表现出攻击性、退缩性或依赖性，从而影响他们的同伴关系。此外，家庭经济状况也可能对学前儿童的同伴交往产生影响。虽然这种影响不是直接的，但家庭经济状况较差的儿童可能面临更多的生活压力，从而影响他们的情绪状态和社交能力。

4. 活动材料和活动性质

活动材料，特别是玩具，是影响学前儿童同伴交往的重要因素。儿童之间的交往大多围绕玩具展开。因此，提供合适的玩具和活动可以促进儿童之间的交往与合作。当儿童的活动空间过小或者玩具数量不足时，儿童之间更容易发生抢夺、争论和攻击等消极行为。

5. 教师因素

在幼儿园中，教师的作用不可忽视。教师的言行举止、教育方式和态度都会对儿童产生深远的影响。通过积极的教育方法和交往方式，如鼓励儿童表达自我、参与集体活动、分享玩具等，教师可以极大地促进儿童与同伴之间的交往。反之，如果教师忽视儿童的交往需求，或采用过于严厉的教育方式，则可能阻碍儿童与同伴的交往。一个善于引导、鼓励和支持同伴交往的教师，有助于儿童建立良好的同伴关系。

（四）引导学前儿童同伴交往的方式

1. 有效合作

教师应鼓励学前儿童在同伴交往中进行有效合作。通过设计需要合作完成的活动或任务，如小组合作拼图、共同搭建积木城堡等，引导儿童学会分工协作、共同解决问题。同时，教师还需在合作过程中提供必要的支持和指导，帮助儿童理解合作的重要性，学会在合作中发挥自己的长处，并尊重他人的意见。

2. 创设情境

教师可以根据儿童的年龄特点和兴趣爱好，设计不同的社交场景，如角色扮演游戏、模拟生活场景等，让儿童在模拟的社交环境中进行互动。这些情境应具有一定的挑战性和趣味性，能够激发儿童的参与热情，使他们在互动中体验不同的社交角色和情感。

创设情境既可以促进儿童的合作，也可以增进儿童的随机交往。随机交往的最大特点是随意、随机。这种交往有助于培养儿童之间的“私人情感”。

3. 引导反思

引导反思是帮助学前儿童深入理解同伴交往的关键环节。在每次同伴交往活动结束后，教师可以组织儿童进行反思，让他们回顾自己在活动中的表现，思考与同伴的交往方式和效果。通过反思，儿童可以更加清晰地认识自己的社交行为，发现自己的优点和不足，并在今后的交往中加以改进。同时，教师还应对儿童的反思进行点评和指导，帮助他们树立正确的社交观念和价值观。

三、学前儿童的师幼交往

学前儿童的师幼交往是指在幼儿园或学前教育机构中，教师与幼儿之间的人际交往活动。这种交往是幼儿早期社会化的重要组成部分，对幼儿的人格发展、情感培养、认知能力和社会行为等方面都具有深远的影响。2001 年国家颁布的《幼儿园教育指导纲要（试行）》中明确指出：“教师应成为幼儿学习活动的支持者、合作者、引导者。”

（一）学前儿童师幼交往的特点

1. 教育性

师幼交往的首要特征是教育性。教师作为教育的执行者，其主要目的是促进学前儿童的学习和发展，使其具备一定的认知能力和行为能力。这种交往不仅发生在教学活动中，也贯穿于幼儿的日常生活中。

2. 情感性

师幼交往是一种充满情感的互动模式。教师在学前儿童心中具有特殊的地位，其态度、行为和语言都会直接影响学前儿童的自我认知、社会性行为以及师幼关系和教育效果。因此，理想的师幼交往应以情感交流为主线，教师应耐心、热情地对待学前儿童，让他们感受到关爱和尊重。

3. 互动性

师幼交往是一种双向互动的过程。在这一过程中，教师和儿童都会受到对方的影响，通过信息交流、情感沟通等方式建立起一种相互理解、相互支持的关系。

（二）学前儿童师幼交往的影响因素

1. 教师因素

教师的教育观念直接影响其教育行为，进而影响与儿童的交往方式。儿童是活动的主体，教师应尊重儿童的个性和需求。一位善于倾听、理解和尊重儿童的教师，能够更好地理解儿童的需求和感受，与儿童建立亲密的关系。此外，教师的专业能力直接影响活动的组织和教学的安排，行之有效的教育策略能够促进师幼之间的良好交往。

2. 儿童因素

一方面，儿童在发展阶段中，其心理和个性都在不断成熟和完善。不同年龄阶段的儿童需要不同的教育方式。随着年龄的增长，儿童的情感状态和需求也会随之变化，从简单的生存需求、安全需求，逐渐扩展到归属需求、尊重需求等。需求是否得到满足也直接影响着师幼之间的交往。另一方面，社会经验的增加和认知水平的提升，可以帮助儿童更好地理解教师的教育目标与要求，从而提高师幼互动的效率。

3. 环境因素

班级氛围和师生比例是影响师生互动的外部环境因素。一个温馨、和谐、充满爱的班级氛围能够促进儿童与教师之间的积极互动，而拥有丰富教育资源和良好设施条件的幼儿园能够为儿童提供更多的学习和体验机会。当班级人数过多而教师数量不足时，教师可能无法关注到每个儿童的需求和感受，从而影响师生互动的效果。

（三）构建良好师幼关系的方式

在教育的广阔天地中，良好的师幼关系不仅是教学活动的宝贵源泉，还是创造优良育人环境不可或缺的润滑剂。这种关系不仅体现了教师与儿童之间深厚的情感纽带，也是高质量教学的基石和前提条件。

1. 充分的关爱和宽容

爱是教育的灵魂，没有爱的教育如同没有灵魂的躯壳。教师应学会充分关爱每一个幼儿，无论他们具有什么特质，都应一视同仁，给予同样的爱。这种爱应体现在对儿童的态度、语言和日常交往中，让他们感受到来自教师的温暖和关怀。同时，教师还应宽容儿童的错误和过失，理解他们的内心感受，给予他们改正的机会和时间。在这样的环境中，儿童会更加自信、开放，更愿意与教师交流，从而形成良好的师幼关系。

2. 平等互动

师幼之间的平等互动是构建良好师幼关系的核心。在传统教育中，教师往往扮演权威者的角色，儿童则处于被动接受的位置。然而，在现代教育中，强调教师与儿童之间的平等互动。教师需要将儿童视为真正的“人”，尊重他们的个性和需求，与他们建立平等的师幼关系。教师需要积极倾听他们的声音，了解他们的思想，让他们感受到被尊重和重视。这样的互动方式能够让儿童更加愿意表达自己的想法和感受，从而促进师幼之间的沟通和理解。

3. 有效的互动技巧

教师可以通过与儿童聊天、讲故事、做游戏等方式，增进彼此之间的了解和信任，帮助儿童认识自己，了解他人的优点和不足，从而培养他们的自我意识和人际交往能力。

教师也可以与儿童私下交流，了解他们的内心世界和困惑，给予他们及时的帮助和支持。这种沟通方式能够让儿童感受到教师的关爱和信任，从而更加愿意向教师吐露心声。

另外，教师给予儿童正确的评价也是必不可少的。教师应该根据儿童的表现，给予他们及时、恰当、具体的评价和鼓励。这种评价方式能让儿童更清晰地认识自己的优点和不足，从而更加努力地学习和成长。

第二节 学前儿童的社会性行为

一、学前儿童的社会性行为概述

学前儿童的社会性行为指的是儿童在交往活动中对他人的态度或对某件事的反应，这些反应通过言语和行为表现出来。这些行为反映了儿童在适应社会生存与发展过程中表现出的基本心理和行为特征。根据动机和目的，社会性行为可以分为亲社会行为和反社会行为。

社会性行为作为人类互动与交往的基石，其形成与发展受到多种因素的共同影响。这些因素既包括个体内部的生物性因素，也涵盖外部的家庭教育和社会文化环境。

（一）生物性因素

生物性因素在人类社会性行为中扮演着不容忽视的角色。遗传信息在塑造个体社会性行为倾向方面起着基础性的作用。基因中的特定组合可能使个体更容易倾向于某些社会性行为，如合作、竞争或利他等。这些遗传特性在一定程度上决定了个体在社会互动中的初始态度和倾向。

此外，生物性因素还体现在个体的生理结构上。例如，大脑的不同区域在处理社会信息、情绪反应和决策制定等方面扮演着不同的角色。这些生理结构的差异可能影响个体在社会互动中的行为选择和反应模式。

（二）家庭教育

家庭教育在亲社会行为的社会化过程中起着至关重要的作用。父母作为儿童最早接触到的社会角色，其言传身教直接影响着儿童的行为模式和价值观。父母通过日常生活中的互动、示范和教导，向儿童传递亲社会行为的规范和标准。

父母的直接教育在强化亲社会反应中起到关键作用。当儿童表现出亲社会行为时，如分享、帮助他人等，父母的积极反馈和奖励会强化这些行为，使儿童更愿意在将来继续表现出类似的亲社会行为。相反，如果父母对儿童的亲社会行为漠不关心或给予负面反馈，那么这些行为可能会逐渐减弱甚至消失。

此外，家庭氛围也是影响孩子社会性行为的重要因素。一个充满爱、尊重和理解的家庭氛围有助于孩子形成积极的自我认知和情感状态，从而促进其亲社会行为的发展。

（三）社会文化环境

社会文化环境对儿童社会性行为的影响是潜移默化的。社会规范和价值观对个体的行为选择具有约束力。在特定的社会文化背景下，人们会遵循一定的行为准则和道德规范，这些规范和价值观通过教育、传媒等途径传递给个体，并影响他们的社会性行为。例如，在日常生活中乘坐公共交通时，经常可以听到："请给老弱病残孕及抱小孩的乘客让座，谢谢。"

社会交往经验对个体社会性行为的发展具有重要影响。通过与不同人群的交往和互动，个体可以学习各种社会技能和知识，并逐渐形成自己的社会认知和行为模式。这些交往经验不仅影响个体当前的行为选择，还会对未来的社会性行为产生深远的影响。

社会文化环境还通过塑造个体的角色认同来影响他们的社会性行为。在不同的社会文化背景下，人们对不同角色的期望和要求各不相同。这些角色期望和要求通过社会化过程传递给个体，并影响他们在不同社会场景中的行为表现。

案例分析

孟母三迁体现了社会性行为的哪些影响因素呢?

孟子小时候，居住的地方离墓地很近，他学了一些祭拜之类的事，玩起了办理丧事的游戏。他的母亲说："这个地方不适合孩子居住。"于是把家搬到了集市旁，孟子又学了一些做买卖和屠宰的事情。他的母亲又想："这个地方还是不适合孩子居住。"于是将家搬到了学宫旁边。孟子学会了在朝廷上鞠躬行礼及进退的礼节。孟母说："这才是适合孩子居住的地方。"于是就在这里定居下来。

二、学前儿童的亲社会行为

亲社会行为是指个体帮助或意图帮助他人的行为及倾向。这类行为体现了儿童积极、友善的交往态度，包括分享、合作、谦让和援助等行为。

（一）亲社会行为的发展阶段

学前儿童亲社会行为的形成与发展是一个复杂而重要的过程，包括萌芽阶段、快速发展阶段、个性差异阶段以及理性与高水平阶段。

1. 萌芽阶段

大约在 2 岁左右，学前儿童开始表现出亲社会行为的萌芽。他们逐渐能够理解和关注他人的情感，并表现出同情、安慰和鼓励等关怀行为。例如，在准备吃饭时，儿童会主动往返厨房拿取餐具，这既是对成人行为的模仿，也是亲社会行为的萌芽。

2. 快速发展阶段

随着年龄的增长，学前儿童的亲社会行为迅速发展。他们逐渐学会与他人合作，共同完成任务或达成目标；同时，他们也开始愿意并有能力与他人分享物品、经验、时间或信息。在这个阶段，合作和分享成为学前儿童亲社会行为发展的主要方面。

3. 个性差异阶段

在学前儿童亲社会行为的发展过程中，个体之间会出现明显的个性差异。有些孩子可能更容易表现出亲社会行为，而另一些孩子则可能需要更多的时间和机会来发展这些行为。这种个性差异可能与个体的性格、智力发展、情绪管理能力等因素有关。

4. 理性与高水平阶段

随着年龄的增长，学前儿童的亲社会行为逐渐趋向于理性和高水平。他们开始能够更深入地理解他人的感受和需求，并表现出更多的同情心和责任感。在青少年时期，亲社会行为表现得更加成熟和理性，他们可能会通过参与社会公益事业、为弱势群体服务、关注环境保护等方式做出贡献。

（二）亲社会行为的发展特点

1. 性别差异不显著

在亲社会行为的发展过程中，学前儿童的性别差异可能并不显著。无论是男孩还是女孩，都有可能表现出对他人的关心和帮助。

2. 主要指向同伴

学前儿童之间的社交时间较多，为同伴间的亲社会行为提供了丰富的机会。尤其是当其中一名儿童表现出较多亲社会行为时，周围的儿童会通过观察和学习来塑造自己的行为模式，并在后续交往中逐步实践，从而得到强化。

在这一阶段，成人更多地扮演引导者和支持者的角色，而不再是儿童社交活动的主要参与者。因此，儿童在与同伴的互动中变得更加自主和积极，亲社会行为也更多地指向同伴。

3. 同性与异性伙伴的差异

随着年龄的增长，学前儿童在亲社会行为中对同性伙伴和异性伙伴的倾向比例可能会有所变化，与异性同伴的交往逐步增加。这种变化反映了儿童社交圈的扩大和社交能力的增强。

4. 行为类型及其发生频率

在学前儿童的亲社会行为中，我们可以观察到一种明显的趋势：合作行为是最为常见的，紧随其后的是分享行为，而助人行为、安慰行为和公德行为则较少发生。

合作行为在儿童亲社会行为中占据主导地位，而分享行为和助人行为也是儿童亲社会行为中较为常见的类型。这三类行为都有助于儿童之间的友谊和信任，并且是解决问题和达成目标的有效途径，因此儿童愿意不断实践并强化此类行为。

相比之下，安慰行为和公德行为在儿童的亲社会行为中较少发生。在学前阶段，儿童的情感表达和认知能力尚未完全成熟，他们可能难以理解他人的痛苦和需求，也缺乏足够的情感共鸣能力来提供有效的安慰。同时，公德行为通常需要儿童具备较高的道德认知和社会责任感，这在学前阶段较难实现。

（三）亲社会行为的影响因素

1. 家庭环境因素

学前儿童亲社会行为的形成受到多种因素的影响，其中家庭环境是关键因素之一。家庭环境包括父母的教养方式、家庭氛围及家庭成员之间的相互关系等。父母的教养方式直接影响儿童的行为养成，温和、耐心的教养方式能够引导儿童学会与他人友好相处、分享和合作；同时，和睦的家庭关系可以培养儿童乐于助人、愿意分享和宽容他人的品质。

2. 外部环境因素

幼儿园、社区、朋友圈等外部环境对学前儿童的亲社会行为产生重要影响。在幼儿园中，儿童通过与同龄人的互动，学会合作、分享和尊重他人。在社区和朋友圈中，儿童接触到更广泛的社会环境，通过观察和模仿他人的行为，逐渐学会如何适应社会规范，并表现出更多的亲社会行为。

三、学前儿童的攻击性行为

学前儿童的攻击性行为是指儿童在与他人互动过程中，通过身体或言语表现出的敌意或破坏性行为。这种行为通常伴随着对他人或物体的伤害意图，并可能导致他人受到伤害或不适。攻击性行为是儿童在成长过程中可能遇到的一种问题行为，需要家长、教师和社会共同关注和引导。

（一）攻击性行为的种类

1. 按攻击行为的表现形式

（1）身体攻击

身体攻击是指儿童通过身体动作或使用工具对他人或物体进行的攻击性行为。例如，儿童可能会用拳头、脚或其他物体进行打、踢、推、咬、抓等行为，伤害他人或破坏物体。身体攻击通常表现为直接的、物理的伤害，容易引起他人的注意和反应。

（2）言语攻击

言语攻击是指儿童通过言语或语言对他人进行的攻击性行为。例如，儿童可能会使用讥讽、讽刺、诽谤、谩骂等方式对他人进行欺凌或伤害。尽管言语攻击不会直接造成身体伤害，但同样会对他人的心理和情感造成伤害，影响儿童的社交关系和心理健康。

（3）间接攻击

间接攻击是指儿童通过非面对面的方式实施攻击行为，借助第三方间接地对他人进行攻击。例如，编造谣言、挑拨离间他人关系等。

2. 按攻击行为的起因

（1）主动型攻击

主动型攻击是指儿童在没有任何外部刺激或挑衅的情况下，主动发起的攻击行为。这种攻击行为通常表现为儿童为了获取某种物品、地位或权力，而主动对他人进行身体或言语上的攻击。例如，在争抢玩具或游戏空间时，儿童可能会使用推搡、打骂等方式来争夺资源。

（2）反应型攻击

反应型攻击是指儿童在受到他人攻击或激惹后所做出的攻击性反应。这种攻击行为通常是由于儿童感到愤怒、不满或受到威胁时采取的一种自我保护或反击行为。例如，当儿童受到同伴的嘲笑、排斥或挑衅时，他们可能会采取反击或报复的行为来维护自己的尊严和权益。

3. 按攻击行为的目的

（1）敌意性攻击

敌意性攻击，也称为情感导向性攻击，指儿童因对他人的敌意、仇恨或不满而采取的攻击性行为。这种行为的主要动机是伤害或报复他人，以满足自身的愤怒或不满情绪。敌意性攻击通常由儿童的情感冲动驱使，他们往往缺乏自我控制能力，容易受到情绪影响而采取攻击性行为。这种行为通常是冲动的、无计划的，并伴随着强烈的情绪表达。儿童在实施敌意性攻击时，往往不考虑后果和代价，只追求即时的情感满足。因此，敌意性攻击常常导致更严重的后果，包括对他人的伤害、破坏社交关系以及引发更多的冲突和矛盾。

（2）工具性攻击

工具性攻击，也称为目标导向性攻击，是指儿童为了达到某种非攻击性的目的（如获得某个玩具、实现某种愿望或达到某个目标）而采取的攻击性行为。这种行为虽然可能伴随伤害他人的举动，但其主要动机并非出于对他人的敌意或仇恨，而是为了实现特定的目标。例如，当一个儿童想要夺取另一个儿童的玩具时，他可能会采取推搡或抢夺的行为，这就是一种工具性攻击。工具性攻击通常是有预谋的、有计划的，并且伴随一定的策略性。儿童在实施工具性攻击时，往往会考虑如何最大化自己的利益，同时尽量减少对他人的伤害。然而，由于儿童的认知能力和自我控制能力有限，他们在实施工具性攻击时常常难以完全控制自己的行为，导致攻击行为升级或超出预期。随着儿童年龄的增长，工具性攻击会逐渐减少，而敌意性攻击则可能会逐渐增加。

（二）攻击性行为的特点

1. 性别差异显著

学前儿童攻击性行为的性别差异显著，男孩的攻击性行为普遍多于女孩。

2. 攻击性行为明显较多

中班儿童的攻击性行为明显多于小班和大班的儿童。他们正处于自我意识逐渐增强的阶段，开始有自己的想法和主张，也更容易因为一些小事与同伴发生冲突。然而，随着年龄的增长，攻击性行为的数量会逐渐减少。

3. 以身体动作为主

学前儿童的攻击性行为主要表现为身体动作，如推搡、拍打、踢人等。这是因为学前儿童的语言表达能力有限，他们往往难以通过语言来表达自己的情感和需求，而是通过身体动作来传递信息。例如，在游戏时，莉莉和石头一起玩拼图，石头的凳子不小心压住了莉莉的脚，她突然用力推了石头一把，导致石头摔倒在地。从这个案例中可以看出，莉莉并没有伤人的意图，而是由于突发事件使她难以快速用语言表达自己的情绪和状态，所以采用了攻击性行为。

4. 从工具性转向敌意性

随着儿童年龄的增长和社会经验的积累，他们的攻击性行为可能会从工具性转向敌意性。在幼儿阶段，儿童的攻击性行为往往出于工具性目的，例如抢夺玩具、争抢空间等。然而，到了学前阶段，儿童的攻击性行为可能逐渐转变为敌意性，即因对他人的敌意、不满或报复心理而采取的攻击行为。

（三）攻击性行为的影响因素

攻击性行为的影响因素是一个复杂且多维度的议题，涉及生物学、心理学、社会学等多个领域。

1. 生物学因素

攻击行为存在一定的家族聚集现象，某些特定的基因变异或组合可能增加个体表现出攻击性行为的倾向。除此之外，脑部的结构和功能对攻击性行为也有着重要影响。左右大脑半球的均衡发展与协调功能、额叶与颞叶功能及脑电图慢波活动等都与攻击行为有关。

2. 家庭环境因素

父母的惩罚方式对儿童攻击性行为的影响具有双重性。对于非攻击性儿童来说，适度的惩罚可能起到警示作用，抑制他们的攻击性。然而，对于已经表现出攻击性行为的儿童，过度的惩罚不仅不能抑制其攻击性，反而可能加重其攻击性行为。攻击性儿童往往缺乏自我控制能力，他们可能将惩罚视为一种挑战，进而更加频繁地表现出攻击性。例如，当老师与家长沟通儿童的攻击性行为时，家长若在众人面前直接采用暴力方式打骂，这种行为会起到负面榜样的作用，儿童不断模仿，可能会加剧攻击性行为。

3. 榜样

儿童具有很强的模仿能力，他们往往会模仿周围人的行为。如果儿童观察到周围的人经常采取攻击性行为，他们可能会将这种行为视为正常，并在自己的社交行为中加以模仿。因此，父母和教师的榜样作用至关重要，他们应该以身作则，展示积极、和平的社交行为。

4. 强化

强化是指通过奖励或惩罚来增强或削弱某种行为。当儿童采取攻击性行为时，如果周围的人没有及时进行制止或惩罚，反而给予关注或奖励，那么这种行为就可能得到强化，使儿童更加频繁地展现出攻击性。例如，在幼儿园中，可欣会通过打骂或推搡其他小朋友来争抢玩具。当可欣抢到玩具时，其他小朋友会露出害怕的神情，有的小朋友甚至被吓哭了，而可欣对此感到非常高兴。在下一次活动中，可欣会加剧这种打骂行为。在这个案例中，可欣的攻击性行为得到了“负面强化”。每当他通过攻击行为获得想要的玩具时，他实际上是在被强化这种行为。因为他在攻击后得到了他想要的结果——玩具，这使他觉得攻击是有效的手段，从而增加了他未来再次采取攻击行为的可能性。

5. 挫折

挫折是攻击性行为产生的直接原因。当儿童面临无法克服的困难或无法实现的目标时，他们可能会感到沮丧、愤怒和挫败。这些负面情绪可能导致儿童采取攻击性行为来发泄情绪或寻求自我肯定。

（四）攻击性行为的矫正对策

1. 树立正确的儿童观和教育观

教育者应树立正确的儿童观和教育观。每个儿童都是独立的个体，教育者需要尊重他们的思想、情感和需求，尊重他们的个体差异。在教育过程中，应一视同仁，不以自己的判断过度影响儿童的社会交往过程；在儿童出现社交问题时，要耐心引导、细心观察，避免使用过于极端的教育手段和方式，以免导致儿童出现攻击性行为。教育者应以身作则，成为儿童的榜样。

2. 帮助转移情绪，提供宣泄机会

教育者可以适当组织情绪课堂活动，帮助儿童认识和分辨情绪，提升他们对亲社会行为的认知，了解攻击性行为的弊端。当儿童出现攻击性行为时，教育者应及时关注他们的情绪状态，帮助他们学会用言语表达自己的情感和需求，避免通过攻击性行为来传达。同时，应为儿童提供宣泄的机会，并组织多种多样的运动和游戏等活动，以释放他们内心的压力和不满。

3. 提供充足物料、空间，避免攻击性行为产生

在幼儿园和家庭中，提供充足的材料和空间是减少儿童攻击性行为的重要措施。当儿童有足够的玩具、材料和活动空间时，因争夺玩具、图书、场地等资源而产生的攻击性行为会减少。因此，教育者应根据儿童的年龄和兴趣，为他们提供丰富多样的玩具和材料，并合理规划活动空间，确保每个儿童都能得到充分的关注和照顾。

4. 提高亲社会行为发生概率

在学前儿童的亲社会行为中，合作行为是最为常见的，其次是分享行为和助人行为。教育者可以通过故事、短剧、歌曲等多种形式，帮助儿童理解合作、分享和助人的意义与价值，并在活动和游戏中学会尊重他人、理解他人和帮助他人，从而增加亲社会行为，减少儿童的攻击性行为。

5. 家园合作，逐步转变儿童不良行为

家庭是儿童成长过程中的重要场所，家庭中主要养育者的教养观念和行为方式对儿童的影响至关重要。教师和家长应积极建立沟通桥梁，定期召开家园联系会议，了解儿童在园内和家庭中的表现；利用各类通信工具保持日常沟通，及时分享儿童的进步和需要改进的地方。此外，教师和家长应共同制定行为准则，商讨制定日常行为规范，确保家庭和园内的规则保持一致，并共同观察儿童的行为，记录不良行为发生的频率、时间和情境。通过分析记录，找出不良行为的触发因素，从而有针对性地制定干预措施。

第三节　学前儿童性别角色的发展

性别角色是指在社会文化背景下，由于人们的性别不同而产生的、符合一定社会期望的品质特征，即男女两性应当具有的性格、价值观念和行为。它涵盖了男女两性所持有的不同态度、人格特征，以及在各种文化习俗中被认可的表现出男子气概和女性气质的行为。性别角色的形成不仅受到遗传因素的影响，更重要的是从儿童时期开始接受成人影响和教育的结果。

学前儿童的性别行为是指他们在性别角色形成过程中所表现出的与性别相关的行为。这些行为模式通过儿童对同性别成人的模仿而形成，是他们社会化过程的一部分。

在学前阶段，儿童开始对自己的性别有了意识，并逐渐理解性别角色和性别行为。他们通过观察周围人的行为和言语，学习如何成为男孩或女孩，并尝试模仿这些行为。同时，家庭和社会环境也会对儿童的性别行为产生影响，如父母对男孩和女孩的不同期望、

同伴之间的性别角色认同等。

一、学前儿童性别角色发展阶段

学前儿童性别角色的发展是一个渐进的过程，涵盖了从对性别的初步认知到逐渐理解和采纳性别角色的多个阶段。

1. 性别认知萌芽阶段（2～3 岁）

在这个阶段，儿童开始理解自己的性别，他们能够通过外部特征（如头发长度、服装颜色等）来区分男性和女性。但此时，他们对性别的认识还比较模糊，只是初步意识到性别差异。例如，当被问及“你是男孩还是女孩？”时，儿童能够给出正确的回答。在日常生活中，男孩可能喜欢模仿父亲或哥哥的行为，而女孩则更倾向于模仿母亲或姐姐的行为。

2. 性别稳定性阶段（3～5 岁）

在这个阶段，儿童开始理解性别是稳定不变的，即一个人的性别不会因为其外表、行为或情境的改变而改变。他们开始认识到性别是一个人的内在属性，并且这一属性是长期且持久的。例如，男孩会始终认为自己是男孩，无论是在家里还是在学校，他都不会因为穿着裙子或玩女孩的玩具而改变自己的性别认同。因此，在这个阶段，儿童可能会对性别变化的概念感到困惑或不解。他们可能难以理解为什么有些人的性别会发生改变（如变性手术），或者为什么有些人会表现出与自己性别不符的行为特征。这表明他们正在建立对性别稳定性的深入理解，但尚未完全掌握性别变化的复杂性。

3. 性别恒常性或坚定性阶段（5～7 岁）

在这一阶段，儿童已经深刻理解性别是恒定不变的，即一个人的性别不会因为外表、行为或情境的改变而改变。他们开始认识到性别是一个人的基本属性，不会随着时间或任何外部条件而变化。此时，儿童对性别的认识已经相对稳定，并开始表现出与性别相符的行为，甚至可能出现一些刻板印象，如男孩应该玩汽车、刀枪，女孩应该玩娃娃、进行烹饪游戏等。

二、学前儿童性别行为发展特点

1. 游戏活动兴趣方面的差异

在学前阶段，男女儿童在游戏活动兴趣上已经表现出明显的差异。男孩通常更喜欢具有运动性和竞赛性的游戏，如足球、汽车追逐等，这些游戏能让他们感受到速度和力量的挑战；而女孩则更倾向于参与过家家、角色扮演等角色游戏，这些游戏能满足她们对情感和社会关系的探索。

2. 选择同伴及同伴相互作用方面的差异

随着年龄的增长，儿童在选择同伴及相互作用方面表现出明显的性别差异。进入 3 岁以后，儿童选择同性别伙伴的倾向日益明显。这种差异不仅体现在玩伴的选择上，还表现在同伴间的互动方式上。男孩之间的互动通常更加激烈和直接，而女孩则更注重沟通和合作。

3. 个性和社会性方面的差异

在个性和社会性方面，男女儿童也表现出一定的差异。男孩通常更加自信、独立和喜欢冒险，他们喜欢尝试新事物和挑战自己；而女孩则更注重细节、关心他人和合作，她们更善于表达自己的情感和需求。

三、性别角色的影响因素

1. 生物因素

生物因素在性别角色的形成中起着基础性的作用。性别主要由遗传基因决定，而性激素（如荷尔蒙）对性别行为产生显著影响。

2. 社会文化因素

社会文化因素在性别角色形成中起着至关重要作用。不同的社会文化背景对男性和女性的期望、角色定位和行为规范有着显著的影响。例如，在早期社会环境中，男性被期望成为家庭和社会的主导者，而女性则被期望成为家庭的支持者和照顾者。因此，在传统家庭中，父母对男孩和女孩的期望存在明显的差异。他们希望男孩能够勇敢、坚强、有领导力，而女孩则被期望能够温柔、体贴、善于照顾他人。

3. 教育因素

教育因素在性别角色形成中起着重要的作用。家庭教育和学校教育都会对儿童的性别角色产生影响。例如，父母的态度、期望和性别角色观念会直接影响儿童的性别角色认知和行为表现；而学校的教育内容和教育方式也会对儿童的性别角色产生影响。

4. 个人因素

每个人的个性、经历和价值观各不相同，这些因素会影响他们对性别角色的认同和表现。例如，有些人可能在生理结构上表现出与社会期望不同的性别特征。

儿童心理探索：破窗效应——勿以恶小而为之

破窗效应源于一项实验。美国斯坦福大学的心理学家找来两辆一模一样的汽车，其中一辆完好无损，停放在一个中产阶级社区；另一辆则摘掉牌照，打开车顶，停放在相对杂乱的贫民区。结果，当天停在贫民区的车就被偷走了，而完好无损的车在一周内无人理睬。心理学家对此感到好奇：是因为所停放地区的问题吗？于是，他用锤子敲破了完好无损的车窗玻璃。结果出人意料，仅仅几个小时后，这辆车也不见了。

根据这项实验，学者们提出了破窗效应。他们认为，如果一栋建筑物的窗户被打破而未能及时修理，那么这栋建筑物的其他窗户及其他位置也可能遭到破坏。该效应指出，如果不良现象在环境中得不到修正，任其存在，会传递一种纵容或默认的信号，甚至可能被误认为是赞许或期待的信号。这将导致人们纷纷效仿，从而引发一系列不良行为，并可能造成巨大伤害。

让我们通过一个经典案例来深入了解破窗效应。

案例 1

纽约的地铁

20 世纪 80 年代，纽约的地铁管理混乱，是全市犯罪率最高的地方，被认为是一个“可以为所欲为、无法无天的场所”。这导致许多人不敢乘坐地铁，到了 80 年代末，乘客数量降到了历史最低点。针对地铁犯罪率的飙升，纽约交通警察局号召所有警察认真贯彻“生活质量无小事”的理念。他们将大部分精力放在清理地铁站里那些混乱肮脏的涂鸦上。在清理时，工作人员不仅使用了新的清除油漆技术，还配备了大量清洁人员。有的涂鸦晚上刚画完，第二天早上就被清洗掉。根据纽约地铁的“生活质量”规定，被涂鸦的地铁如果不清洗干净就不允许运营。几年后，纽约交通警察局继续采用这种“抓小事”的方法，集中精力整治地铁逃票现象，配备了大量便衣警察。凡是抓住逃票人员，都会被铐上手铐，站成一排。

经过多年的治理，纽约交通警察局发现，每 7 名逃票者中，就有 1 名是通缉犯；每 20 名逃票者中，就有 1 名携带凶器。于是，从清理涂鸦和抓捕逃票人员开始，地铁站的犯罪率骤然下降，治安大幅好转。

从纽约的地铁管理中我们可以发现，小奸小恶正是暴力犯罪的温床。通过对这些看似微小却具有象征意义的违章行为进行大力整顿，刑事犯罪得到了大幅减少。那么，这一效应在教育中有什么体现呢？作为教育者，我们应该如何巧妙运用呢？

一、破窗效应的成因

在日常生活中，我们是否常常拖延？“再玩两分钟我就去学习”“再躺五分钟我就去洗澡”“再看十分钟我就睡觉”，抱着这样的想法，往往导致无尽的拖延：五分钟、十分钟、二十分钟……

案例 2

爱撒谎的元宝

元宝一直是爸爸妈妈和老师喜欢的小朋友。他活泼开朗，爱闹爱笑。有一天早晨，元宝突然对妈妈说：“妈妈，我头疼，今天可以不去幼儿园吗？”妈妈看到元宝用小手不停地揉脑袋，想了想说：“可能是天气变化，有点着凉了。你多睡会儿，妈妈给你请假，如果还是不舒服，我们下午去医院看看。”

中午吃完饭，妈妈看到元宝吃得肚子鼓鼓的，蹦蹦跳跳地在玩汽车，惊讶地说：“早上还说不舒服呢！中午怎么这么精神？是不是骗妈妈不想去幼儿园呀！”元宝抱住妈妈的腰，埋头撒娇，妈妈笑了笑，没有说什么。

后来，老师发现，元宝在遇到不愿意完成的事情时，就会用撒谎的方式逃避。他不想参加户外活动时，就说自己脚受伤了；不想午睡时，就说自己要上厕所；不想喝水时，就偷偷把水倒掉，然后谎称自己已经喝完了……甚至有一次，他为了争夺玩具，故意说其他小朋友打了他。

“千里之堤，溃于蚁穴。”小问题得不到及时处理，就容易出现大问题。

（一）纵容“小问题”

在儿童成长过程中，难免会出现各种各样的行为问题。如果这些问题得不到及时的纠正和重视，往往会成为破窗效应的起点。案例中的元宝便是如此。当他第一次为了达到目的而撒谎时，虽然父母发现了，但没有及时纠正和处理，元宝没有意识到撒谎的严重性。他可能认为撒谎是可以被接受和允许的，于是逐渐在生活中形成了不良习惯。这种纵容的态度可能会直接导致儿童形成错误的价值观和行为习惯，影响他们的成长。

（二）传播“小问题”

学前时期是儿童行为习惯养成的关键阶段，儿童会模仿周围人的行为。但由于认知和道德等方面尚未完全发展，儿童无法完全分辨行为的对错。如果儿童出现问题行为，而周围没有人对此进行制止和教育，其他儿童可能会跟着模仿，导致问题行为的传播。例如，班级中有一名儿童说脏话，如果教师没有及时制止，不出三天，整个班级的多数儿童可能都会说脏话。此外，生活中的小行为也会迅速传播，如洗手后不关水龙头、随意乱扔鞋子、游戏结束后不整理材料等。这样的问题行为一旦产生并传播，就很难在集体中纠正。

（三）模仿“小问题”

在学前儿童发展过程中，成人的角色影响较为突出，如养育者、教育者等。父母和教师的行为将对儿童产生潜移默化的影响。在家庭中，如果主要养育者出现“破窗”式的问题行为，如难以控制情绪、过激的暴力行为等，儿童极有可能进行模仿，并在某些场合使用相同行为。在幼儿园中，教师也具有相同的影响力。例如，有些教师可能在突发事件时，下意识地脱口而出一些不文明的语言，久而久之，儿童会不自觉地使用相同或类似的言语来表达自己的惊讶、恐慌、害怕等情绪。

二、破窗效应的应对措施

（一）打造“好窗”

1. 外部环境

在幼儿园中，优质的物质环境是学前儿童教育的基础。物质环境包括园中的各类设施，确保安全、卫生、舒适，建筑合理布局、教具科学设置、桌椅安全摆放、图书定期清理等，都是为了给儿童提供良好的生活和活动环境。此外，教师还应通过环境创设，如区域活动的材料投放、墙面多彩的装饰等，激发儿童的好奇心和探索欲。在家庭中，物质环境不仅仅由家庭的经济状况决定，而是指为儿童提供一个舒适、整洁、卫生的环境，能够适当接触阳光、微风，而不处于封闭和紧张的环境中。

2. 心理环境

儿童成长过程中，一直提倡需要爱、尊重与信任，并感受和体验安全与自由。无论是养育者还是教育者，都应当平等地与儿童沟通交流，及时了解他们的需求，积极引导儿童，帮助他们树立自尊心和自信心，勇于表达自我。

（二）积极“护窗”

1. 适度的赞扬

赞扬是激励儿童积极向上的重要手段。当儿童表现出良好的行为时，教育者或养育者应及时给予表扬和肯定，使其感受到自我进步与成就。例如，当儿童主动分享玩具时，可以适当地赞许：“你主动把玩具分享给别的小朋友，真的很棒呢！”短短的一句话会让儿童更加自信、积极，形成良好的行为习惯。然而，赞扬需要适当和适度，如果在儿童出现不良行为时使用赞许的语气或语句，可能会增加儿童不良行为的发生概率，甚至导致累积出现危险行为。

2. 榜样的作用

榜样在学前儿童教育中具有不可忽视的力量。教育者和养育者可以通过自身的言行举止为儿童树立榜样，例如主动关心儿童、尊重他们的意见、鼓励他们参与各种活动。同时，在家园开放日或其他活动中，邀请各行各业的标杆人物参与，可以为儿童树立更多的榜样。

案例 3

爱“打人”的妈妈

果果的爷爷奶奶国庆节之后旅游回来了。一进门，果果就扑到爷爷奶奶的怀里，紧紧抱住不肯松手。爷爷问果果：“在家有没有乖乖吃饭呀？爸爸妈妈带你去哪里玩了？”果果说：“冰冰条！看小狗！”奶奶接着问：“看小狗开心吗？”果果说：“妈妈打！妈妈打！”爷爷奶奶愣住了：“妈妈打谁呀？打你吗？为什么打你呀！”果果说：“小狗回家！妈妈打！”爷爷生气又心疼地说：“怎么能打人呢！再怎么样也不能打孩子呀！”

随后几天，只要和妈妈一起外出，回来时，果果都会对爷爷奶奶说：“妈妈打！妈妈打！”奶奶听了非常生气，质问果果的妈妈为什么打孩子。经过沟通才知道，国庆节时果果看到一只小狗，想把小狗带回家。爸爸妈妈怎么劝说他都不听，果果一生气，用力拍了妈妈一巴掌。妈妈气愤又委屈地说：“你要打死妈妈吗？”果果听了之后非但没有停手，反而加重了拍打的力度和频率。爸爸只好强行把他抱上车带回了家。从那之后，只要妈妈不同意果果的要求，果果就会通过拍打妈妈来发泄情绪、表达不满。

3. 规矩的建立

“没有规矩，不成方圆。”儿童对不良行为没有明确的界定，作为教育者或养育者，应与儿童共同制定规则，了解哪些行为是被允许的、禁止的、合理的和不合理的。在制定过程中，要让儿童明白不良行为的危害性及可能造成的严重后果，从而提高他们自觉遵守规则的意识。“自律的养成一定是孩子自我选择的结果。”如果教育者和养育者采用强制要求、胁迫或惩罚等方式，容易导致儿童产生反抗和抵触情绪。只有通过正确的方法帮助儿童表达需求、培养责任心，并坚定自我选择，儿童才能自觉主动地追求“正确行为”。

（三）及时“补窗”

1. 纠正不良行为

出现不良行为时，需要了解具体的成因，并根据原因进行针对性的教育与引导。例如，当出现抢夺玩具的情况时，可以引导儿童尝试合作与分享，但不能强制要求他们合作与分享。可以适当增加玩具的种类与数量，或者引导儿童学会等待。需要注意的是，在纠正行为时，切勿使用极端手段，如过度的惩罚、威胁、包容与纵容等，这些方法容易导致儿童不良行为的加剧。

2. 重视家园合作

家庭是学前儿童成长的重要场所，家园合作对于破解破窗效应具有重要意义。幼儿园应加强与家庭养育者及其他相关人员的沟通和交流，了解儿童在家庭中的表现和需求，共同制订教育计划。例如，可以定期开展家长会、家园开放日等活动，帮助养育者树立正确的教养观念和方法，分析对比儿童在幼儿园和家庭中的行为一致性，避免儿童不良行为的恶化。

本章小结

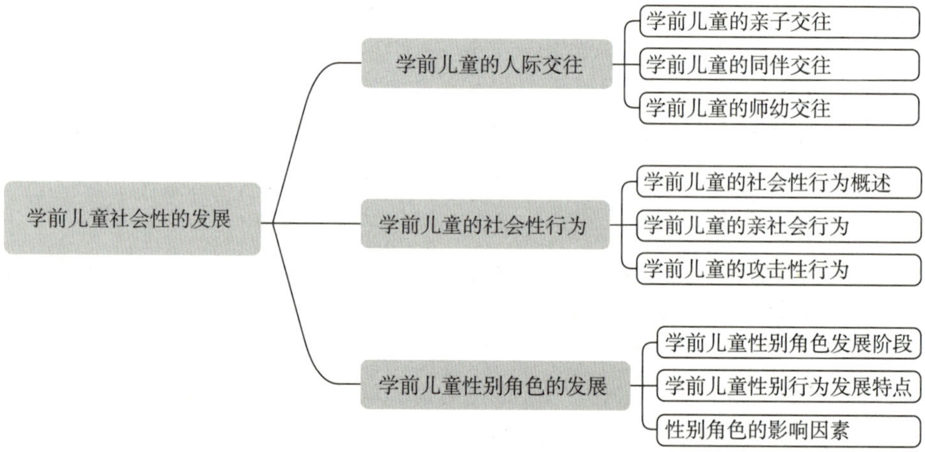

课后思考与练习

一、单选题

1. 明明为了得到其他小朋友手中的玩具而打人，明明的行为属于（　　）。

A. 敌意性攻击　　B. 工具性攻击　　C. 间接性攻击　　D. 挫折

2. （　　）属于一种社会规范，是对男性和女性行为的社会期望。

A. 性别角色　B. 性别行为　C. 性别同一化　D. 性格

3. (　　)指个体帮助或者打算帮助其他个体或群体的行为及倾向。

A. 亲社会行为　B. 道德情感　C. 攻击性行为　D. 移情

4. 有些幼儿看多了电视上的打打杀杀镜头，很容易增加其以后的攻击性行为。在此，影响幼儿攻击性行为的主要因素是(　　)。

A. 父母的惩罚　B. 榜样　C. 强化　D. 挫折

5. 下列不属于亲社会行为的是(　　)。

A. 模范　B. 分享　C. 助人　D. 合作

6. 早期的(　　)是以后儿童建立同他人关系的基础。

A. 依恋　B. 同伴关系　C. 亲子关系　D. 家庭教养方式

7. 如果一个男孩子玩娃娃就遭到同性别孩子的反对，认为这不符合男子汉的行为。此时，这些儿童的性别角色发展到了(　　)阶段。

A. 不知道自己的性别

B. 知道自己的性别，并初步掌握性别角色知识

C. 自我中心地认识性别角色

D. 刻板地认识性别角色

8. 3 岁左右，儿童游戏中的交往主要是非社会性的，儿童以(　　)为主，彼此之间没有联系，各玩各的。

A. 想象性游戏　B. 联系性游戏　C. 合作性游戏　D. 独立或平行游戏

9. 学前儿童亲社会行为主要来自(　　)。

A. 成人　B. 同龄伙伴　C. 父母　D. 电视等媒体

10. 精力充沛、社交积极性高，但社交技能差的幼儿，大多属于(　　)。

A. 受欢迎型　B. 被拒绝型　C. 被忽视型　D. 逃避型

二、简答题

1. 学前儿童师幼交往有哪些特点？

2. 简述学前儿童性别角色发展阶段。

三、案例分析题

大二班有一位小朋友叫轩轩，他平时穿着邋遢、脾气暴躁，对身边的小伙伴有很强的敌意，还喜欢打人、骂人，经常在幼儿园欺负其他小朋友。由于这些行为，班上的小朋友一看到轩轩就会远远躲开，没有人愿意和他一起玩。

思考：

(1) 请分析轩轩的社会行为。

(2) 请根据案例，分析影响这种行为的因素，并提供矫正策略。

第十一章　学前儿童个性的发展

本章要点

1. 掌握学前儿童气质、性格、能力、自我意识发展的特点；
2. 能够分析幼儿各种个性特征在行为上的表现；
3. 掌握塑造良好个性的方法。

导学案例

有一位教师在教孩子们数数时，为了让他们巩固数字“2”，她问一位小朋友：“请你数一数自己有几只眼睛?”小朋友回答说：“有3只眼睛。”教师听后生气地说：“还有4只呢!”小朋友接着说：“有4只。”教师说：“还有5只。”那个小朋友又说：“有5只。”教师气得跺脚说：“还有8只。”小朋友也用力跺了一下脚说：“有8只。”教师忍不住笑了，小朋友还以为自己回答对了，也咧开嘴天真地笑了。

上述案例体现了幼儿怎样的心理特点呢？给了我们怎样的教育启示？

心理学中的个性又称人格。个性指一个人比较稳定、具有一定倾向性的心理特点或品质的独特组合，或指一个人全部心理活动的总和。它与日常生活中“个性”这一概念有所不同。个性除了具有独特性，还具有稳定性、整体性、倾向性和社会性。

狭义的个性包括个性心理倾向性和个性心理特征。广义的个性则包括个性倾向性、个性心理特征、自我意识、心理过程和心理状态（如注意、激情、心境等）。

个性心理倾向性包括需要、动机、兴趣、世界观等，表明人对周围环境的态度。个性心理特征包括气质、性格、能力等，表明人的心理个别差异。自我意识包括自我认识、自我评价、自我调节，是个性心理结构中的控制系统。

第一节　学前儿童气质的发展

气质是一个人特有的、相对稳定的心理活动的动力特征。动力特征包括心理活动发生的速度、强度和指向性。气质是个体与生俱来的。儿童一出生就带有某种气质，并具有相对的稳定性。

一、气质的类型

（一）传统的气质类型

传统的气质类型是由古希腊医生希波克拉底提出的，他根据体液的构成将人的气质分为四种类型，分别是胆汁质、多血质、黏液质和抑郁质。巴普洛夫则根据高级神经活动的强度、平衡性及灵活性的不同，将人分为四种不同的高级神经活动类型，即弱型、兴奋型、安静型和活泼型。气质是高级神经活动类型的外在表现，这意味着四种不同的高级神经活动类型代表了四种不同气质的人。四种不同的高级神经活动类型所具有的气质特点与传统的气质类型相吻合，见表 11-1 所列。

表 11-1　四种传统的气质类型

神经活动类型	气质类型	心理表现
弱	抑郁质	敏感、畏缩、孤僻
强、不平衡	胆汁质	反应快、易冲动、难约束
强、平衡、不灵活	黏液质	安静、迟缓、有耐性
强、平衡、灵活	多血质	活泼、灵活、好交际

1. 弱型（抑郁质）

兴奋和抑制过程都较弱。外来刺激对这类神经活动类型的儿童来说大多过于强烈，因此容易使他们的精力迅速消耗，难以形成条件反射。心理活动的外在表现为敏感、畏缩、孤僻，但也细心；通常具有内倾性。

2. 兴奋型（胆汁质）

强而不平衡的类型容易形成阳性条件反射，但难以形成阴性（抑制性）条件反射。其心理活动的外在表现通常为反应迅速、容易冲动、难以约束，且具有外向性。

3. 安静型（黏液质）

强而平衡，但不灵活，反应迟缓。心理活动的外在表现为安静、有耐性；注意力集中，但应变能力较差；善于忍耐，言语不多，喜欢较为稳定的环境，一般具有内倾性。

4. 活泼型（多血质）

活泼型是强而平衡且灵活的类型。其心理活动的外在表现为活泼、灵活、善于交际，通常具有外向性。

其实，现实生活中只有极少数人的气质是单一的，大多数人的气质是综合的，兼具几种气质类型的特点，只不过某一种类型表现得更为突出一些。传统的四种气质类型对学前儿童同样适用。因此，教师或家长可以根据学前儿童的外部表现来区分他们的气质类型，从而采取有针对性的教育策略。

（二）根据基本情绪行为模式划分的气质类型

1963—1977 年，托马斯和切斯等人开展了一项名为“纽约纵向追踪”的调查研究。研究者对 138 名 0～3 岁的婴幼儿进行了从出生到成人的长期追踪。根据这些婴幼儿在九个维度（活动水平、节律性、趋避性、适应性、反应阈限、反应强度、心境、分心性、注意广度）上的表现，研究者将婴幼儿的气质划分为三种类型：容易型、困难型和迟缓型。

1. 容易型

研究发现，大量儿童属于这一类型，占研究对象总数的 40%。这类儿童的饮食、睡眠习惯和大小便等生理机能有一定的规律，节奏明显，容易适应新环境，喜欢探究新事物，通常具有积极的情绪，容易受到成人的关怀和喜爱。这类孩子容易与父母形成安全型的亲子依恋关系。

2. 困难型

研究对象中约有10%的儿童属于这种类型。他们在饮食、睡眠等生理机能方面缺乏规律性，对新环境和新事物适应困难。他们不喜欢探究新事物，面对新奇的人或事会退缩，爱发脾气，容易大哭大闹，较难安抚。这种婴幼儿在教养过程中需要成人极大的耐心与宽容，否则容易导致亲子关系疏远，孩子缺乏抚爱与教养。

3. 迟缓型

研究对象中约有15%的儿童属于这种类型。这类儿童规律多变，情绪较为低落，不像困难型儿童那样大哭大叫，而是常常安静地退缩、畏缩，情绪低落，也不像容易型儿童那样活泼好动。他们适应新环境缓慢，属于逐渐活跃起来的儿童。照顾此类儿童需要足够的耐心。

托马斯和切斯认为，以上三种类型只涵盖了65%的被试，另有35%的被试不能简单地归类到上述任何一种气质类型中。他们往往兼具上述两种或三种气质类型的特点，其情绪、行为倾向和个人特点表现不明显，属于上述类型的混合型或过渡型。

二、学前儿童气质发展的特点

（一）学前儿童气质具有相对稳定性

在人类的各种个性心理特征中，气质是最早出现的，也是变化最缓慢的。这是因为气质与儿童的生理特点关系最为密切。儿童在出生时就已经具备一定的气质特点，并且在整个儿童期内会保持相对的稳定性。例如，容易型的儿童若干年后适应能力仍然会比困难型儿童强，也相对更具探索欲望，更受人欢迎。

（二）学前儿童气质具有个体差异性

婴儿出生后就表现出气质上的个体差异。到了幼儿期，幼儿已经比较明显地展现出不同的气质类型。此时，儿童的个性初步形成，个体差异在气质方面表现得尤为突出。例如，教师会根据幼儿不同的表现特点进行气质划分，从而采取有针对性的教育措施。因此，作为老师，要尊重和理解差异，切不可一刀切，要求所有学生达到同样的标准。

（三）学前儿童气质具有一定的可变性

虽然气质是一种相对稳定的心理特征，但并非不可改变。事实上，高级神经活动具有可塑性，其类型也具有可变性。在后天的教育和环境影响下，儿童天生的气质特点是可以改变的。

幼儿进入幼儿园后，在教师和家长的影响下，一些消极的气质特征逐渐得到修正，甚至完全消除。例如，抑郁质儿童的胆小、孤僻、畏缩以及多血质儿童的粗枝大叶、虎头蛇尾等特征逐渐得到改善。另外，由于成人的积极引导，抑郁质幼儿的细心及多血质幼儿的活跃、积极主动等积极特征逐渐稳固和发展。消极特征的修正与积极特征的巩固可能会导致幼儿整体气质类型的改变。

但值得注意的是，在不当教育或不良榜样的影响下，幼儿也可能形成新的消极特征。例如，如果家庭中夫妻关系紧张，经常通过暴力解决问题，并以打骂的方式教育幼儿，那么幼儿可能渐渐习得攻击性行为，变得脾气暴躁，难以克制自己。另外，幼儿的气质可能因为受到环境和教育的影响而出现“掩蔽”现象。所谓“掩蔽”是指一个人的气质类型没有变化，但形成了一种新的行为模式，表现出一种不同于原来类型的气质面貌。例如，一个女孩的行为表现明显属于多血质，但神经活动类型检查结果却是“弱型”。这是因为她家里的父母采用民主的教养方式，经常给予孩子鼓励、爱与陪伴，使她在宽松自由的心理环境中成长。这种生活条件下形成的特定行为模式掩盖了她原有的气质类型。

总而言之，气质虽然是与生俱来的，具有相对稳定性，但也会受到后天环境和教育的影响而发生改变。因此，儿童的气质往往是先天与后天的“合金”，既具有生物性与先天性，也具有社会性和后天性。

三、学前儿童气质的教育

虽然气质本身无所谓好坏，但作为个体的行为特征，它在社会中会表现出适宜或不适宜的情况。因此，作为未来的教师或家长，可以充分利用气质的可变性，更好地引导孩子成长。对于各类气质中显现的积极特征，要及时巩固；而对于其消极特征，要耐心教育，充分理解并尊重幼儿，并采取适宜的方式引导其成长。

另外，成人在对儿童进行抚养和教育时，必须充分考虑每个幼儿的气质特点。例如，对于弱型儿童，要格外细心照顾，多加鼓励。这类幼儿的典型特征是性情脆弱、动作迟缓、胆小怕事、拘谨不安。教师应注意教育的方式，热情地鼓励他们积极参加各项活动，耐心地启发和引导，使他们勇敢地面对一切事物。对于安静型儿童难以适应新环境的情况，送入托幼机构时需要多加帮助。这类幼儿的典型特征是反应慢，应多给予他们活动的机会，及时表扬他们的进步，培养其自信心，激发其积极性。对于兴奋型儿童，在遇到新鲜刺激时，要多加提醒，通过眼神、手势等给予暗示。教师在教育活动中既要让幼儿有所触动，又要避免激怒他们。在着重培养幼儿进取、豪放的品质时，还要防止他们任性、粗暴，教会他们自制，养成安静、守纪律的好习惯。对于活泼型幼儿，他们的兴趣经常转移，做事情粗心大意、虎头蛇尾。应培养他们在做事时细致、有条理、有始有终的习惯，增强其秩序意识。在提供各种活动机会的同时，培养他们稳定的兴趣，提升其自我控制力和锲而不舍的精神，加强他们的责任感和纪律性。

第二节　学前儿童性格的形成

性格是表现在一个人对现实的态度和惯常行为方式中较为稳定且具有核心意义的心理特征。它是一个人心理面貌本质属性的独特组合，也是个体个性的核心部分，是人与人之间个性差异的最明显特征。

一、学前儿童性格的发展

（一）婴儿性格的萌芽

儿童的性格是他们与周围环境相互作用的结果。最初的环境包括与主要抚养人之间的心理环境以及家庭的物质环境。一般来说，母亲能够及时察觉婴儿的需求并给予适当的照料，这更有利于培养婴儿的安全感和信任感，从而为其以后良好性格的形成打下坚实的基础。另外，成人的教养方式在儿童早期性格的形成中起着决定性作用。例如，专制型父母对幼儿有着过高的要求，很少考虑幼儿自身的兴趣和需要，这容易导致幼儿形成消极、顺从、缺乏独立性的性格。溺爱型父母对幼儿的所有需求一股脑地满足，只要幼儿开心就好，这可能导致幼儿形成任性、骄傲、自私、情绪不稳定的性格。

随着各心理过程、心理状态和自我意识的发展，幼儿在大约 2 岁时会出现最初的性格萌芽。

（二）幼儿性格的年龄特征

个性的独特性与典型性是辩证统一的。每个幼儿固然有个人独特的性格，但同年龄段的幼儿又具有共同的性格特征。年龄越小，性格的共性越明显。性格是在生活实践中形成的，年龄越大，人与人之间的生活经验差异也越大，由此导致的性格差异也越显著。由于儿童的生活时间、生理发育和生活条件的限制，其生活经历的共同性较大，因此性格的共性也较多。

学前期儿童最突出的性格特点表现在以下几个方面。

1. 活泼好动

儿童对许多活动都充满新鲜感，感到新奇，因此他们经常变换各种活动方式，不停地做各种动作，对自己的新奇发现乐此不疲。健康的儿童如果在活动中得到满足，就会心情愉悦。儿童活泼好动的性格特征，有助于培养勤奋好劳动的品质。但如果成人过多地限制儿童的活动，干涉过多，包办代替，则可能导致儿童反感、不高兴，从而形成懒惰的性格。

2. 好奇、好问

由于幼儿生活经验不足，他们对许多事情都充满了好奇，因此经常向成人寻求答案，最直接的表现就是喜欢问“这是什么”“为什么”。他们总是试探着去认识、弄清事物的本质。在好奇心的驱使下，幼儿渴望尝试自己的能力，试着去做大人所做的事情，甚至是一些被禁止的事情，儿童也往往想要尝试。如果儿童的好奇心能够得到正确的引导，就容易发展成勤奋好学、积极进取的良好性格特征；但如果成人责备或约束过多，甚至对儿童的提问采取冷漠或讥讽的态度，则会扼杀其良好性格的萌芽。

3. 易冲动，自制力差

学前儿童的情绪容易受到外界事物的影响而变得激动，同样也容易受到自身主观情绪或兴趣爱好的影响而冲动，从而导致行为变化。由于学前儿童的大脑理智部分尚未发育成熟，他们难以控制自己的情绪，因此自控能力较弱。例如，学前儿童爱做事情，但在做事时往往急躁，显得毛毛躁躁、粗心大意，不太考虑事情发展的后果。这也表明他们情绪外露，喜怒形于色，待人真诚而不虚伪。

4. 易受暗示，模仿性强

儿童往往缺乏主见，容易受到外界因素的影响而改变自己的看法，具有较强的受暗示性。例如，有些家长在小朋友摔倒时会鼓励他说："我家明明是个勇敢的孩子，摔倒了会自己爬起来。"于是，小朋友便会自己爬起来。再比如，有些家长希望孩子见到客人时打招呼，但孩子没有这样做，家长可能会说："唉，我家孩子太内向了！"接下来，孩子就会越来越像家长所暗示的那样，见人时显得非常腼腆，不敢打招呼。因此，我们需要利用积极的暗示，帮助孩子养成良好的性格特征。

5. 喜欢交往

学前儿童在行为方面最明显的特征之一就是喜欢与年龄相仿的同伴交往。对于大多数儿童而言，他们无需经过介绍就能很快熟悉起来，并一起玩游戏。例如，当一个小朋友路过时，看到另一个小朋友在小区绿化带旁玩喂猫的游戏时，他会很自然地加入其中，与同伴一起玩喂猫的游戏。成人可以利用儿童的这一特点，帮助他们提高交往技能，发展合作、助人、分享等良好性格特征。

二、学前儿童良好性格的塑造

幼儿的性格尚未定型，幼儿期是充满可塑性的时期，因此要特别重视幼儿的性格培养。成人在塑造幼儿良好性格的过程中应注意以下几点。

（一）加强思想品德教育

良好的思想品德教育能够引导幼儿对社会形成积极的态度和良好的行为习惯。教师应根据幼儿的身心发展特点，采取生动有效的方法加强幼儿的思想品德教育。教师可以通过故事讲述、文学作品展览、社会实践等活动，引导幼儿热爱党、热爱祖国，爱科学、爱学习、爱劳动，关心集体、关心同伴，形成良好的社会态度。此外，要培养幼儿从小热爱探索、善于思考和具有主动性的行为习惯，从而逐渐形成良好的性格特征。

（二）引导幼儿参与集体生活和实践活动

成功参与集体生活和实践活动可以锻炼幼儿的许多良好品质。例如，与同学们共同策划参与六一儿童节的演出，能够很好地培养幼儿的合作能力、责任感和分享精神。同时，集体生活也能抑制幼儿已经形成的畏怯、自负或自私等不良性格特征。幼儿的良好性格特征是在实践活动中逐步形成和发展的，良好的性格特征因受到肯定而得到巩固，不良性格特征因受到否定而逐渐改变。此外，在新的活动环境中，幼儿还常常会表现出新的态度和相应的行为方式，形成新的行为特征。

（三）树立良好的榜样

成人应重视榜样在幼儿性格塑造中的作用。幼儿善于模仿，榜样的态度和行为方式生动形象地呈现在他们面前，易于被幼儿感受和模仿。因此，家长和教师要以身作则，为孩子树立良好行为方式和态度的榜样。此外，现实生活中英雄模范人物的坚强性格也是幼儿学习的典范；而电视、电影、戏剧及文学作品中典型人物所体现的高尚品德和英勇行为也可以成为幼儿性格塑造的榜样。成人可以为幼儿提供这些榜样，并指导和鼓励他们向榜样学习。由于幼儿容易受到消极影响，成人应避免使用反面典型来教育幼儿，而应采取正面教育的方式，以培养他们良好的性格特征。

（四）强化良好的性格特征

对于幼儿表现出的良好性格特征，成人应采取合适的方式及时肯定。例如，当孩子玩完游戏后主动整理和收拾玩具时，成人可以通过点头、微笑、口头表扬等形式给予肯定，从而使幼儿产生荣誉感。对于表现出不良性格特征的幼儿，如喜欢争抢玩具、遇到困难就退缩或哭闹，成人应先了解这种性格形成的原因，并采取正面教育和启发诱导的方法，指出缺点并提出积极的要求，以激发他们改正缺点、积极向上的愿望。当他们取得进步时，成人应给予肯定，并鼓励他们继续努力。

（五）重视家庭因素，发挥家长作用

家庭教育态度和方式对性格的形成产生最直接的影响，不同的教养方式会使幼儿养成不同的性格特征。过度娇宠或过度严厉的教养方式都不利于学前儿童良好性格的养成，而民主型的教养方式有助于学前儿童形成独立、直爽、协作、亲切、善于社交等良好的性格特征。

第三节　学前儿童能力的发展

能力是在活动中形成和发展的，并在活动中得以表现。能力是保证活动顺利进行的基本条件。学前儿童随着心理的发展，逐渐形成能力，并表现出差异。

一、学前儿童能力的发展

（一）能力初步形成

1. 初生时运动能力已经显现

儿童自出生起就具备一定的运动能力，随着生理的不断发育和环境的影响，身体运动能力逐渐发展。2～3 个月的婴儿会抬头，4～5 个月会翻身，约 6 个月时开始学习坐。尤其是在 6 个月左右，儿童的动作发展更加明显，逐渐学会坐、爬、站、走。2 岁以后，儿童能够跑、跳、攀爬、踢、跨等，并灵活地组合运用这些动作，动作越来越复杂。儿童运动能力的发展有助于拓宽视野，丰富认知，也有利于整体能力的发展。

2. 约 1.5 岁时，操作能力开始发展

操作能力是运动能力的一种，指的是动手操控物体的能力。学前儿童的操作能力在其整体能力的发展中起着重要作用。

儿童大约从 1.5 岁开始学习操纵和使用物体。他们会用手中的物品进行各种动作，把物体当作工具来使用，例如端碗喝水、用勺子吃饭等。2 岁以后，儿童开始学习自己穿脱衣服、用小毛巾洗脸、用笔画画、用积木搭建火车和高楼等。3 岁以后，儿童会更积极地

使用多种物体进行多样的操作活动，游戏内容也日益丰富。观察发现，4～6 岁的儿童能够用积木、拼插片搭建出许多物体模型，如幼儿园、商场、军舰、花篮、孔雀等；他们还可以用布料和纸张拼贴、折叠、剪裁、黏贴出各种形象；并且能够利用旧玩具、塑料小瓶、小纸盒等手工制作出各种物品。儿童通过操作物体进行各种探索活动。在这些操作活动中，儿童不断认识到物体的属性、特点和功能，以及事物之间的关系和规律性联系。在这些活动中，他们发展了分析、综合、概括、判断和解决问题的能力。

3. 智力发展迅速

人从出生到入学前的年龄阶段是智力发展最迅速的时期。儿童智力通常指认知能力，包括注意力、感觉能力、观察力、记忆力、想象力、语言能力、思维能力和初步的创造能力等。这些能力在儿童的后天生活中，通过与周围环境的接触和互动逐渐形成和发展。20 世纪 50 年代，美国著名心理学家、芝加哥大学教授布鲁姆追踪了 1523 名婴幼儿长达 20 年的成长历程，得出了系统检测的数据：如果以 17 岁时的智力发展成熟度为 100%，那么 1 岁时为 20%，4 岁时为 50%，8 岁时为 80%，13 岁时为 92%，17 岁时为 100%。这表明出生后前 4 年是儿童智力发展最快的时期，已经达到了成熟时的 50%。在 4～8 岁，即出生后的第二个 4 年，智力发展了 30%，其速度显然比前 4 年减缓，以后速度更慢，如图 11 - 1 所示。

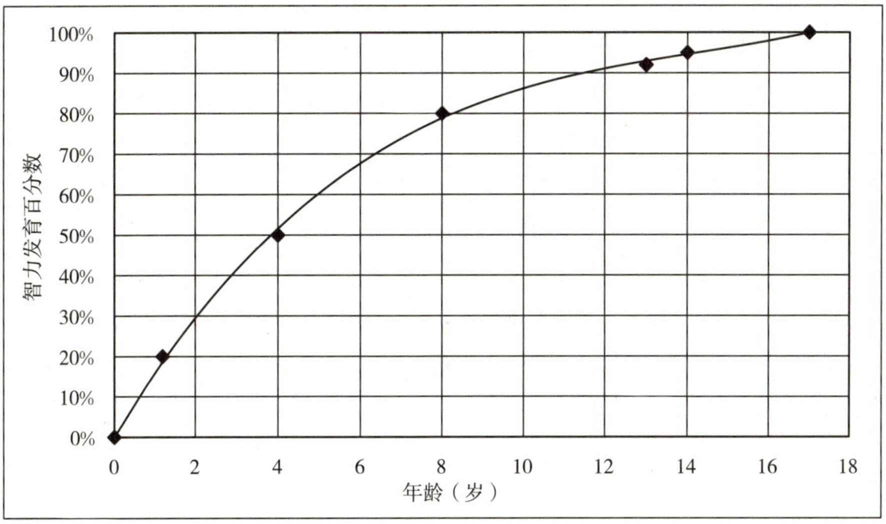

图 11 - 1　儿童智力发展曲线图

需要注意的是，布鲁姆提出的仅仅是一个理论假设，只能作为参考。然而，心理学家普遍认为，学前期是儿童智力发展的关键阶段，而大脑的发育是儿童智力发展的关键基础。

(1) 能力表现出个体差异

学前儿童在能力形成过程中表现出个体差异。例如，有的幼儿记忆能力较强，能很快记住较长的故事和儿歌；有的幼儿理解能力较好，能够迅速理解故事内容；有的幼儿动手能力很强，搭积木、剪纸等活动显得很灵巧；有的幼儿语言组织能力较强，讲话清晰连贯，能够完整地表达自己的想法；有的幼儿社会交往能力较强，容易与同伴们打成一片。不同幼儿的能力各不相同，我们需要了解儿童、尊重儿童、挖掘儿童的潜力，并给予他们信心。

幼儿期每个儿童的主导能力也表现出差异性。主导能力也称为优势能力。在一个人各种能力的有机组合中，往往有一种能力处于主导地位，而其他能力处于从属地位。例如，有的幼儿动手操作能力很强，但语言文字能力较弱；而有的幼儿音乐旋律智能较强，人际交往能力较弱。甚至在同一种活动中，不同幼儿能力结合的方式也各不相同。例如，对三个音乐成绩最好的幼儿进行分析，发现第一个幼儿有很好的曲调感和听觉表象能力，但节奏感稍差；第二个幼儿有很好的节奏感和听觉表象能力，但曲调感稍差；第三个幼儿有很强的节奏感和曲调感，但听觉表象能力稍弱。可见，这三个幼儿在同样的音乐活动中表现出了不同的优势能力。因此，在幼教工作中，要注意分析不同幼儿的能力特点，发挥其主导能力的优势，并加强较弱能力方面的培养。

（2）特殊才能开始显现

儿童能力发展的速度和成熟的年龄存在个体差异。在学前期，某些特殊才能已经开始显现，例如一些儿童在音乐、绘画、书写、体育、数学、语言等方面的才能在儿童期便已崭露头角。据统计，音乐天赋在学前儿童的早期和中期最为常见，见表 11－2 所列。

表 11－2　儿童出现音乐才能的年龄段

性别＼年龄	3 岁前	3～5 岁	6～8 岁	9～11 岁	12～14 岁	15～17 岁	18 岁以后
男	22.4	27.3	19.5	16.5	10.7	2.4	1.2
女	31.5	21.8	19.1	19.6	6.5	1	0.5

需要注意的是，超常能力或者特殊才能固然需要先天的自然条件，但后天的生活环境和实践也同样重要。能力超过同龄人的儿童能否成为真正的超常者，不仅取决于先天因素，还要依赖后天的生活环境。例如，有的儿童稍微显示出特殊才能后，家长就以此为资本到处炫耀孩子的才能，结果儿童便无法安心学习、努力完善自己；或者家长紧逼儿童整日静坐读书、写字、习画，使得儿童感到索然无味、心不在焉，这样的练习效果也不会好。

二、学前儿童能力的培养

学前儿童能力的形成和发展与先天因素和后天因素有着密不可分的关系。先天的自然物质基础如同种子，而后天的生活环境和教育条件则是土壤，只有两者相互配合，才能使能力发芽、开花并结果。

（一）正确评估儿童能力发展情况

培养儿童能力，首先要正确了解他们能力发展的实际水平。通过长期接触和观察，可以粗略地评估儿童的发展水平和特点。然而，这种评定不够精确，并且带有主观色彩，不能客观反映儿童能力发展的实际水平。因此，可以借助专门的心理量表，使数据更为客观，并结合日常观察综合分析儿童的能力水平。这样得出的结果将更具说服力。

另外，儿童的能力既具有稳定性，也具有可变性。学前期能力水平的高低并不能决定未来的发展，因此成人应以发展的眼光看待儿童，鼓励他们展现自己的能力，并自信地提升自己的能力水平。

（二）注意因材施教

儿童能力的发展具有差异性，因此成人需要因材施教。对于在音乐、绘画、体育、语言等方面有特殊才能的儿童，应创造条件，使他们从小就接受专业培养，以充分发挥其潜能。对于智力相对超常的儿童，可以采取加快教学进度、提升教学难度等措施，帮助他们充分发展智力，满足其求知欲。更应注意的是，对于智力超常、有特殊能力的儿童，要教育他们虚心学习、尊重他人、与人和谐相处，以防止养成骄傲自大、轻视他人、放松学习的不良品性。对于智力发展较慢的儿童，则要一视同仁，耐心教育，并给予他们更多的支持和帮助。

（三）营造良好的心理氛围

宽松、积极的氛围有利于儿童进行积极探索，更有助于儿童察觉并展现自己的能力，并获得成人的欣赏。而压抑、专制的氛围则会影响儿童能力的展现，使儿童在这样的环境中显得较为被动，情绪体验较差。成人应为儿童营造宽松愉悦的心理氛围，让他们在充满爱与放松的环境中积极探索、动脑，发现自己的闪光点。

（四）培养儿童坚强的意志

儿童能力能否充分发展，与非智力因素也有密切联系。坚强和勤奋的意志是影响能力发展的重要因素。歌德认为："天才就是勤奋。"勤奋和坚强的意志品质有助于儿童克服能力成长路上的障碍，促进能力的形成，可见勤奋的重要性。要使儿童的能力得到充分发展，成人应有意识地利用挫折和困难来培养儿童勤奋和坚强的性格品质。

（五）组织儿童参加各类活动

儿童的能力是在活动中形成和发展的。儿童的实践活动是其能力发展的基础。成人应根据儿童现有的能力为他们安排有趣的实践活动，以吸引他们的参与，并在活动中锻炼相应的能力。例如，为了锻炼儿童的走、跑、跳、爬、平衡等运动能力，成人应多组织有趣的体育活动。再如，为了发展儿童的创造能力，应为他们设计各种新颖的创造性活动，如绘画、音乐、戏剧表演和搭积木等。

第四节　学前儿童自我意识的发展

自我意识是一种意识形式，是主体对自身作为客体存在的各方面的认知。个性的形成依赖于自我意识的产生和发展，自我意识的产生与发展是个性形成的重要组成部分。

自我意识是一个多维度的结构，可以分为认知成分、情感成分和意志成分。其中，认知成分表现为自我认识，即个体对自己身心特征和活动状态的认知与评价。自我意识的情感成分是自我体验，指个体对自己所持有的态度，包括自尊、自信、自卑、内疚和自我欣慰等。自我意识的意志成分是自我调控，指个体对自己思想、情感和行为的调节与控制，包括自制、自立、自主和自我监督等。

一、学前儿童自我认识的发展

（一）对自己身体的认识

儿童认识自己比认识外界事物要更难、更久。儿童最初对自己的身体没有意识，无法将其与客观事物区分开来。几个月大的儿童甚至不能意识到自己身体的存在，不知道自己的身体各个部分是属于自己的。尽管他们饿了会哭、渴了会喊、痛了会叫，但他们并没有意识到自己有这些反应。因此，这个时候的婴儿喜欢把自己的手指或脚趾放进嘴里，咬痛了就哇哇大哭。

随着认知能力的发展和成人的教育，1 岁左右的儿童能逐渐认识自己身体的各个部分。例如，当儿童开始学说话时，成人常常指着他的身体某个部位教他说“鼻子”“耳朵”“嘴巴”等。儿童通过触觉和动作逐渐认识到自己身体的各个部分。然而，1 岁的儿童还不能明确区分自己和他人的身体部位。例如，当妈妈抱着宝宝问他的嘴巴在哪里时，儿童会用手摸自己的嘴巴，然后又摸妈妈的嘴巴。1.5～2 岁的儿童能够认识自己身体的整体形象，比如在照镜子时，会借助镜子摸自己的嘴巴或耳朵等部位。

（二）对自己动作、行动的意识

动作的发展是儿童产生对自己行动意识的前提条件。1 岁左右的儿童会通过偶然的动作逐渐能够将自己的动作与动作对象区分开来，并且体会到自己的动作与物体之间的关系。比如，儿童无意识地踢到球时，小球就向前滚动，儿童从中似乎感受到了自己的存在和力量。随后，儿童会主动去踢球和拍打东西。

1 岁左右，儿童开始展现最初的独立性。在许多情况下，他们拒绝成人的直接帮助，而希望自己动手。例如，吃饭时，他们会争着自己吃。2～3 岁的儿童希望自己按电梯，如果成人按了，他们可能会生气，必须让他们自己重新按才能高兴。培养儿童对自己行为和动作的意识，是发展其自我调节和监督能力的基础。

（三）对自己心理活动的意识

儿童对自己内心活动的意识比对自己身体和动作的意识更难、更晚形成。身体是看得见、摸得着的，动作也是具体可见的，而内心活动是看不见的。因此，对内心活动的意识要求儿童具备较高的思维发展水平。

儿童大约在 3 岁开始意识到自己的内心活动。例如，他们开始理解“愿意”和“应该”之间的区别。以前，他们只知道“我愿意怎么做就怎么做”，现在他们开始明白“愿意”需要服从“应该”。这意味着儿童开始意识到自己的内心活动。

4 岁以后，儿童开始更清楚地意识到自己的认知活动、语言、情感和行为。他们开始知道如何注意、观察、记忆和思考，并能够根据要求管理自己的活动。例如，当老师说“小小手放背后”时，小朋友就会把自己的手放到背后。

自我意识的发展与语言发展密切相关，掌握“我”这个词是自我意识形成的主要标志。从儿童知道自己的名字到知道“我”，意味着他们从行动中实际成为主体，发展到意识到自己是各种行动和心理活动的主体。

知识拓展

有位心理学家在进行动物实验时遇到了一件有趣的事情：他给小猴子一些木块，让它用木块换糖吃。后来，木块用完了，小猴子竟用自己的尾巴来换糖，这让心理学家捧腹大笑。为什么看起来挺聪明的小猴子会做出如此可笑的动作，而再笨的孩子也不会用自己的手或脚去换糖呢？

原因在于猴子不能将自己与周围的事物区分开来，而人则不同。人能够认识自己以及自己与周围世界的关系，人具有自我意识。有无自我意识是动物和人在心理上的分界线。

二、学前儿童自我评价的发展

自我评价是自我认知的一个重要方面。自我评价大约从 2～3 岁时开始出现。儿童自我评价的发展与其认知和情感发展密切相关，表现出以下特点。

（一）主要依赖成人评价

儿童尚未具备独立的自我评价能力。他们的评价往往依赖于成人对他们的评价，尤其是在幼儿早期，他们常常不加考虑地轻信成人的评价，自我评价只是对成人评价的简单重复。到了儿童晚期，孩子们开始出现独立评价。他们逐渐对成人的评价持有批判态度，如果成人的评价不符合实际情况，孩子们会进行申辩，甚至表现出反感。因此，教师对儿童的评价应公正、客观，既不可过度褒扬，也不可随意贬低，要注意自己的评价对儿童的影响。

（二）常常带有主观情绪

儿童往往不从具体事实出发，而是从情绪出发进行自我评价。有些研究认为，儿童最初的自我评价几乎没有理智成分。小班的小朋友军军很喜欢搭积木，每当有人问谁搭积木搭得漂亮时，他总是说是自己，然而事实并非如此。在大班，儿童对自己的过高评价逐渐变得隐蔽。例如，有的大班儿童想要称赞自己却又不好意思，于是说：“我不知道自己做得怎么样”或者“我不说”。在良好的教育下，儿童在较晚期逐渐能够对自己作出客观正确的评价，有的儿童则表现出谦虚的态度。

（三）受认知水平影响较大

儿童的自我评价受整体思维和认知发展水平的影响很大，主要体现在以下几个方面：

第一，儿童的自我评价通常较为笼统，大多只能从某个方面进行评价。随着认知的发展，儿童逐渐向更加系统和细致的方向发展，能够做出比较全面的评价。

第二，最初儿童往往较多局限于对外部行为的评价，逐渐开始关注内部品质的评价。例如，小班儿童会说自己是“好孩子”，因为“我吃饭吃得多，睡觉不吵闹”；而中、大班儿童则会说是因为自己“上课认真，与小朋友友好、分享”。

第三，从只有评价没有论据到有论据的评价。在学前初期，儿童常常在进行评价后说不出依据；到了中期，他们逐渐意识到评价需要有依据，并逐渐能提供比较清晰、明确的论据。

三、学前儿童自我体验的发展

自我体验可以分为积极的和消极的两大类，前者包括自尊、自信、成功感和自豪感等；后者则包括自卑、失败感和羞耻感等。其中，有关学前儿童自尊和自信发展的研究最多。自尊和自信对儿童的情感、动机、社会适应行为、认知活动及品德有着重要的制约作用，并有助于儿童心理健康和良好个性的培养。

（一）学前儿童自尊的发展

自尊是基于自我评价产生和形成的一种自重和自爱，是要求受到他人、集体和社会尊重的情感体验。学前儿童的自尊大约在 3 岁时开始显现，在整个学前期呈现出先升后降的趋势。对于 3 岁的儿童来说，生活能力的获得、成长与进步是自尊发展的坚实基础。大量国内外研究表明，4 岁是儿童自尊水平最高的时期，而从 4 岁到 7 岁，自尊水平开始下降。这是因为随着年龄的增长，儿童的抽象逻辑思维能力开始萌芽，角色采择能力、合作能力、道德感和责任感逐渐发展，他们不再盲目相信自己的能力，而是会更客观地判断自己的自我价值。学前儿童的自尊水平不稳定，他们在遭遇挫折后容易对自我价值做出负面的判断，从而产生与自尊相对的挫败感。

（二）学前儿童自信的发展

自信是儿童对自己是否具备完成某项任务能力的判断，它源于儿童在完成任务后的成就感。3～6 岁儿童的自信发展与年龄密切相关。随着认知、运动、语言等能力的不断提高，儿童能够完成的任务变得越来越复杂，自信也逐步增强。小班、中班、大班儿童之间的自信水平存在显著差异，并且有性别差异。总体来说，女童的自信水平通常高于男童，这主要是由于儿童在语言能力发展上的性别差异所导致的。尽管自信随着年龄的增长而发展，但自信的发展存在显著的个体差异。造成这种个体差异的主要原因是家庭教养环境。家庭环境中的言语刺激数量、亲子关系的亲密度、孩子自行解决问题的机会以及与其他儿童玩耍的时间长短等因素都会影响儿童自信的发展。因此，学前儿童的自信水平一方面随着年龄增长而提高，另一方面受到教养环境中相关因素的影响。

四、学前儿童自我调控的发展

自我调控主要包括自我监督、自我控制和自我调节三个组成部分。然而，对于学前儿童自我调控的研究主要集中在自我控制能力上。自我控制是在缺乏外在监督时，个体按照社会期望进行行为的能力，主要体现在坚持性和自制力等方面。

自我控制的发展是一个“由外向内”的过程，可分为前道德、遵从、认同和内化四个阶段。其中，3～6 岁儿童的自我控制发展主要处于遵从阶段和认同阶段。

处于遵从阶段的儿童表现为能够听从成人的指令，遵守成人制定的规则。大部分 3～4

岁的儿童都会表现出对家长和教师的遵从，这是儿童学习自我控制的序曲。例如，当教师告诉一个 4 岁的孩子：“你可以直接和小朋友说你也想玩积木，而不是用推开别人的方法”，通常孩子会遵从教师的教导去做。但是，处于遵从阶段的儿童仅仅是为了获得奖励或逃避惩罚而遵循规则，听从成人的指令，并没有形成真正的自我控制。此时，儿童只有在成人直接监督下才能根据要求完成任务。一旦缺乏成人的指导，他们往往不能控制自己的冲动或需求。在著名的延迟满足实验中，儿童完成某项任务后，研究者告诉他们：“如果你现在就要奖励的话，可以获得一颗糖；如果你可以等待一会儿，则可以获得两颗糖。”处于遵从阶段的儿童往往会要求马上获得奖励，因为此时成人没有对他们提出要求，他们无法控制立刻想要得到糖果的本能。

处于认同阶段的儿童能够遵循一定的行为规则来控制自己的行为。例如，他们知道在集体面前讲话时要先举手。然而，儿童遵守这些规则并不是因为他们认识到了规则的社会价值，而是为了与特定的人建立或保持一种令人满意的关系。例如，举手发言是为了让自己的行为与教师的期望一致。在 4 岁以后，儿童开始能够利用外在的规则来控制和调节自己的行为，可以说此时才是真正意义上的自我控制行为的出现。处于认同阶段的儿童在成人不在场的情况下，也能够依据规则来控制自己的行为。例如，中班儿童逐渐能够自觉遵守班级的规则，即使教师不在眼前也能做到。

总体而言，儿童的自我控制能力在 4～5 岁时开始显著发展，并随着年龄的增长呈现上升趋势。3～5 岁是儿童发展的关键时期，而在 5 岁之后，这种发展趋势变得不再明显。

知识拓展

20 世纪 70 年代，美国斯坦福大学附属幼儿园进行了著名的“延迟满足”实验。实验人员给每个 4 岁的孩子一颗美味的软糖，并告诉他们可以吃糖。但如果马上吃掉，只能得到一颗软糖；如果等待 20 分钟后再吃，则可以得到两颗软糖。实验人员通过单面镜观察实验室中的幼儿，发现有些孩子只等了一会儿就不耐烦了，迫不及待地吃掉了软糖，这些孩子被称为“不等者”。而有些孩子则很有耐心，想出各种办法拖延时间，比如闭上眼睛不看糖、用头枕双臂、自言自语、唱歌或讲故事等，成功地转移了注意力，顺利等待了 20 分钟后才吃软糖。研究人员对参加实验的孩子进行了追踪调查，直到他们青少年时期，并对他们的家长及教师进行了调查。结果发现：“不等者”在个性方面，更多地表现出孤僻、固执、易受挫、优柔寡断的倾向；而“延迟者”则较多地表现出适应性强、具有冒险精神、受人欢迎、自信和独立的特征。两者在学业能力测试中的结果也显示，“延迟者”在数学和语文成绩方面表现得比“不等者”更好。

延迟满足是个体有效自我调节和成功适应社会行为发展的重要特征，指为了获得更有价值的长远结果而主动放弃即时满足的选择倾向，属于人格中自我控制的一部分，是心理成熟的表现。研究表明，那些能够延迟满足的孩子自我控制能力更强，他们能够在没有外界监督的情况下适当地控制和调节自己的行为，抑制冲动、抵制诱惑，坚持不懈地实现目标。因此，延迟满足是一个人走向成功的重要心理素质之一。

儿童心理探索：尊重儿童的“一百种语言”

《儿童的一百种语言》是2008年由南京师范大学出版社出版的图书，作者是美国的甘第尼、福尔曼和爱德华兹。这本书作为阐释瑞吉欧教育体系的经典著作，揭示了儿童的独特性，他们拥有自己的个性。作为成人，我们需要尊重幼儿的个性，使他们的潜能得到充分发挥。

儿童的一百种语言

——甘第尼、福尔曼、爱德华兹

孩子
是由一百种组成的。
孩子有
一百种语言
一百双手
一百个想法
一百种思考、游戏、说话的方式。
一百种倾听、惊奇、爱的方式
一百种歌唱与了解的喜悦
一百种世界
等着孩子们去发掘
一百种世界
等着孩子们去创造
一百种世界
他们告诉孩子：
去发现早已存在的世界
而一百种当中
他们偷走了九十九种。
他们告诉孩子
工作与游戏
真实与幻想
等着孩子们去梦想。
孩子有一百种语言
（还多了一百种的百倍再百倍）
但是他们偷走了九十九种。
学校和文化
把脑袋与身体分开。
他们告诉孩子：
不要用双手去想
不要用脑袋去做
只要倾听不要说话
了解但毫无喜悦
只有在复活节与圣诞节的时候
才去爱和惊喜。
……
天空与大地
理由与梦想
都是互不相关的。
因此他们告诉孩子
一百种并不在那里。
孩子说
不，一百种是在那里。

一、尊重孩子，理解孩子

“孩子是由一百种组成的。”每个孩子都是独立的个体，他们有着自己独特的思维模式和语言表达方式。每个孩子都是独一无二的，都有属于他们自己的闪光点。而我们要做的就是静静地等待，充满温情地陪伴，并发自内心地赞美，让每个孩子都绽放属于自己的光彩。

二、倾听孩子，信任孩子

孩子的世界是那么五彩斑斓、天马行空。如果我们愿意驻足倾听他们的想法，就会发现其中或许有未来的运动员、科学家、美术大师……然而，我们并没有很好地倾听孩子的语言，也没有充分地感受他们的发现和惊奇，更不用说信任他们了。孩子们身上隐藏的其他闪光点，被无情地忽视和遗忘了。在很多人心中，总是为孩子画好框框，认为孩子在框框里是安全的，而外面有许多危险，千万不要出去。这在一定程度上扼杀了孩子们的想法、表达和探索创造。

三、和孩子一起感受成长的快乐

“在生命路的两旁，随时撒种，随时开花，将这一径长途点缀得花香弥漫，使得穿花拂叶的行人，踏着荆棘，不觉得痛苦，有泪可挥，不觉得悲凉！”这是冰心赠给葛洛的一段话。这段话也可以用在这里，用在我们和孩子一起成长的点滴时光中。我们陪伴孩子成长，并不是为了帮助他们规划未来的成长轨迹，而是与孩子一起感受这个世界的瑰丽多彩，一起体验成长路上的鸟语花香，与孩子一起庆祝，或者在他们伤心哭泣时给予一个大大的拥抱。

本章小结

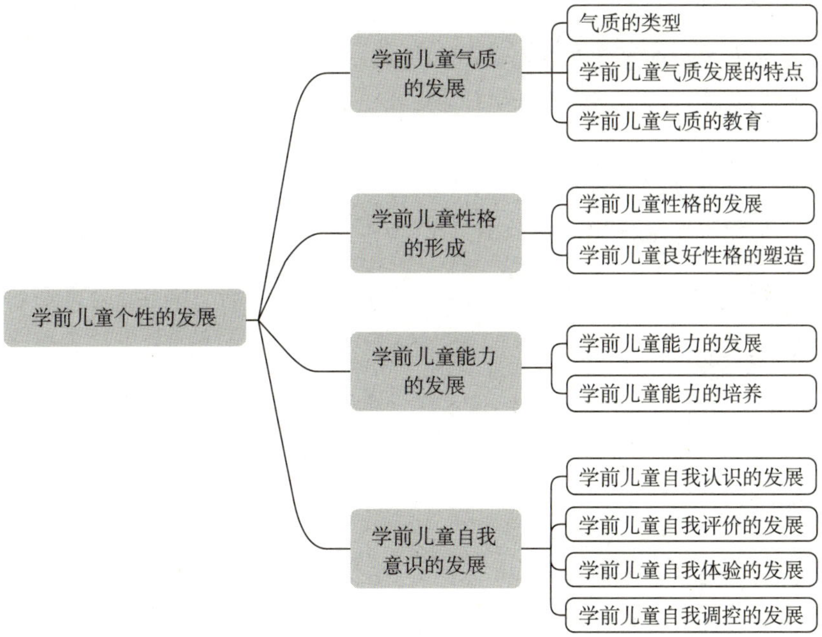

课后思考与练习

一、单选题

1. 自尊心、自信心、羞愧感等心理现象，属于(　　)。

A. 自我认识　　B. 自我评价　　C. 自我体验　　D. 自我控制

2. 具有精力旺盛、表里如一、刚强、易感情用事等典型特征的气质是(　　)。

A. 胆汁质　　B. 多血质　　C. 黏液质　　D. 抑郁质

3. 稳重有余而灵活不足，踏实但有些死板，符合这一特点的孩子的气质类型属于(　　)。

A. 胆汁质　　B. 多血质　　C. 黏液质　　D. 抑郁质

4. 心理学家一般认为，儿童个性形成过程的开始时期是(　　)。

A. 0～3岁　　B. 3～6岁　　C. 6～12岁　　D. 12～15岁

5. “老师说我是孩子”，说明幼儿对自己的评价是(　　)。

A. 独立性的　　B. 个别方面的　　C. 多方面的　　D. 依从性的

6. 2.5岁的红红还不会自己吃饭，却偏要自己吃；不会穿衣，却偏要自己穿。这反映了幼儿(　　)。

A. 情绪的发展　　B. 动作的发展

C. 自我意识的发展　　D. 认知的发展

7. 不是幼儿期儿童性格的典型特点的是(　　)。

A. 活泼好动　　B. 喜欢交往　　C. 好奇好问　　D. 稳定性较强

8. 欢欢小朋友在回答自己为什么是好孩子时，说：“我不撒谎，我帮妈妈扫地，我把玩具让给阳阳先玩。”这是(　　)。

A. 依从性评价　　B. 对自己外部行为的评价

C. 对自己内在品质的评价　　D. 对自己个别方面的评价

9. 辉辉一边拆卸遥控汽车，一边说：“我想知道汽车是怎么跑起来的。”这说明辉辉(　　)。

A. 好动　　B. 不爱惜玩具

C. 具有探索欲望　　D. 没有规则

10. 儿童各种主要能力中，最早出现的是(　　)。

A. 运动能力　　B. 操作能力　　C. 语言能力　　D. 认知能力

二、简答题

1. 请简述幼儿性格的发展特点。

2. 请简述幼儿能力的发展特点。

三、案例分析题

5岁的乐乐无论参加什么活动，都积极主动、精力旺盛。他平时做事很急，老师提问时，他立即举手回答，不在乎答案是否正确；想要的东西也必须马上得到，否则会坐立不安。乐乐待人大方，热情直率，很讲义气。他喜欢别人听从他的支配，否则会满脸不高兴，甚至可能动手打人。事后他虽也会后悔，但事发时总是难以克制自己。

（1）根据乐乐的上述行为表现，你认为他基本上属于什么气质类型？为什么？

（2）谈谈应如何根据儿童四种不同的气质类型特点，有针对性地进行教育。

参考文献

[1] 陈帼眉，冯晓霞，庞丽娟．学前儿童发展心理学［M］．3版．北京：北京师范大学出版社，2013.

[2] 邓赐平．儿童发展心理学［M］．4版．上海：华东师范大学出版社，2022.

[3] 冯夏婷．透视幼儿心理世界：给幼儿教师和家长的心理学建议［M］．北京：中国轻工业出版社，2014.

[4] 胡英娣，张玉暖，李龙启．学前儿童发展心理学［M］．镇江：江苏大学出版社，2014.

[5] 黄希庭．心理学导论［M］．2版．北京：人民教育出版社，2007.

[6] 黄月胜．小学儿童心理学［M］．北京：北京师范大学出版社，2020.

[7] 刘儒德，教育中的心理效应［M］．上海：华东师范大学出版社，2013.

[8] 刘万伦．学前儿童发展心理学［M］．上海：复旦大学出版社，2022.

[9] 刘亚明，刘晓颖．孩子的画笔会说话：幼儿绘画心理解析与互动指导［M］．北京：中国农业出版社，2018.

[10] 林崇德．发展心理学［M］．北京：人民教育出版社，2018.

[11] 林崇德．儿童心理学史［M］．北京：人民教育出版社，2002.

[12] 林崇德．儿童心理学［M］．北京：北京师范大学出版社，2018.

[13] 莫源秋，卢奔芳．幼儿教育中的心理效应［M］．北京：中国轻工业出版社，2016.

[14] 彭聃龄．普通心理学［M］．5版．北京：北京师范大学出版社，2018.

[15] 宋丽博，王颖，戚瑞丰．学前儿童发展心理学［M］．北京：首都师范大学出版社，2020.

[16] 王桂芳．学前儿童心理学理论与应用［M］．合肥：合肥工业大学出版社，2021.

[17] 王振宇．儿童心理发展理论［M］．2版．上海：华东师范大学出版社．2016.

[18] 汪乃铭，钱峰．学前心理学［M］．上海：复旦大学出版社，2005.

[19] 周念丽．0～3岁儿童心理发展［M］．上海：复旦大学出版社，2017.

[20] 邹金利，赵碧玫，张卫宇．学前心理学［M］．北京：首都师范大学出版社，2018.

[21] 张文军．学前儿童发展心理学［M］．2版．长春：东北师范大学出版社，2017.

[22] 廖雪蓉．学前心理学［M］．天津：南开大学出版社，2018.

[23] 廖全明，杨柯，张灏，等．心理学典型实验教学案例［M］．成都：西南交通大学出版社，2021.

[24] 乌莎·戈斯瓦米．儿童心理学［M］．吴帆，译．南京：译林出版社．2019.

[25] 罗伯特·V. 卡尔．儿童与儿童发展［M］．7 版．杨玉春，乔显迪，黄琳，译．北京：电子工业出版社，2023.

[26] 杨胜勇，张锐．心理学［M］．武汉：武汉大学出版社，2016.

[27] 洪秀敏，张明珠，刘倩倩．80 项婴幼儿心理学实验及启示［M］．北京：北京师范大学出版社，2022.

[28] 约翰·罗斯蒙德．可怕的两岁［M］．张凯飞，侯卫蔚，译．北京：北京科学技术出版社，2022.

[29] 付素杰，郭三强，董傲然．学前心理学［M］．长沙：湖南师范大学出版社，2021.

[30] 梁宁建．心理学导论［M］．2 版．上海：上海教育出版社，2011.

图书在版编目(CIP)数据

学前儿童发展心理学/刘书吟主编．--合肥：合肥工业大学出版社，2025
ISBN 978-7-5650-6691-7

Ⅰ．①学… Ⅱ．①刘… Ⅲ．①学前儿童-儿童心理学-发展心理学 Ⅳ．①B844.12

中国国家版本馆 CIP 数据核字(2024)第 037951 号

学前儿童发展心理学

刘书吟 主编　　　　责任编辑 袁 媛

出　版	合肥工业大学出版社	版　次	2025 年 2 月第 1 版
地　址	合肥市屯溪路 193 号	印　次	2025 年 2 月第 1 次印刷
邮　编	230009	开　本	787 毫米×1092 毫米 1/16
电　话	基础与职业教育出版中心：0551-62903120	印　张	14.75
	营销与储运管理中心：0551-62903198	字　数	341 千字
网　址	press.hfut.edu.cn	印　刷	安徽联众印刷有限公司
E-mail	hfutpress@163.com	发　行	全国新华书店

ISBN 978-7-5650-6691-7　　　　定价：45.00 元

如果有影响阅读的印装质量问题，请联系出版社营销与储运管理中心调换。